全国高职高专教育规划教材

计算机应用基础实训指导与习题

Jisuanji Yingyong Jichu Shixun Zhidao yu Xiti

姜 波 欧阳利华 主 编

石 云 李文革 刘新彦 程永红 张晓玲 副主编

高等教育出版社·北京

HIGHER EDUCATION PRESS BEIJING

内容提要

　　本书是全国高职高专教育规划教材。

　　本书共分为"基本实训"、"综合应用"、"练习与测试"、"模拟测试"
4 篇，包括 11 个基本实训、9 个综合应用、8 个练习与测试（包括数百道
填空题和单选题）及 10 套模拟测试题，以检验学生对本课程知识与技能
的学习和掌握情况。书中的模拟测试题可用于"河北省高校计算机知识和
应用能力等级考试"考前的模拟训练。

　　本书根据教师长期教学经验，对本课程的核心内容、学生在学习和应
用过程中常见问题等做了重点、难点解析及操作提示。任务案例的选择既
能强化学生计算机基础技能训练及综合应用能力的运用，又确保基础与提
高并重、理论与实际结合，同时兼顾河北省等级考试相关训练，帮助学生
提高过级率。本书是《计算机应用基础》的配套教材，两者相得益彰。

　　本书既可作为各类高职院校"计算机应用基础"课程的辅助教材，也
可作为参加河北省计算机等级考试的参考书，还可供计算机初学者使用。

图书在版编目（CIP）数据

计算机应用基础实训指导与习题 / 姜波，欧阳利华主编. —北

京：高等教育出版社，2011.9

ISBN 978-7-04-033169-1

Ⅰ．①计…　Ⅱ．①姜…　②欧…　Ⅲ．①电子计算机-高等职

业教育-教学参考资料　Ⅳ．①TP3

中国版本图书馆 CIP 数据核字（2011）第 158927 号

策划编辑　许兴瑜	责任编辑　许兴瑜	封面设计　张雨微	版式设计　余　杨
责任校对　伦克己　金　辉	责任印制　韩　刚		

出版发行	高等教育出版社	咨询电话	400 - 810 - 0598
社　　址	北京市西城区德外大街 4 号	网　　址	http://www.hep.edu.cn
邮政编码	100120		http://www.hep.com.cn
印　　刷	北京鑫丰华彩印有限公司	网上订购	http://www.landraco.com
开　　本	787mm×1092mm　1/16		http://www.landraco.com.cn
印　　张	17.5	版　　次	2011 年 9 月第 1 版
字　　数	420 千字	印　　次	2011 年 9 月第 1 次印刷
购书热线	010 - 58581118	定　　价	27.80 元

前　言

　　"计算机应用基础"课程，既是高职院校的公共基础课，也是各专业的必修和先修课程。该课程是一门实践性很强的课程，为了使读者更好地理解和掌握教学内容，提高计算机操作水平和计算机应用能力，提高上机练习效率，提高学生参加"河北省高校计算机知识和应用能力等级考试"的过级率，我们在编写了《计算机应用基础》的基础上，精心编写了这本与之配套的《计算机应用基础实训指导与习题》。本书设计了若干任务，以任务为驱动，图文并茂，复习"计算机应用基础"课程的重点和难点，针对学生在本课程学习和应用过程中的常见问题等，做了重点、难点解析及操作提示。

　　这两本教材配套使用，重点强化技能训练及综合应用能力，确保基础与提高并重、理论与实际结合，兼顾河北省等级考试相关训练，帮助学生提高过级率。

　　本书共分为4篇。

　　第1篇"基本实训"：与课堂教学紧密结合，共包括11个基本实训。每个"基本实训"都是精心设计的，由浅入深，以任务为驱动。每一个任务都设计了"操作要点及提示"，专门针对该任务所涉及的要点进行全面剖析，并对学生在操作过程中的常见问题进行提示。

　　第2篇"综合应用"：共包括9个综合应用，是针对"计算机应用基础"课程中所学各个应用软件（如Word、Excel等）进行典型应用的综合性练习。每个"综合应用"都设计了一个完整的任务，并设计了"任务综合应用分析及总结"以对该任务所涉及的对应Microsoft Office中组件应用软件的功能及要点进行总结，对完成该任务所涉及的重点和难点进行解析。该篇的目的是提高学生的综合应用能力。

　　第3篇"练习与测试"：共包括8个练习与测试，每个练习与测试包括填空题和单选题两部分。该篇的目的是使学生加深对本课程学习内容的理解与掌握。

　　第4篇"模拟测试"：精选了10套测试题。每套测试题包括Windows基本操作、字表图混排操作、电子表格操作、演示文稿操作、FrontPage网页制作5部分。该篇的目的是用于进行"河北省高校计算机知识和应用能力等级考试"考前模拟训练，检验学生对"计算机应用基础"课程所学知识与技能的掌握情况。

　　本书由河北工业职业技术学院姜波、欧阳利华担任主编并负责制定编写大纲及统筹工作，石云、李文革、刘新彦、程永红、张晓玲担任副主编。具体编写分工如下：Windows相关内容由刘新彦、姜波编写；Word相关内容由石云、姜波编写；Excel相关内容由欧阳利华、姜波编写；PowerPoint相关内容由李文革、姜波编写；FrontPage相关内容由程永红、姜波编写；计算机基础知识、网络知识与Internet应用相关内容由张晓玲、姜波编写。

　　本书编写过程中得到了高等教育出版社的大力支持和帮助，在此表示衷心感谢。

　　由于编者水平有限，书中不妥之处欢迎广大读者提出宝贵的意见和建议，编者的邮箱地址是 hgzhxl@126.com。

编　者

2011年7月

目　录

第1篇　基　本　实　训

基本实训 1　Windows 资源管理与常用操作 ································· 2

　　任务 1　管理文件夹/文件 ·············· 2
　　任务 2　Windows 常用操作 ·········· 6

基本实训 2　使用 Word 编辑排版文档 ······························ 11

　　任务 1　录入各种字符 ················ 11
　　任务 2　编辑文档 ······················ 12
　　任务 3　设置字符、段落、页面格式 ··························· 17

基本实训 3　使用 Word 制作表格 ········ 25

　　任务 1　在 Word 中制作"课程表" ··· 25
　　任务 2　使用 Word 表格其他功能 ··· 28

基本实训 4　使用 Word 进行图文混排 ······························ 32

　　任务 1　绘制并组合自选图形 ········ 32
　　任务 2　图文混排及编辑数学公式 ····· 34

基本实训 5　使用 Excel 快速制作表格 ······························ 38

　　任务 1　制作存款记录表——规则表格制作 ····················· 38
　　任务 2　制作教学进程表——不规则表格制作 ················ 41

基本实训 6　使用 Excel 进行计算 ······ 44

　　任务 1　计算学生成绩——使用"Σ"

按钮进行计算 ··············· 44
　　任务 2　分析学生成绩——使用公式与函数进行计算 ··········· 46
　　任务 3　填充"存款到期日"——同时使用多函数计算 ·········· 50

基本实训 7　使用 Excel 进行数据管理与分析 ·················· 52

　　任务 1　排序学生成绩 ················ 53
　　任务 2　分类汇总学生成绩 ·········· 54
　　任务 3　筛选学生记录 ················ 55
　　任务 4　多视角分析数据——建立数据透视表 ··············· 58

基本实训 8　使用 Excel 制作图表 ······ 60

　　任务 1　选取连续数据区域制作图表 ··························· 60
　　任务 2　选取分类汇总结果制作图表 ··························· 64
　　任务 3　在"图表向导"中选取"系列"制作图表 ··········· 65

基本实训 9　利用 PowerPoint 制作演示文稿 ·················· 68

　　任务 1　制作个人求职简历——简单幻灯片的制作 ·········· 68
　　任务 2　制作"诗歌与音乐"欣赏——有声动态幻灯片的制作 ····· 73

基本实训 10　Internet 基本应用 ········· 78

任务 1 使用 IE6.0 浏览器浏览
网页 ·················· 78

任务 2 使用 Outlook Express 收发
电子邮件 ·············· 82

基本实训 11 利用 FrontPage 制作简单
网页 ·················· 87

任务 1 制作"班级文化"网页——
基本网页的制作 ······ 87

任务 2 制作"我的家乡"网页——
框架网页的制作 ······ 98

第2篇 综 合 应 用

综合应用 1 使用 Windows 管理个人
计算机 ·············· 106

一、任务要求 ·············· 106

二、任务综合应用分析及总结 ······ 107

三、任务重点、难点解析 ········ 107

综合应用 2 使用 Word 制作毕业
求职书 ·············· 110

一、任务要求 ·············· 113

二、任务综合应用分析及总结 ······ 114

三、任务重点、难点解析 ········ 114

综合应用 3 使用 Word 制作礼仪
专刊 ················ 118

一、任务要求 ·············· 121

二、任务综合应用分析及总结 ······ 121

三、任务重点、难点解析 ········ 121

综合应用 4 使用 Word 制作
准考证 ·············· 127

一、任务要求 ·············· 127

二、任务综合应用分析及总结 ······ 129

三、任务重点、难点解析 ········ 129

综合应用 5 使用 Excel 处理"个人
收入支出表" ·········· 133

一、任务要求 ·············· 133

二、任务综合应用分析及总结 ······ 136

三、任务重点、难点解析 ········ 136

综合应用 6 使用 Excel 处理"比赛
评分表" ·············· 140

一、任务要求 ·············· 140

二、任务综合应用分析及总结 ······ 143

三、任务重点、难点解析 ········ 143

综合应用 7 使用 PowerPoint 制作
产品发布宣传片 ······ 147

一、任务要求 ·············· 148

二、任务综合应用分析及总结 ······ 148

三、任务重点、难点解析 ········ 149

综合应用 8 Internet 综合应用 ······ 155

一、任务要求 ·············· 155

二、任务综合应用分析及总结 ······ 155

三、任务重点、难点解析 ········ 155

综合应用 9 使用 FrontPage 制作
"文学欣赏"网页 ······ 159

一、任务要求 ·············· 159

二、任务综合应用分析及总结 ······ 162

三、任务重点、难点解析 ········ 163

第3篇 练习与测试

练习与测试 1 计算机基础知识
习题 ················ 168

一、填空题 ·············· 168

二、单选题 ·············· 170

三、参考答案 …………………… 179

练习与测试 2　Windows 操作系统
　　　习题 ………………………… 181

　　一、填空题 ……………………… 181
　　二、单选题 ……………………… 181
　　三、参考答案 …………………… 186

练习与测试 3　Word 文字处理
　　　习题 ………………………… 187

　　一、填空题 ……………………… 187
　　二、单选题 ……………………… 187
　　三、参考答案 …………………… 191

练习与测试 4　Excel 电子表格
　　　习题 ………………………… 192

　　一、填空题 ……………………… 192
　　二、单选题 ……………………… 193
　　三、参考答案 …………………… 197

练习与测试 5　PowerPoint 演示文稿
　　　习题 ………………………… 199

　　一、填空题 ……………………… 199
　　二、单选题 ……………………… 200
　　三、参考答案 …………………… 204

练习与测试 6　多媒体知识习题 ………… 205

　　一、填空题 ……………………… 205
　　二、单选题 ……………………… 206
　　三、参考答案 …………………… 211

练习与测试 7　计算机网络基础与 Internet
　　　基本应用习题 ………… 213

　　一、填空题 ……………………… 213
　　二、单选题 ……………………… 213
　　三、参考答案 …………………… 215

练习与测试 8　FrontPage 网页制作
　　　习题 ………………………… 217

　　一、填空题 ……………………… 217
　　二、单选题 ……………………… 217
　　三、参考答案 …………………… 221

第 4 篇　模　拟　测　试

模拟测试 1 ………………………… 224

　　一、Windows 基本操作 …………… 224
　　二、字、表、图混排操作 ………… 224
　　三、电子表格操作 ……………… 226
　　四、演示文稿操作 ……………… 227
　　五、FrontPage 网页制作 ………… 227

模拟测试 2 ………………………… 229

　　一、Windows 基本操作 …………… 229
　　二、字、表、图混排操作 ………… 229
　　三、电子表格操作 ……………… 231
　　四、演示文稿操作 ……………… 233
　　五、FrontPage 网页制作 ………… 233

模拟测试 3 ………………………… 234

　　一、Windows 基本操作 …………… 234
　　二、字、表、图混排操作 ………… 234
　　三、电子表格操作 ……………… 236
　　四、演示文稿操作 ……………… 237
　　五、FrontPage 网页制作 ………… 238

模拟测试 4 ………………………… 239

　　一、Windows 基本操作 …………… 239
　　二、字、表、图混排操作 ………… 239
　　三、电子表格操作 ……………… 241
　　四、演示文稿操作 ……………… 242
　　五、FrontPage 网页制作 ………… 242

模拟测试 5 ······················244

　一、Windows 基本操作···········244

　二、字、表、图混排操作··········244

　三、电子表格操作···············246

　四、演示文稿操作···············247

　五、FrontPage 网页制作 ·········248

模拟测试 6 ······················249

　一、Windows 基本操作···········249

　二、字、表、图混排操作··········249

　三、电子表格操作···············251

　四、演示文稿操作···············252

　五、FrontPage 网页制作 ·········252

模拟测试 7 ······················253

　一、Windows 基本操作···········253

　二、字、表、图混排操作··········253

　三、电子表格操作···············255

　四、演示文稿操作···············256

　五、FrontPage 网页制作 ·········256

模拟测试 8 ······················257

　一、Windows 基本操作 ··········257

　二、字、表、图混排操作 ·········257

　三、电子表格操作···············259

　四、演示文稿操作···············260

　五、FrontPage 网页制作 ·········261

模拟测试 9 ······················262

　一、Windows 基本操作 ··········262

　二、字、表、图混排操作 ·········262

　三、电子表格操作···············264

　四、演示文稿操作···············265

　五、FrontPage 网页制作 ·········266

模拟测试 10 ·····················267

　一、Windows 基本操作 ··········267

　二、字、表、图混排操作 ·········267

　三、电子表格操作···············269

　四、演示文稿操作···············270

　五、FrontPage 网页制作 ·········270

第 1 篇

基 本 实 训

基本实训 1

Windows 资源管理与常用操作

Windows 操作系统不仅具有美观大方、方便实用的图形界面，通过该操作系统还可以对计算机软硬件资源进行管理和控制。使用"资源管理器"管理文件夹/文件，更是常用的操作。

 【实训目的】

- 熟练使用"资源管理器"对文件夹/文件进行各种操作。
- 掌握 Windows 操作系统常规操作。

▷▷ **任务 1　管理文件夹/文件**

 【任务描述】

使用"资源管理器"管理文件夹/文件。

 【任务要求】

1. 在"D:\"新建 4 个文件夹和 6 个空白文件，其结构如图 1.1-1 所示。

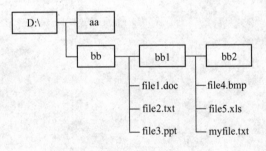

图 1.1-1　文件夹结构

2. 如图 1.1-1 所示，在"D:\bb"文件夹中搜索文件名前 4 个字符为"file"、第 5 个字符是任意字符的所有文件；将查找到的前 3 个文件复制到"aa"文件夹，将查找到的第 2、4 个文件移动到"bb2"文件夹。

3. 如图 1.1-1 所示，在"D:\bb"文件夹中搜索文件"myfile.txt"，并将其重命名为"我的文件.txt"，再将其文件属性设置为"只读"、"隐藏"，然后彻底删除此文件。

🦌【操作要点及提示】

本任务主要练习使用"资源管理器"管理文件夹/文件：新建文件夹或空白文件；搜索文件夹/文件；移动、复制、重命名、删除文件夹/文件；查看、设置文件属性，并创建快捷方式。练习过程中应注意以下几点。

1．关于文件扩展名

① 扩展名是操作系统或应用软件用于识别文件类型的。例如，Word 文件的扩展名是".doc"，操作系统将使用 Word 应用程序打开"*.doc"文件；如果是 MP3 文件，扩展名就是".mp3"，操作系统使用 MP3 播放器即可打开该类文件。

② 扩展名是应用程序在创建文件时默认建立的，因此一般不轻易修改扩展名，但是文件主名可以随意修改。例如，使用 Word 应用程序创建文件，系统会默认添加扩展名".doc"，因此，文件主名随意修改不会出现问题。但是如果修改了扩展名，如修改为".xls"，则该文件看起来便是 Excel 文件，Word 应用程序将不能打开该文件，而 Excel 应用程序也打不开它，因为该文件并不是 Excel 文件。

③ 修改扩展名方法。在非常确认的情况下可以修改扩展名：在"我的电脑"窗口中，选择菜单"工具→文件夹选项"命令，打开"文件夹选项"对话框，选择"查看"选项卡，将"高级设置"列表框中"隐藏已知文件类型的扩展名"前面的"√"去掉，就可以看到并修改文件的扩展名了。

④ 通过扩展名关联，可以打开该类型文件应用程序。没有文件扩展名，就无法找到关联的应用程序。因此，扩展名修改错误，可能导致文件不能使用。

⑤ 快捷方式名称对扩展名没有要求，可以带扩展名，也可以不带扩展名。

2．明确搜索文件夹/文件的范围

搜索文件夹/文件时，一定要注意确定搜索范围，搜索范围不同，其结果也不同，如图 1.1-2 所示。

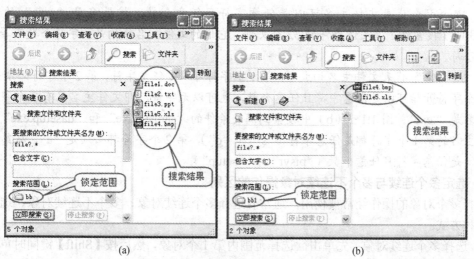

　　　　　　(a)　　　　　　　　　　　　　　　　　　(b)

图 1.1-2　不同搜索范围其搜索结果也不相同

3．通配符"＊"和"？"的区别

在搜索文件夹/文件时，经常使用通配符"＊"和"？"代替要搜索的文件夹/文件名字中的不确定部分。通配符"＊"和"？"的含义不同。

● "＊"通配符：代表"＊"位置可以有任意多个字符。

● "？"通配符：代表"？"位置仅可以有任意一个字符。

例如，在"C:\Program files\Common files"文件夹下分别搜索文件"*.exe"和"?a*.exe"，其结果不同，如图 1.1-3 所示。

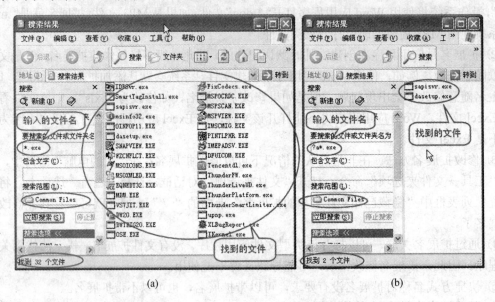

(a)　　　　　　　　　　　　　　　　(b)

图 1.1-3　搜索文件"*.exe"和"?a*.exe"不同结果的对比

❗**说明：**

① "*.exe"：代表文件主名可以是任意字符且任意个数，扩展名是".exe"的文件。图 1.1-3（a）搜索到了满足该条件的 32 个文件，它们的文件主名结构是：字符个数不等，而且是任意字符。

② "?a*.exe"：代表文件主名构成中，第 1 个字符可以是任意字符，第 2 个字符必须是"a"，从第 3 个字符开始可以是任意字符且任意个数，也可以无字符，即文件主名只有 2 个字符；文件扩展名是".exe"。图 1.1-3（b）中搜索到满足条件的"sapisvr.exe"和"dasetup.exe"文件，其文件主名的第 1 个字符都是任意字符（"s"和"d"），第 2 个字符都必须是"a"，从第 3 个字符开始，是任意字符且任意个数（"pisvr"和"setup"）。

4．选定多个连续与多个不连续对象操作的区别

选择多个对象的操作经常被使用。通常有选择多个连续对象、多个不连续对象、选定全部对象 3 种方式。

① 选择多个连续对象：先单击欲选择范围内第 1 个对象，然后按【Shift】键同时单击欲选择范围内最后 1 个对象，则两者之间的对象均被选中，如图 1.1-4 所示。

② 选择多个不连续对象：按【Ctrl】键，并同时逐个单击所选择对象，如图 1.1-5 所示。

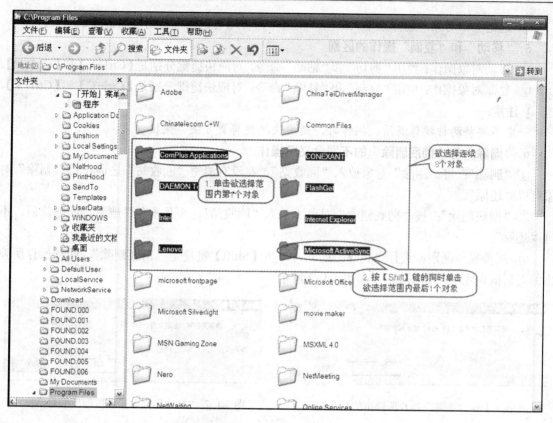

图 1.1-4　选择多个连续对象

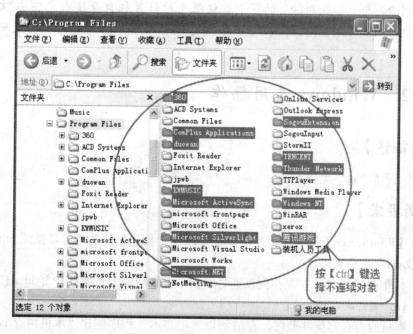

图 1.1-5　选择多个不连续对象

③ 选定全部对象：选择菜单"编辑→全选"命令即可；也可使用快捷键【Ctrl+A】。

5."移动"和"复制"操作的区别

① 移动对象操作：使用"剪切"和"粘贴"命令，对应快捷键分别是【Ctrl+X】和【Ctrl+V】。

② 复制对象操作：使用"复制"和"粘贴"命令，对应快捷键分别是【Ctrl+C】和【Ctrl+V】。

❗**注意：**

一定不要将两种操作混淆。操作时，使用快捷键将更方便、快捷。

6."删除"与"彻底删除"的不同含义及操作

① "删除"：将"删除"对象放入"回收站"，在没有清空"回收站"之前，已"删除"对象可以"还原"。

② "彻底删除"：被"彻底删除"对象不放入"回收站"，而是永久性删除，即删除后，不可"还原"。

③ 两种操作区别：进行"删除"的同时，按【Shift】键便是"彻底删除"。两种操作所弹出的对话框也不同，如图 1.1-6 和图 1.1-7 所示。

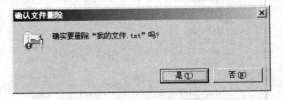

图 1.1-6 "删除"操作所弹出的对话框   图 1.1-7 "彻底删除"操作所弹出的对话框

❗**提示：**

上述"删除"与"彻底删除"的区别，仅限于对计算机自身硬盘文件夹/文件的操作，对于移动硬盘等存储器中的文件夹/文件直接进行"删除"操作即为"彻底删除"，不可"还原"。

▷▷ 任务2 Windows 常用操作

🐭【任务描述】

在"D:\"新建"a1"文件夹。

📝【任务要求】

1. 使用【PrintScreen】键抓图，粘贴到以"画图"程序创建的"屏幕抓图.bmp"文件中，并保存到"D:\a1"文件夹。

2. 查看本机的 IP 地址，并保存到以"写字板"程序创建的"本机 IP 地址.rtf"文件中，并保存到"D:\ a1"文件夹。

3. 查看本机的内存容量并截图，存放到以"记事本"程序创建"本机内存.txt"文件中，并保存到"D:\ a1"文件夹。

4．查看"开始"菜单中"画图"程序的快捷方式的绝对路径。

5．选择菜单"开始→运行"命令，打开"运行"对话框，在"打开"文本框中输入"cmd"命令，单击"确定"按钮，打开命令控制台窗口，输入"dir"命令并按【Enter】键，将屏幕输出所有内容，复制到一个新建的 Word 文档中。

【操作要点及提示】

本任务是练习 Windows 操作系统一些常用操作。操作要点及提示点如下。

1．使用 Windows 自带打印屏幕功能抓图

Windows 操作系统中，"打印屏幕"也叫屏幕抓图，是系统自带的一种抓图方式，其具体操作如下。

① 若抓整个屏幕：按【PrintScreen】键，整个屏幕将以"图片"方式复制到"剪贴板"，再通过"粘贴"操作将该"图片"粘贴到目标文件，如"画图"程序中，如图 1.1-8 所示。

图 1.1-8　将整个屏幕"抓图"粘贴到"画图"程序中

② 若抓某个活动窗口：按【Alt+PrintScreen】键，活动窗口以"图片"方式复制到"剪贴板"，再进行"粘贴"操作，粘贴到目标文件，如 Word 文档中，如图 1.1-9 所示。

图 1.1-9　将活动窗口"抓图"粘贴到 Word 文档中

2．查看和设定本机 IP 地址方法

每一台计算机在网络上都有其唯一 IP 地址，常用查看方法如图 1.1-10 所示。利用该方法也可设定 IP 地址。

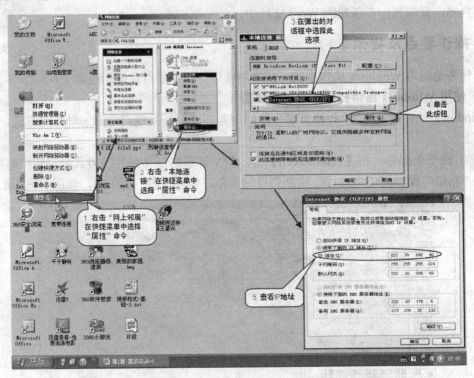

图 1.1-10　查看本机 IP 地址操作

3．查看本机内存容量方法

具体操作方法如图 1.1-11 所示。

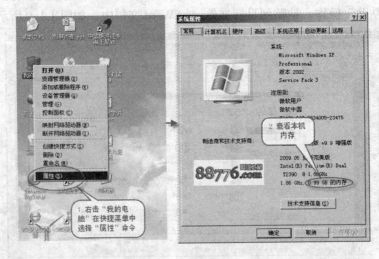

图 1.1-11　查看本机内存容量

4．查看"开始"菜单中程序的"绝对路径"

"开始"菜单中几乎包含了计算机中所有程序，如果要查看程序所在路径，可采用以下方法，以查看"开始"菜单中"画图"程序的"绝对路径"为例，操作方法如图 1.1-12 所示。

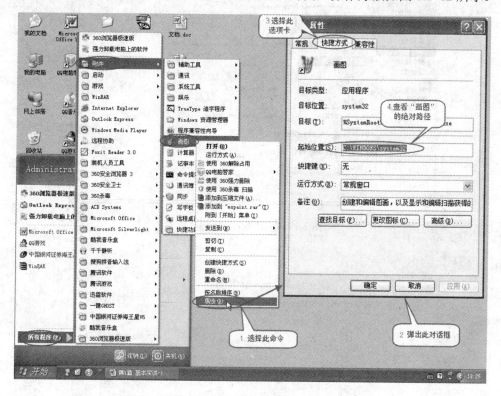

图 1.1-12　查看"画图"程序的"绝对路径"

5．使用"开始"菜单中"运行"命令

"开始"菜单中的程序都可以使用"运行"命令来完成。下面以完成本任务"制作要求 5"为例。

① 选择菜单"开始→运行"命令，打开"运行"对话框，在"打开"文本框中输入"cmd"命令，单击"确定"按钮，如图 1.1-13 所示。

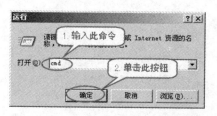

图 1.1-13　"运行"对话框

② 打开命令控制台窗口，输入"dir"命令并按【Enter】键，通过左上角图标下拉菜单中"编辑"里的"全选"和"复制"命令，如图 1.1-14 所示，将屏幕输出所有内容，复制到一个新建的 Word 文档中。

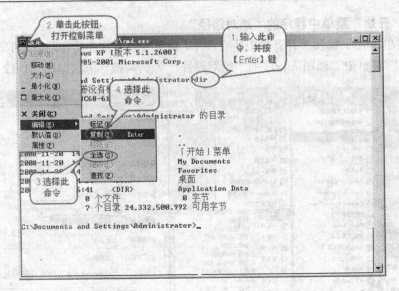

图 1.1-14 命令控制台窗口

基本实训 2

使用 Word 编辑排版文档

Word 具有强大的文字处理功能，在 Word 中可以方便地输入各种字符和符号，通过编辑和排版，达到规范、精美的效果。

【实训目的】

- 熟练录入各种字符。
- 熟练编辑文档（文本连接、移动、查找、替换操作等）。
- 熟练设置文本格式（设置字符、段落、页面等格式）。

▷▷ 任务 1 录入各种字符

【任务描述】

新建一个文档，录入字符，如图 1.2-1 所示，以"多媒体个人计算机技术.doc"为文件名，保存在"D:\Wordsx"文件夹。

1. 多媒体个人计算机 MPC 的技术标准

MPC 联盟规定多媒体计算机包括 5 个部件，由个人计算机（PC）、只读光盘驱动器（CD-ROM）、声卡、Windows 操作系统和一组音箱或耳机等组成。并对 CPU、存储器容量和屏幕显示功能等给出了最低要求的功能标准。

目前已有 3 个 MPC 标准：MPC1、MPC2、MPC3，有关具体的标准配置参考书上的内容。

2.数字视频交互式多媒体计算机系统

DVI ，Digital Video Interactive，数字视频交互式多媒体计算机系统。

DVI(Digital Video Interactive),是 Intel 公司推出的支持对多媒体信息进行处理及表现的一个集成环境。该产品采用了 PLV(Product Level Video)视频压缩编码算法，设计了两个专用芯片（82750 PB 像素处理器及 82750 DB 显示处理器）。

DVI-II 型比 DVI-I 型主要的改进体现在以下几点：

① 性能指标高。

② 使用了 3 个专用的门阵列电路。

③ 将多块处理板集成为一块处理板。

另外，输入练习：

● 用键盘输入标点符号：，。、；：""（）〈〉【】｛｝……——。

● 用软键盘输入特殊符号：§ ★ ◆ ■ ← & ♂ № ═ ▓。

数字序号：Ⅰ Ⅱ Ⅴ (一) (六) ① ② ⑩ ⑫ (1) (5)。

● 选择菜单"插入→特殊符号"命令，选择"单位符号"，输入：℃ £ ‰㎡ kg。

● 选择菜单"插入→符号"命令，选择"符号"标签下的"Wingdings"字体，输入：

📖 📂 🖉 ✱。

2011 年 7 月 19 日星期二。

图 1.2-1 "多媒体个人计算机技术.doc"样文

【操作要点及提示】

本任务主要练习各种字符的输入。练习过程中注意如下两点。

1．使用快捷键提高编辑速度

例如，切换英文与汉字，使用快捷键【Ctrl+Space】；切换"全角"和"半角"，使用快捷键【Shift+Space】；切换中英文标点符号，使用快捷键【Ctrl+.】。

2．使用"软键盘"或菜单命令输入特殊符号

例如，如图1.2-1所示，若要输入数字序号（如"①"、"②"、"③"）、特殊符号（如"●"）、单位符号（如"℃"）等，可使用"软键盘"输入，或者选择菜单"插入→特殊符号"命令。若要输入图形符号（如"📖"）等，选择菜单"插入→符号"命令。

▷▷ 任务 2　编辑文档

【任务描述】

新建文档、连接文档、编辑文档。

【任务要求】

1．制作两个素材文件

制作素材文件1"VPN安全技术.doc"，内容如图1.2-2所示；制作素材文件2"蓝牙技术.doc"，内容如图1.2-3所示。

第3章 VPN安全技术

由于传输的是私有信息，VPN用户对数据的安全性都比较关心。目前VPN主要采用4项技术来保证安全，这4项技术分别是隧道技术（Tunneling）、加解密技术（Encryption & Decryption）、密钥管理技术（Key Management）、使用者与设备身份认证技术（Authentication）。

1.隧道技术

第三层隧道协议是把各种网络协议直接装入隧道协议中，形成的数据包依靠第三层协议进行传输。第三层隧道协议有VTP、IPSec等。IPSec（IP Security）是由一组RFC文档组成，定义了一个系统来提供安全协议选择、安全算法、确定服务所使用密钥等服务，从而在IP层提供安全保障。

2.加解密技术

加解密技术是数据通信中一项较成熟的技术，VPN可直接利用现有技术。

3.密钥管理技术

密钥管理技术的主要任务是如何在公用数据网上安全地传递密钥而不被窃取。现行密钥管理技术又分为SKIP与ISAKMP/OAKLEY两种。SKIP主要是利用Diffie-Hellman的演算法则，在网络上传输密钥；在ISAKMP中，双方都有两把密钥，分别用于公用和私用。

4.使用者与设备身份认证技术

使用者与设备身份认证技术最常用的是使用者名称与密码或卡片式认证等方式。

图1.2-2　素材文件1"VPN安全技术.doc"样图

蓝牙技术被设计为工作在全球通用的 2.4GHz ISM 频段。蓝牙的数据速率为 1Mb/s。ISM 频带是对所有无线电系统都开放的频带，因此使用其中的某个频段都会遇到不可预测的干扰源。

蓝牙系统由以下功能单元组成：
◆　无线单元链路控制(硬件)单元。
◆　链路管理(软件)单元。
◆　软件(协议栈)功能单元。

蓝牙规定了两种功率水平。较低的功率可以覆盖较小的私人区域，如一个房间；而较高的功率可以覆盖一个中等的区域，如整个家庭。软件控制和识别代码被集成到每一个微芯片中，以确保只有这些单元的主人之间才能进行通信。

（1）微微网。
微微网是通过蓝牙技术连接起来的一种微型网络，一个微微网可以只是两台相连的设备，比如一台便携式电脑和一部移动电话，也可以是 8 台连在一起的设备。在一个微微网中，所有设备的级别是相同的，具有相同的权限。在微微网初建时，定义其中的一个蓝牙设备为主设备(Master)，其余设备则为从设备(Slave)。
（2）分布式网络。
分布式网络是由多个独立的非同步的微微网组成的。它靠跳频顺序识别每个微微网。同一个微微网中的所有用户都与这个跳频顺序同步。一个分布网络，在带有 10 个全负载的独立的微微网的情况下，全双工的数据速率超过 6Mbit/s。

图 1.2-3　素材文件 2 "蓝牙技术.doc" 样图

2．连接文件并调整内容

将素材文件 2 内容插入到素材文件 1 的尾部，合并内容以 "文档编辑.doc" 文件名另存到 "D:\Wordsx" 文件夹；在文档标题的上方添加一行，输入文字 "文档编辑"；将文中 "（2）分布式网络……" 与 "（1）微微网……" 两部分内容互换位置（包括标题和内容并修正序号）。

3．查找/替换操作

（1）将文档中所有手动换行符 "↓" 替换成段落标记 "↵"；删除文档中所有的空行。

（2）将正文第一段中所有的红色字体替换成绿色字体。

（3）将文档中所有的英文括号 "( )" 替换为红色中文括号 "【 】"；将文档中所有的 "◆" 替换为 "■"；将文档中的标题序号 "1."、"2."、"3."、"4." 替换为系统自动编号 "（1）"、"（2）"、"（3）"、"（4）"（使用中文括号）。

（4）将文中所有的 "密钥"、"密码" 替换为红色 "秘密"。

将编辑后的文件以原文件名存盘，编辑的结果如图 1.2-4 "文档编辑.doc" 所示。

！注意：
上述操作要求一定按顺序完成。

【操作要点及提示】

本任务主要练习如何插入文件，实现文档连接；练习在文档中查找、替换文本（特殊字符），达到快速查找、删除、替换文本（特殊字符）的目的。

文档编辑.

第 3 章 VPN 安全技术.

由于传输的是私有信息，VPN 用户对数据的安全性都比较关心。目前 VPN 主要采用 4 项技术来保证安全，这 4 项技术分别是隧道技术（Tunneling）、加解密技术（Encryption & Decryption）、秘密管理技术（Key Management）、使用者与设备身份认证技术（Authentication）。

（1） 隧道技术.

第三层隧道协议是把各种网络协议直接装入隧道协议中，形成的数据包依靠第三层协议进行传输。第三层隧道协议有 VTP、IPSec 等。IPSec（IP Security）是由一组 RFC 文档组成，定义了一个系统来提供安全协议选择、安全算法，确定服务所使用秘密等服务，从而在 IP 层提供安全保障。

（2） 加解密技术.

加解密技术是数据通信中一项较成熟的技术，VPN 可直接利用现有技术。

（3） 秘密管理技术.

秘密管理技术的主要任务是如何在公用数据网上安全地传递秘密而不被窃取。现行秘密管理技术又分为 SKIP 与 ISAKMP/OAKLEY 两种。SKIP 主要是利用 Diffie-Hellman 的演算法则，在网络上传输秘密；在 ISAKMP 中，双方都有两把秘密，分别用于公用和私用。

（4） 使用者与设备身份认证技术.

使用者与设备身份认证技术最常用的是使用者名称与秘密或卡片式认证等方式。

蓝牙技术被设计为工作在全球通用的 2.4GHz ISM 频段。蓝牙的数据速率为 1Mb/s。ISM 频带是对所有无线电系统都开放的频带，因此使用其中的某个频段都会遇到不可预测的干扰源。

蓝牙系统由以下功能单元组成：

■无线单元链路控制【硬件】单元.

■链路管理【软件】单元.

■软件【协议栈】功能单元.

蓝牙规定了两种功率水平。较低的功率可以覆盖较小的私人区域，如一个房间；而较高的功率可以覆盖一个中等的区域，如整个家庭。软件控制和识别代码被集成到每一个微芯片中，以确保只有这些单元的主人之间才能进行通信。

（1）分布式网络.

分布式网络是由多个独立的非同步的微微网组成的。它靠跳频顺序识别每个微微网。同一个微微网中的所有用户都与这个跳频顺序同步。一个分布网络，在带有 10 个全负载的独立的微微网的情况下，全双工的数据速率超过 6Mbit/s。

（2）微微网.

微微网是通过蓝牙技术连接起来的一种微型网络，一个微微网可以只是两台相连的设备，比如一台便携式电脑和一部移动电话，也可以是 8 台连在一起的设备。在一个微微网中，所有设备的级别是相同的，具有相同的权限。在微微网初建时，定义其中的一个蓝牙设备为主设备【Master】，其余设备则为从设备【Slave】。

图 1.2-4 编辑后的"文档编辑.doc"效果

1．使用菜单"插入"命令连接两个文件

可通过选择菜单"插入→文件"命令连接两个文件的内容。下面以任务要求 1 为例。

打开素材文件 2"VPN 安全技术.doc"文件，将光标定位在文件尾部，选择菜单"插入→文件"命令，打开"插入文件"对话框，选择素材文件 1"蓝牙技术.doc"文件，素材文件 1 的内容被连接到素材文件 2 的尾部。

2．"查找/替换"应用详解

（1）查找/替换"特殊符号"。下面以任务要求 3 中，将文档中所有手动换行符"↓"替换成段落标记"↵"为例。

要"查找"的手动换行符"↓"和要"替换"的段落标记"↵"都属于"控制字符",在"查找内容"、"替换内容"中应选择"特殊字符",再选择"↓"和"↵"字符,操作过程如图 1.2-5所示。

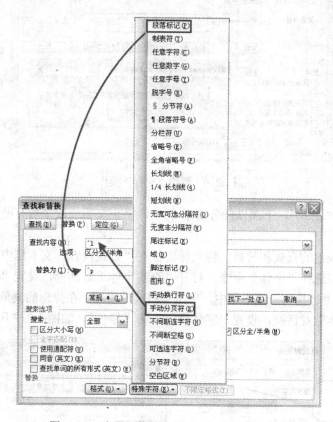

图 1.2-5 启用"特殊字符"的"查找和替换"

！说明：

① "↵"符号是"段落标记",又称"硬回车",在 Word 中按【Enter】键后出现,在一个段落尾部显示。"段落标记"包含段落"格式信息"（如该段落的行距、字号、字体等）,在 Word 中的代码是"^p"。

② "↓"符号是"手动换行符",又称"软回车",在 Word 中的代码是"^l",作用是"换行",但不是真正意义上的重起一段（开始新的段落格式）,因此它不是真正的"段落标记"。被"换行"的文字虽然被"换行",但其段落"格式信息"依然被继承,仅仅是"换行"而已。"↓"可以通过【Shift+Enter】快捷键来直接输入；也可以通过选择菜单"插入→分隔符"命令,选择"换行符"插入。

下面以任务要求 3 中,将文档中所有"空行"删除为例。

如图 1.2-6 所示,在"查找内容"文本框中输入两个段落标记"^p^p",在"替换为"文本框内输入一个段落标记"^p",循环重复单击"全部替换"按钮,直至提示"Word 已完成对文档的搜索并已完成 0 处替换"为止,如果文档的首部或最后一段的"段落标记"后面还有一个"空行",手动直接删除即可。

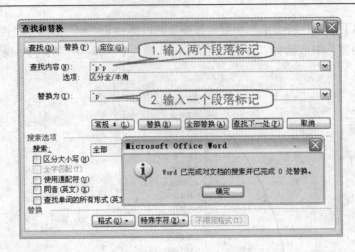

图 1.2-6　删除"空行"操作

（2）查找/替换"格式"。下面以任务要求 3 中，将正文第一段中所有的红色字体替换成绿色字体为例。

本例涉及字体颜色的查找和替换。将光标定位在"查找内容"文本框中，单击"格式"按钮，在弹出的菜单中选择"字体"命令，打开"查找字体"对话框，设置"字体颜色"为"红色"；将光标定位在"替换为"文本框中，单击"格式"按钮，在弹出的菜单中选择"字体"命令，打开"替换字体"对话框，设置"字体颜色"为"绿色"，如图 1.2-7 所示。

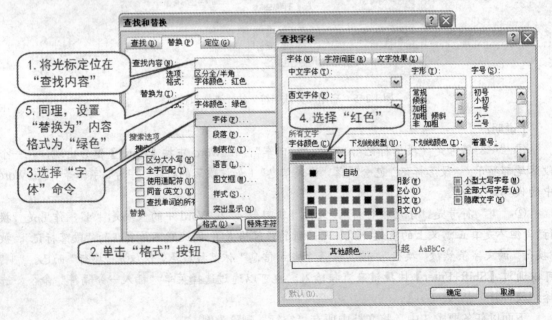

图 1.2-7　"查找和替换"都启用"格式"

❗提示：

① 设置格式时，无论"查找"还是"替换"内容，都要先选定内容，再设置"格式"。

② 如果查找/替换的范围是整篇文档，则把光标定位在文档首部；如果范围是一部分，则

先选中该部分文档。

（3）查找/替换"标点符号"。如果出现自动配对的标点符号，如"（）"，其原则要先查找左括号"（"，替换左括号；再查找右括号"）"，替换右括号。下面以任务要求 3 中，将文档中所有的英文括号"（）"替换为红色中文括号"【　】"为例，查找/替换时，要注意以下两点：

- 配对符号的查找/替换原则。
- 全半角符号的区别。

（4）查找/替换内容涉及"通配符"。如果查找/替换内容涉及"通配符"，必须在"查找和替换"对话框的"搜索选项"区域中选择"使用通配符"复选框。

下面以任务要求 3 中，将文中所有的"密钥"、"密码"替换为红色"秘密"为例，其操作要点是：

- 要用"秘密"替换"密钥"、"密码"，则查找字符要用"密?"表示"密钥"、"密码"，即使用通配符"?"代表"密"后面的第 2 个任意字符，并且"?"是英文半角。
- 在"查找内容"中，"选项"要启用"使用通配符"。

操作过程如图 1.2-8 所示：在"查找内容"文本框中输入"密?"，在"搜索选项"区域中选择"使用通配符"复选框，在"替换内容"文本框中输入"秘密"，单击"查找下一处"按钮，符合条件，替换一个，不符合条件，则不替换，循环查找结束为止。

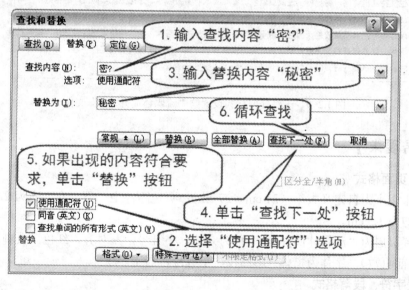

图 1.2-8　启用"使用通配符"

▷▷ 任务 3　设置字符、段落、页面格式

🐛【任务描述】

创建"流媒体简介.doc"文件，如图 1.2-9 所示；设置页面、字符、段落以及其他格式，效果如图 1.2-10 所示。

流媒体简介

流媒体指在网络上进行流式传输的连续时基媒体。流媒体文件是经过特殊编码、适合在网络上边下载边播放的特殊多媒体文件，常见的文件格式有 ASF（Advanced Streaming Format）、RM（Real Video/Audio）、RA（Real Audio）、SWF（Shock Wave Flash）等。音频、视频、图像文件以及其他多媒体文件，通过编码处理，可被转换为流媒体格式。播放流媒体需要专门的软件（如 Windows Media Player 等）。

1. 顺序流式传输

顺序流式传输是顺序下载，在下载文件的同时用户可观看在线媒体，在给定时刻，用户只能观看已下载的那部分，而不能跳到还未下载的后面部分，顺序流式传输不像实时流式传输在传输期间根据用户连接的速度做调整。由于标准的 HTTP 服务器可发送这种形式的文件，也不需要其他特殊协议，它经常被称作 HTTP 流式传输。顺序流式传输比较适合高质量的短片段，如片头、片尾和广告，由于该文件在播放前观看的部分是无损下载的，这种方法保证视频播放的最终质量。这意味着用户在观看前，必须经历延迟，对较慢的连接尤其如此。对通过调制解调器发布短片段，顺序流式传输显得很实用，它允许用比调制解调器更高的数据速率创建视频片段。尽管有延迟，但可让用户发布较高质量的视频片段。顺序流式文件可放在标准 HTTP 或 FTP 服务器上，易于管理，基本上与防火墙无关。

2. 实时流式传输

实时流式传输指保证媒体信号带宽与网络连接匹配，使媒体可被实时观看到。实时流与 HTTP 流式传输不同，它需要专用的流媒体服务器与传输协议。实时流式传输总是实时传送，特别适合现场事件，也支持随机访问，用户可快进或后退以观看后面或前面的内容。理论上，实时流一经播放就不可停止，但实际上，可能发生周期暂停。实时流式传输必须匹配连接带宽，这意味着在以调制解调器速度连接时图像质量较差。而且，由于出错丢失的信息被忽略掉，网络拥挤或出现问题时，视频质量很差。如欲保证视频质量，顺序流式传输也许更好。实时流式传输需要特定服务器，如 QuickTime Streaming Server、RealServer 与 Windows Media Server。

图 1.2-9　未经任何格式设置的"流媒体简介.doc"文件

【任务要求】

1. 设置页面格式

（1）纸张大小为自定义大小（21 cm×27 cm）；页边距：上、下、左、右为 2.5 cm；页眉、页脚距边界均为 1.5 cm。

（2）设置页眉为"流媒体简介"，字体为宋体，小五号，左对齐，红色。页脚为"第 X 页"（X 页表示当前页数），字体为楷体_GB2312，小五号，居中。

2. 设置字符、段落格式

（1）将文档标题"流媒体简介"设置为首行无缩进，居中，黑体，二号字，加粗，段前 0.5 行，段后 0.5 行，并给标题添加红色 1.5 磅双线方框并填充为浅青绿色和 10%灰度的底纹。

（2）小标题（"1. 顺序流式传输"和"2. 实时流式传输"）设置为首行无缩进，楷体_GB2312，蓝色，13 磅字，段前 5 磅，段后 5 磅。

（3）其余部分（除标题及小标题以外的部分）设置为首行缩进 2 字符，两端对齐，宋体，五号字，行距固定值 18 磅。

3. 设置其他格式

（1）将文档第一段设置首字下沉 4 行，距正文 0 cm。

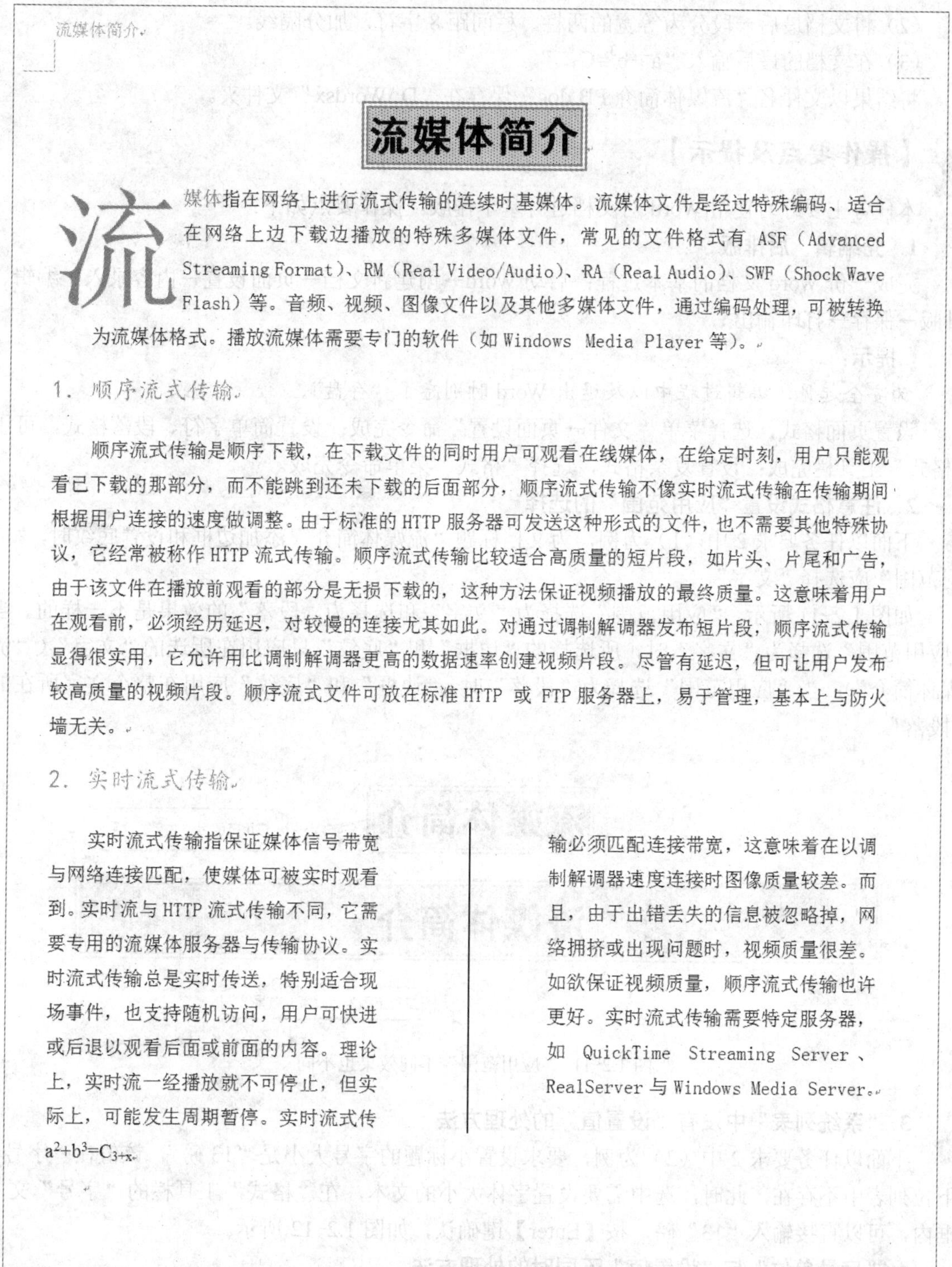

流媒体简介

流媒体简介

流媒体指在网络上进行流式传输的连续时基媒体。流媒体文件是经过特殊编码、适合在网络上边下载边播放的特殊多媒体文件，常见的文件格式有 ASF（Advanced Streaming Format）、RM（Real Video/Audio）、RA（Real Audio）、SWF（Shock Wave Flash）等。音频、视频、图像文件以及其他多媒体文件，通过编码处理，可被转换为流媒体格式。播放流媒体需要专门的软件（如 Windows Media Player 等）。

1. 顺序流式传输

顺序流式传输是顺序下载，在下载文件的同时用户可观看在线媒体，在给定时刻，用户只能观看已下载的那部分，而不能跳到还未下载的后面部分，顺序流式传输不像实时流式传输在传输期间根据用户连接的速度做调整。由于标准的 HTTP 服务器可发送这种形式的文件，也不需要其他特殊协议，它经常被称作 HTTP 流式传输。顺序流式传输比较适合高质量的短片段，如片头、片尾和广告，由于该文件在播放前观看的部分是无损下载的，这种方法保证视频播放的最终质量。这意味着用户在观看前，必须经历延迟，对较慢的连接尤其如此。对通过调制解调器发布短片段，顺序流式传输显得很实用，它允许用比调制解调器更高的数据速率创建视频片段。尽管有延迟，但可让用户发布较高质量的视频片段。顺序流式文件可放在标准 HTTP 或 FTP 服务器上，易于管理，基本上与防火墙无关。

2. 实时流式传输

实时流式传输指保证媒体信号带宽与网络连接匹配，使媒体可被实时观看到。实时流与 HTTP 流式传输不同，它需要专用的流媒体服务器与传输协议。实时流式传输总是实时传送，特别适合现场事件，也支持随机访问，用户可快进或后退以观看后面或前面的内容。理论上，实时流一经播放就不可停止，但实际上，可能发生周期暂停。实时流式传输必须匹配连接带宽，这意味着在以调制解调器速度连接时图像质量较差。而且，由于出错丢失的信息被忽略掉，网络拥挤或出现问题时，视频质量很差。如欲保证视频质量，顺序流式传输也许更好。实时流式传输需要特定服务器，如 QuickTime Streaming Server、RealServer 与 Windows Media Server。

$a^2+b^3=C_{3+x}$

第 1 页

图 1.2-10　经格式设置后的样文效果

（2）将文档最后一段分为等宽的两栏，栏间距 8 字符，加分隔线。

（3）在文档的最后输入 "$a^2+b^3=C_{3+x}$"。

将结果以文件名 "流媒体简介 PB.doc" 保存在 "D:\Wordsx" 文件夹。

【操作要点及提示】

本任务主要练习使用 Word 对文档进行基本排版。操作要点如下：

1. 先编辑，后排版

完成一份 Word 文档的基本过程：启动 Word→创建新文档→页面设置→内容录入、编辑、排版→保存→打印输出。

❗ 提示：

为安全起见，编辑过程中以及退出 Word 时别忘了 "存盘"。

设置页面格式，选择菜单 "文件→页面设置" 命令完成；设置简单字符、段落格式，可用 "格式" 工具栏完成；设置复杂格式，选择 "格式" 菜单命令完成。

2. 注意格式设置 "应用范围" 的选择

下面以任务要求 2 中（1）为例，为文档标题 "流媒体简介" 添加边框和设置底纹时，"应用范围" 应选择 "文字"。

如图 1.2-11 所示，"应用范围" 选择为 "文字" 和选择为 "段落" 的效果是不一样的。当 "应用范围" 选择为 "文字" 时，所选择的 "边框" 和 "底纹" 只应用在所选的 "文字"（"流媒体简介"）；当 "应用范围" 选择为 "段落" 时，"边框" 和 "底纹" 应用在整个文字所在的 "段落"。

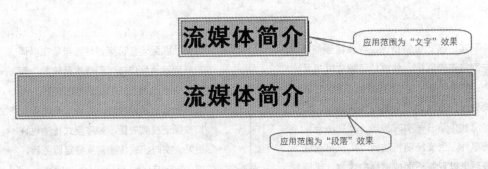

图 1.2-11 "应用范围" 不同效果也不同

3. "系统列表" 中没有 "设置值" 的处理方法

下面以任务要求 2 中（2）为例，要求设置小标题的字号大小是 "13 磅"，该值在 "字号" 下拉列表中不存在，此时，选中需要设置字体大小的文本，在 "格式" 工具栏的 "字号" 文本框内，可以直接输入 "13" 磅，按【Enter】键确认，如图 1.2-12 所示。

4. "度量单位" 与 "设置值" 不同时的处理方法

可以在 "字体" / "段落" 相应数值框中输入要求的 "数值" 和 "度量单位"。下面以任务要求 2 中（2）"为小标题设置段前 5 磅，段后 5 磅" 为例，如图 1.2-13 所示，当前 "段落" 对话框中的 "单位" 是 "行"，此时，可以直接输入 "5 磅"。

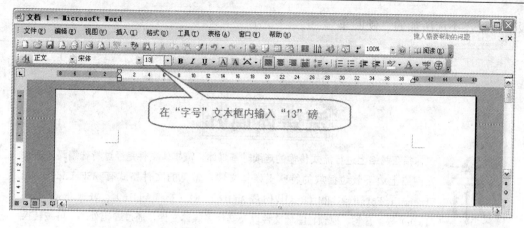

图 1.2-12　在"字号"文本框内输入"13"磅

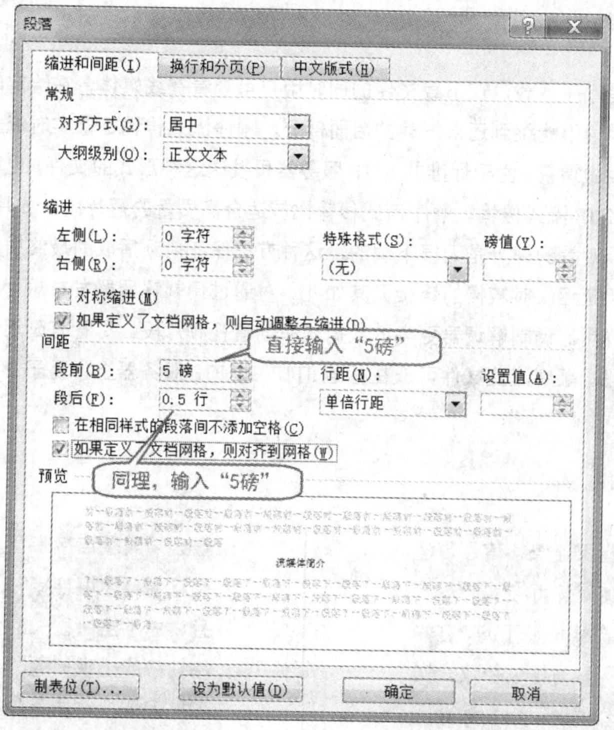

图 1.2-13　"度量单位"与"设置值"不同时的处理方法

5. 避免"分栏栏长"不相等的关键

避免"分栏栏长"不相等的关键，是不选择文档最后一段的段落标记。如果分栏内容涉及文档的最后一段，分栏时，不选择最后一个段落标记，只选择内容，"分栏栏长"就会相等，如图 1.2-14 所示；如果选择最后一个段落标记，就出现"分栏栏长"不相等，如图 1.2-15所示。

分栏方法如下：

方法 1：在最后段落末尾，再添加一个"硬回车"；分栏时，只选最后一段的内容和该段的段落标记，不选所加的"硬回车"。

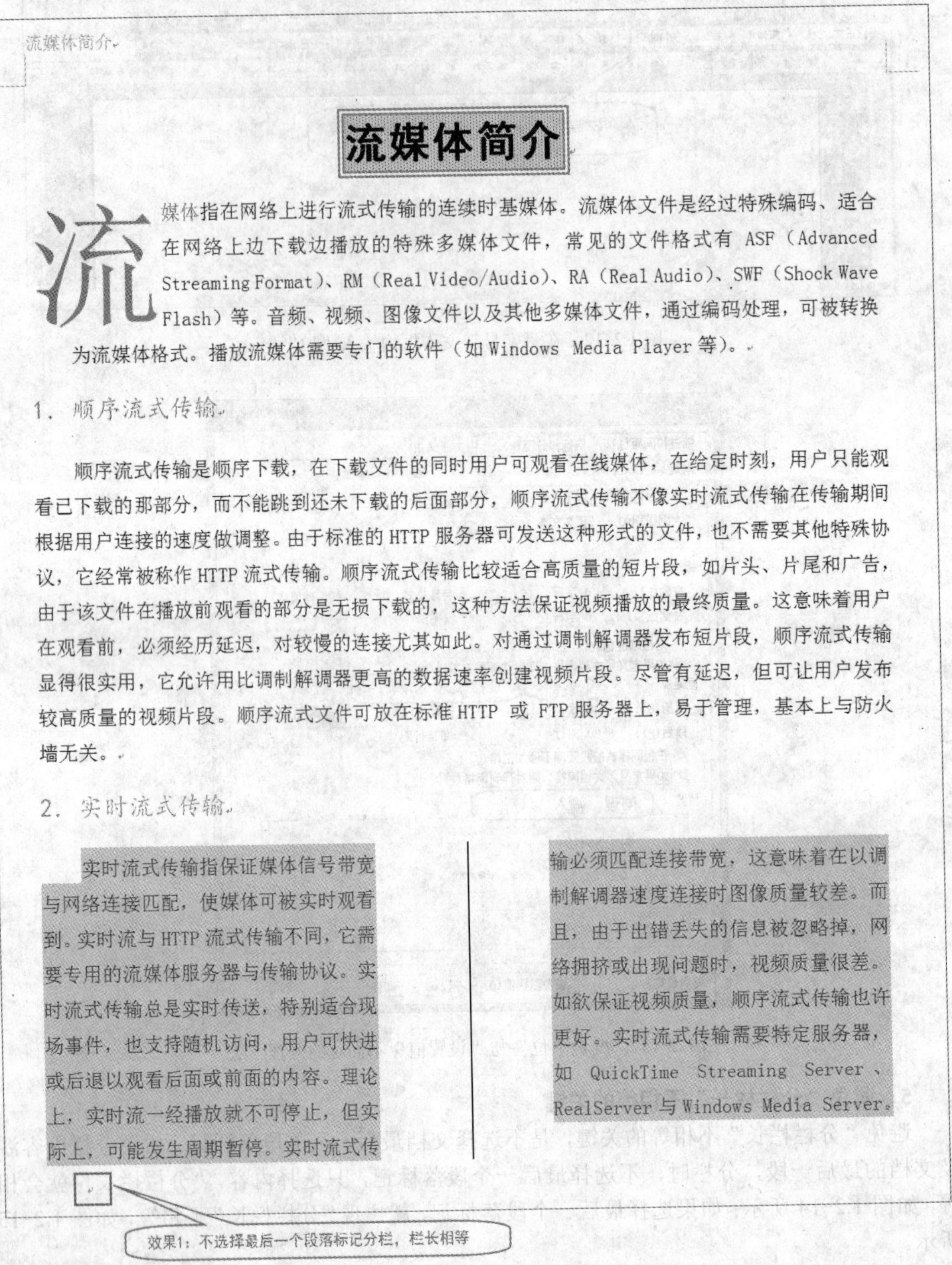

流媒体简介

流媒体简介

流媒体指在网络上进行流式传输的连续时基媒体。流媒体文件是经过特殊编码、适合在网络上边下载边播放的特殊多媒体文件，常见的文件格式有 ASF（Advanced Streaming Format）、RM（Real Video/Audio）、RA（Real Audio）、SWF（Shock Wave Flash）等。音频、视频、图像文件以及其他多媒体文件，通过编码处理，可被转换为流媒体格式。播放流媒体需要专门的软件（如 Windows Media Player 等）。

1. 顺序流式传输

顺序流式传输是顺序下载，在下载文件的同时用户可观看在线媒体，在给定时刻，用户只能观看已下载的那部分，而不能跳到还未下载的后面部分，顺序流式传输不像实时流式传输在传输期间根据用户连接的速度做调整。由于标准的 HTTP 服务器可发送这种形式的文件，也不需要其他特殊协议，它经常被称作 HTTP 流式传输。顺序流式传输比较适合高质量的短片段，如片头、片尾和广告，由于该文件在播放前观看的部分是无损下载的，这种方法保证视频播放的最终质量。这意味着用户在观看前，必须经历延迟，对较慢的连接尤其如此。对通过调制解调器发布短片段，顺序流式传输显得很实用，它允许用比调制解调器更高的数据速率创建视频片段。尽管有延迟，但可让用户发布较高质量的视频片段。顺序流式文件可放在标准 HTTP 或 FTP 服务器上，易于管理，基本上与防火墙无关。

2. 实时流式传输

实时流式传输指保证媒体信号带宽与网络连接匹配，使媒体可被实时观看到。实时流与 HTTP 流式传输不同，它需要专用的流媒体服务器与传输协议。实时流式传输总是实时传送，特别适合现场事件，也支持随机访问，用户可快进或后退以观看后面或前面的内容。理论上，实时流一经播放就不可停止，但实际上，可能发生周期暂停。实时流式传输必须匹配连接带宽，这意味着在以调制解调器速度连接时图像质量较差。而且，由于出错丢失的信息被忽略掉，网络拥挤或出现问题时，视频质量很差。如欲保证视频质量，顺序流式传输也许更好。实时流式传输需要特定服务器，如 QuickTime Streaming Server、RealServer 与 Windows Media Server。

效果1: 不选择最后一个段落标记分栏，栏长相等

图 1.2-14　"分栏栏长"相等效果图

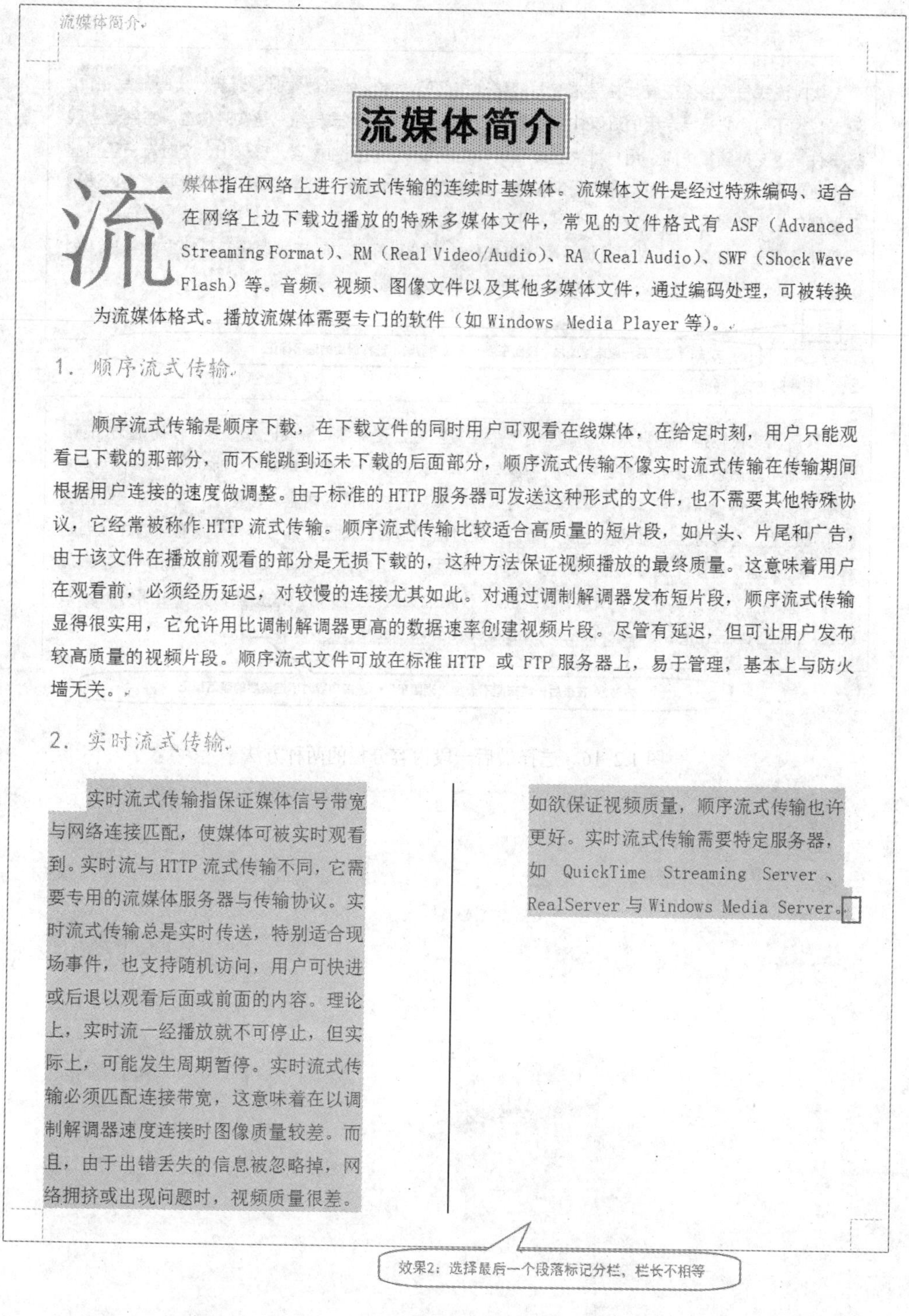

流媒体简介

流媒体简介

流媒体指在网络上进行流式传输的连续时基媒体。流媒体文件是经过特殊编码、适合在网络上边下载边播放的特殊多媒体文件，常见的文件格式有 ASF（Advanced Streaming Format）、RM（Real Video/Audio）、RA（Real Audio）、SWF（Shock Wave Flash）等。音频、视频、图像文件以及其他多媒体文件，通过编码处理，可被转换为流媒体格式。播放流媒体需要专门的软件（如 Windows Media Player 等）。

1．顺序流式传输

顺序流式传输是顺序下载，在下载文件的同时用户可观看在线媒体，在给定时刻，用户只能观看已下载的那部分，而不能跳到还未下载的后面部分。顺序流式传输不像实时流式传输在传输期间根据用户连接的速度做调整。由于标准的 HTTP 服务器可发送这种形式的文件，也不需要其他特殊协议，它经常被称作 HTTP 流式传输。顺序流式传输比较适合高质量的短片段，如片头、片尾和广告，由于该文件在播放前观看的部分是无损下载的，这种方法保证视频播放的最终质量。这意味着用户在观看前，必须经历延迟，对较慢的连接尤其如此。对通过调制解调器发布短片段，顺序流式传输显得很实用，它允许用比调制解调器更高的数据速率创建视频片段。尽管有延迟，但可让用户发布较高质量的视频片段。顺序流式文件可放在标准 HTTP 或 FTP 服务器上，易于管理，基本上与防火墙无关。

2．实时流式传输

实时流式传输指保证媒体信号带宽与网络连接匹配，使媒体可被实时观看到。实时流与 HTTP 流式传输不同，它需要专用的流媒体服务器与传输协议。实时流式传输总是实时传送，特别适合现场事件，也支持随机访问，用户可快进或后退以观看后面或前面的内容。理论上，实时流一经播放就不可停止，但实际上，可能发生周期暂停。实时流式传输必须匹配连接带宽，这意味着在以调制解调器速度连接时图像质量较差。而且，由于出错丢失的信息被忽略掉，网络拥挤或出现问题时，视频质量很差。

如欲保证视频质量，顺序流式传输也许更好。实时流式传输需要特定服务器，如 QuickTime Streaming Server、RealServer 与 Windows Media Server。

效果2：选择最后一个段落标记分栏，栏长不相等

图 1.2-15　"分栏栏长"不相等效果图

方法 2：在最后段落末尾不添加"硬回车"，分栏时，只选最后一段的内容，不选该段的段落标记，如图 1.2-16 所示。

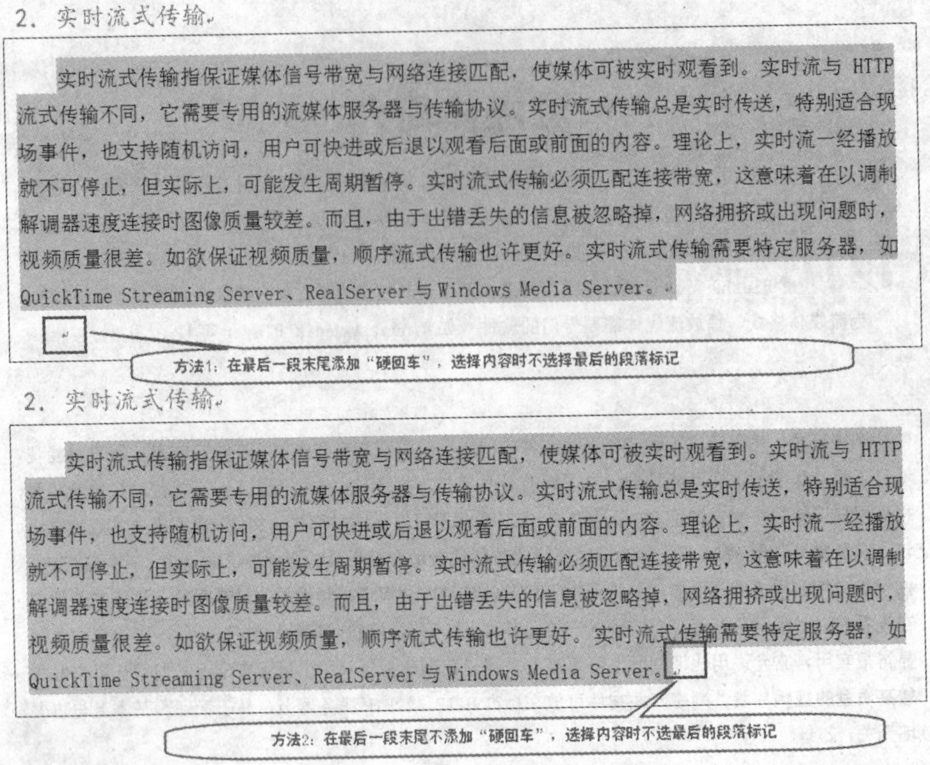

2. 实时流式传输

实时流式传输指保证媒体信号带宽与网络连接匹配，使媒体可被实时观看到。实时流与 HTTP 流式传输不同，它需要专用的流媒体服务器与传输协议。实时流式传输总是实时传送，特别适合现场事件，也支持随机访问，用户可快进或后退以观看后面或前面的内容。理论上，实时流一经播放就不可停止，但实际上，可能发生周期暂停。实时流式传输必须匹配连接带宽，这意味着在以调制解调器速度连接时图像质量较差。而且，由于出错丢失的信息被忽略掉，网络拥挤或出现问题时，视频质量很差。如欲保证视频质量，顺序流式传输也许更好。实时流式传输需要特定服务器，如 QuickTime Streaming Server、RealServer 与 Windows Media Server。

方法1：在最后一段末尾添加"硬回车"，选择内容时不选择最后的段落标记

2. 实时流式传输

实时流式传输指保证媒体信号带宽与网络连接匹配，使媒体可被实时观看到。实时流与 HTTP 流式传输不同，它需要专用的流媒体服务器与传输协议。实时流式传输总是实时传送，特别适合现场事件，也支持随机访问，用户可快进或后退以观看后面或前面的内容。理论上，实时流一经播放就不可停止，但实际上，可能发生周期暂停。实时流式传输必须匹配连接带宽，这意味着在以调制解调器速度连接时图像质量较差。而且，由于出错丢失的信息被忽略掉，网络拥挤或出现问题时，视频质量很差。如欲保证视频质量，顺序流式传输也许更好。实时流式传输需要特定服务器，如 QuickTime Streaming Server、RealServer 与 Windows Media Server。

方法2：在最后一段末尾不添加"硬回车"，选择内容时不选最后的段落标记

图 1.2-16　选择最后一段内容分栏的两种方法

基本实训 3

使用 Word 制作表格

Word 提供了多种创建、编辑和格式化表格的工具。表格操作命令主要集中在"表格"菜单和表格快捷菜单中。

【实训目的】

- 熟练创建表格（包括将带分隔符的文本转换成表格）。
- 熟练编辑表格。
- 熟练设置表格格式。

▷▷ 任务 1　在 Word 中制作"课程表"

【任务描述】

制作如图 1.3-1 所示的"课程表"，并以"课程表.doc"文件名保存到"D:\Wordsx"。

时间＼星期		星期一	星期二	星期三	星期四	星期五	星期六
上午	第一节						
	第二节						
	第三节						
	第四节						
下午	第五节						
	第六节						

图 1.3-1　"课程表.doc"样图

【任务要求】

1. **快速制作一个 8 行 8 列的表格**
2. **编辑表格**

（1）设置行高和列宽。将第 1 行高度调整为 1.1 cm，第 6 行高度调整为固定值 0.2 cm，其余行为 0.7 cm；将第 1 列宽度调整为 0.8 cm，第 2 列宽度调整为 2.8 cm，其余列为 1.5 cm。

（2）按样表合并单元格；调整文字方向。"上午"、"下午"单元格调整为竖向。

（3）绘制斜线表头并添加文字，设置为宋体、五号。

3．格式化表格

（1）设置表格水平居中；单元格水平居中、垂直居中（除斜线表头外）。

（2）设置表格的边框：表格中粗实线为 1.5 磅，细实线为 0.75 磅。

（3）设置表格的底纹：将表格中没有文字的单元格底纹填充为其他颜色，自定义为"R=150、G=200、B=255"。

【操作要点及提示】

1．"斜线表头"的两种制作方法

"斜线表头"基本表现形式有两种：第一种是表头中的文字以"文本框"形式出现；第二种是表头中的文字以"文本"形式出现。根据形式不同，可采用不同方法绘制。

① 文字以"文本框"形式制作"斜线表头"方法：选择菜单"表格→插入→表格"命令，添加一个所需表格，在要绘制"斜线表头"的单元格中，选择菜单"表格→绘制斜线表头"命令，即可插入一个"斜线表头"。该形式的表头文字，是"文本框"形式。

② 文字以"文本"形式制作"斜线表头"方法：在要绘制"斜线表头"的单元格中，使用"表格和边框"工具栏中的"绘制表格"按钮绘制一条斜线，输入"星期"两字，按【Enter】键换行，然后输入"时间"两字，再设置"星期"为右对齐。该形式的表头文字，是"文本"形式。

2．"边框线"的 5 种类型及设置

Word 默认表格"边框线"为 0.5 磅细实线。"边框线"类型分"无"、"方框"、"全部"、"网格"和"自定义"5 种。

当不需要表格线时，选择"无"类型；当只需要在表格外部加边框，内部不用加边框线时，选择"方框"类型；当外部、内部框线相同时，选择"全部"类型；当外部框线有变化时，选择"网格"类型；当外部框线和内部框线的样式、颜色和宽度不同时，选择"自定义"类型。

下面以任务要求 3 中（2）为例，按要求设置表格边框线（粗实线为 1.5 磅，细实线为 0.75 磅）。

选中表格，选择菜单"格式→边框和底纹"命令，在打开的"边框和底纹"对话框中选择"边框"选项卡，选择"自定义"类型，具体设置如图 1.3-2 所示。

3．"边框和底纹"颜色的 3 种设置方法

如图 1.3-3 所示，设置"边框和底纹"颜色的方法有 3 种：系统提供的"标准填充色"、可供选择的"其他颜色中的标准色"以及可由用户自行定义的"自定义"颜色。设置时，可根据要求选择相应方法。

下面以任务要求 3 中（3）为例，将没有文字的单元格填充为"底纹"，"底纹"图案样式选择自定义颜色："R=150、G=200、B=255"。选择没有文字的单元格，选择菜单"格式→边框和底纹"命令，打开"边框和底纹"对话框，设置如图 1.3-4 所示。

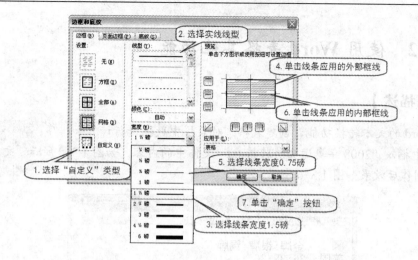

图 1.3-2　设置"自定义"类型表格边框

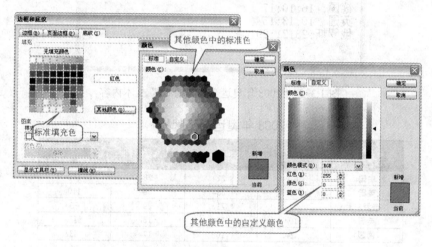

图 1.3-3　设置颜色的 3 种方法

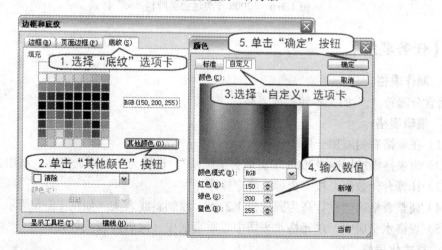

图 1.3-4　"自定义"颜色设置

任务 2 使用 Word 表格其他功能

【任务描述】

利用 Word 的文本转换功能,创建表格;对表格中数据进行计算和排序。

在文档中插入 "2008 年奥运会奖牌榜.txt" 文件中的内容,如图 1.3-5 所示,文本分隔符是英文 ";"。制作后效果如图 1.3-6 所示。

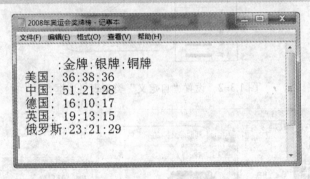

图 1.3-5 "2008 年奥运会奖牌榜.txt" 文本内容

2008 年奥运会奖牌榜

国家＼奖牌	金牌	银牌	铜牌	合计
中国	51	21	28	100
美国	36	38	36	110
俄罗斯	23	21	29	73
英国	19	13	15	47
德国	16	10	17	43

图 1.3-6 "2008 年奥运会奖牌榜.doc" 样式

 【任务要求】

1. 制作表格

将含分隔符 ";" 的文本转换成表格。

2. 编辑表格

(1) 在表格右侧添加一列 "合计"。

(2) 为表格添加标题 "2008 年奥运会奖牌榜",设置为三号字、黑体、居中。

(3) 计算合计数值,按 "金牌" 降序排序。

(4) 调整表格第一行行高为固定值 1.2 cm;绘制斜线表头(如图 1.3-6 所示)。

(5) 表格水平居中,单元格水平居中、垂直居中(除斜线表头外)。

3. 格式化表格

自动套用格式 "网格" 类型。

【操作要点及提示】

1. 文本转换成表格的关键

　　文本转换成表格的关键：选用适当分隔符将文本合理分隔，转换成表格的"行"和"列"。如图 1.3-7 所示，使用"段落标记"可转换成表格的"行"，使用"制表符"、"空格"、"英文逗号"等可转换成表格的"列"。

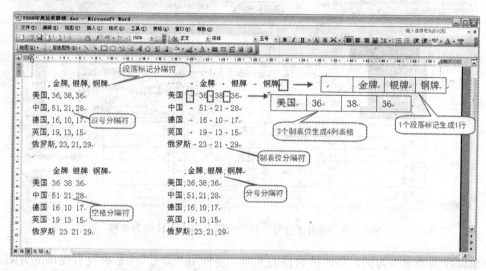

图 1.3-7　不同分隔符产生表格的"行"和"列"

　　如图 1.3-8 所示，对于只有"段落标记"的多个文本段落，可将其转换成"单列多行"的表格；对于同一个文本段落中含有多个"制表符"或"逗号"的文本，可将其转换成"单行多列"的表格；包含多个段落、多个分隔符的文本，可以转换成"多行多列"的表格。

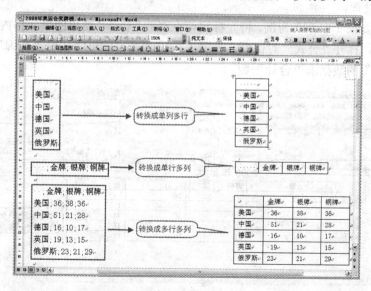

图 1.3-8　文本转换成"单列多行"、"单行多列"、"多行多列"的表格

Word 提供自动识别的分隔符有"段落标记"、"逗号"、"空格"、"制表符",如果使用了这些之外的分隔符,如图 1.3-9 中注释 4 所示,需要在"将文本转换成表格"对话框的"文字分隔位置"区域的"其他符号"文本框中,输入要使用的分隔符符号,对话框中"表格尺寸"区域的"列数"数值框即会显示根据该分隔符所产生的合适"列数"。

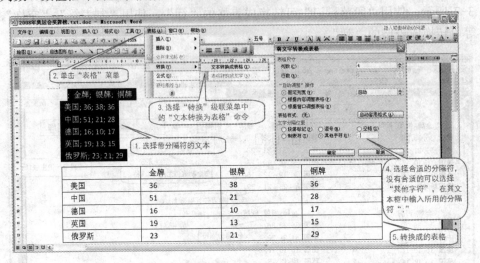

图 1.3-9　使用"分号"作为分隔符将文本转换为表格

下面以任务要求 1 为例,要转换表格的文本,是使用"分号"(系统没有提供的分隔符)作为分隔符,使其转换为一个 6 行 4 列的表格。转换过程如图 1.3-9 所示,对话框中"表格尺寸"的"列数"数值框,显示根据"分号"分隔符所产生合适的列数为"4"。

2．Word 表格"公式"的简单计算处理

Word 能使用"公式"进行简单的表格计算处理,如"求和"、"计数"计算等,但复杂的计算应采用 Excel 处理。

下面以任务要求 2 中(3)为例,将光标定位在存放"合计"结果的单元格内,选择菜单"表格→公式"命令,打开"公式"对话框,如图 1.3-10 所示,即可完成对"金牌"、"银牌"、"铜牌"列"数值型"的数据求"合计"数。

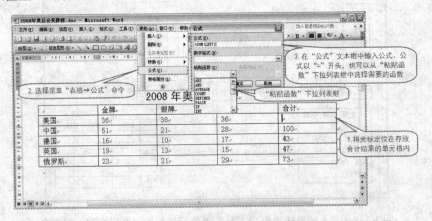

图 1.3-10　使用"公式"对"金牌"、"银牌"、"铜牌"列求和示意图

！注意：

　　如果"金牌"、"银牌"、"铜牌"单元格数据被更新，则"合计"单元格数据不会自动更新，而是要通过右击"合计"单元格，在快捷菜单中选择"更新域"命令后才能更新，如图 1.3-11 所示。

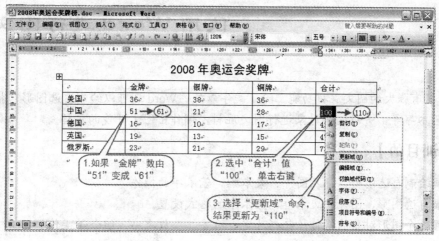

图 1.3-11　"更新域"操作示意图

基本实训 4

使用 Word 进行图文混排

Word 具有强大的图文混排功能。除了文字以外，Word 还可以绘制自选图形，插入图片、文本框、艺术字等，并对这些对象进行图文混排，制作出图文并茂的文档。

 【实训目的】

- 掌握绘制自选图形，插入图片、文本框、艺术字的操作。
- 掌握自选图形、图片、文本框、艺术字的格式设置。
- 掌握多个图形对象的操作（包括选定、对齐、叠放次序、组合等操作）。

▷▷ 任务 1　绘制并组合自选图形

 【任务描述】

绘制不同形状的"自选图形"，通过各种格式设置，组合成一个结构图，如图 1.4-1 所示，以"基于数据挖掘的 IDS 体系结构.doc"为文件名保存到"D:\Wordsx"。

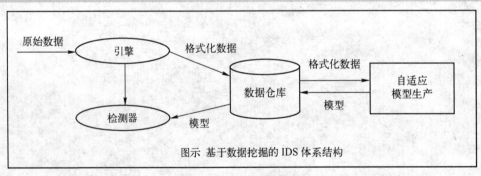

图示　基于数据挖掘的 IDS 体系结构

图 1.4-1　"基于数据挖掘的 IDS 体系结构.doc"样图

 【任务要求】

1. 绘制"自选图形"：插入自选图形（椭圆、圆柱形、矩形、箭头等）绘制如图 1.4-1 所示，图注和线上标注采用文本框，文本框均设置为无填充色、无线条色。

2. 将所有的图形组合。

【操作要点及提示】

1．绘制"自选图形"的两种方法

通过绘制不同形状的"自选图形"，并设置不同格式，将其组合在一起，可以作为组织结构图、流程图、模型等，应用在文档中，让读者一目了然。

方法 1：选择菜单"插入→图片→自选图形"命令，选择相应"类别"中图形，拖动鼠标即可。

方法 2：单击"绘图"工具栏上的"自选图形"按钮，打开"自选图形"下拉菜单，选择相应"类别"中合适的自选图形。

以任务要求 1 为例，需要绘制椭圆、圆柱形、矩形、箭头和文本框，以绘制圆柱形为例，如图 1.4-2 所示。

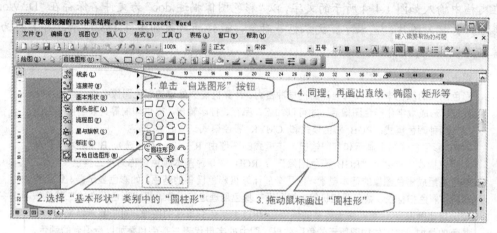

图 1.4-2　使用"绘图"工具栏绘制"自选图形"

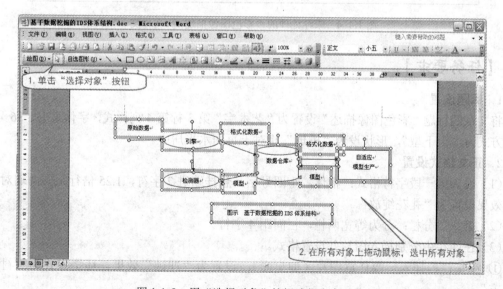

图 1.4-3　用"选择对象"按钮选择多个对象

2．选择多个对象方法及多个对象组合

绘制多个图形后，需要组合为一个整体，以便于排版设计。要将所有图形组合，必须先选中它们。对于图形简单或数量较少的可以按住【Shift】键，依次单击各个图形进行选择。

以任务要求 2 为例，因为图形较多，还可以使用另外一种方法：先单击"绘图"工具栏上的"选择对象"按钮，在所有需要选定的图形上拖动鼠标即可选择，如图 1.4-3 所示。

任务 2　图文混排及编辑数学公式

【任务描述】

在文档中输入如图 1.4-4 所示的文字，以"彩色图像描述.doc"为文件名保存在"D:\Wordsx"文件夹中，再插入图片、艺术字、文本框等对象，最终的效果如图 1.4-5 所示，并另存为"彩色图像描述混排.doc"文件。

彩色图像描述

彩色图像的颜色丰富，具有强烈的视觉冲击力。计算机能够处理的彩色图像必须经过数字化处理，形成数字化彩色图像后，才可以加工、保存、打印输出、提供印刷等。数字化彩色图像有两种颜色模式：RGB 彩色模式和 CMYK 彩色模式。

RGB 彩色模式用于显示和打印输出，该模式的图像由 R（红）、G（绿）、B（蓝）3 种基本颜色构成，称之为"RGB 彩色图像"；RGB 这 3 种基本颜色被称为"三基色"。三基色是组成彩色图像的基本要素，也是全部计算机彩色设备的基色，如彩色显示器、彩色打印机、彩色扫描仪、数码照相机等，都利用三基色原理进行工作。组成彩色图像的三基色按照一定比例混合，可产生无穷多的颜色，用以表达色彩丰富的图像。对于显示器来说，三基色的叠加，将产生如图所示的色彩效果。图中的字母代表三基色和叠加以后得到的颜色，其对应关系如下：R/红、G/绿、B/蓝、C/青、M/品红、Y/黄、W/白 。

图 1.4-4　未经处理的"彩色图像描述.doc"样文

【任务要求】

1．标题设置

将文章的标题"彩色图像描述"设置为"艺术字"第 3 行第 4 列样式，字体隶书、36 号字、环绕方式为"上下型"，形状设为"桥形"相对于页面水平居中。

2．正文格式设置

（1）设置第一段字符格式：楷体，小四号字，悬挂缩进 2 字符，1.25 倍行距，两端对齐，文字效果设置为"礼花绽放"。

（2）第二段分栏：分为等宽两栏，栏间距 4 字符。

（3）在两栏中分别插入图片并设置格式。

① 在左栏内插入一幅任意图片（如桌面），设置为"冲蚀"效果，环绕方式为"衬于文字下方"。

彩色图像的颜色丰富，具有强烈的视觉冲击力。计算机能够处理的彩色图像必须经过数字化处理，形成数字化彩色图像后，才可以加工、保存、打印输出、提供印刷等。数字化彩色图像有两种颜色模式：RGB 彩色模式和 CMYK 彩色模式。

RGB 彩色模式用于显示和打印输出，该模式的图像由 R（红）、G（绿）、B（蓝）3 种基本颜色构成，称之为"RGB 彩色图像"；RGB 这 3 种基本颜色被称为"三基色"。三基色是组成彩色图像的基本要素，也是全部计算机彩色设备的基色，如彩色显示器、彩色打印机、彩色扫描仪、数码照相机等，都利用三基色原理进行工作。组成彩色图像的三基色按照一定比例混合，可产生无穷多的颜色，用以表达色彩丰富的图像。对于显示器来说，三基色的叠加，将产生如图所示的色彩效果。图中的字母代表三基色和叠加以后得到的颜色，其对应关系如下：R/红、G/绿、B/蓝、C/青、M/品红、Y/黄、W/白。

图注 计算机

$$\int_{-\pi}^{\pi} \frac{\sin x}{(x^2-1)^3} dx = 0$$

图 1.4-5　经处理后的"彩色图像描述混排.doc"样文

② 在右栏内插入剪贴画"科技类"→"计算"中的"个人电脑.wmf"，图片大小设置高度为 5 cm、锁定纵横比；并在图片下方添加图注（使用文本框）"图注 计算机"，图注为小五号宋体，文字水平居中；文本框高度为 0.8 cm，宽度为 2.5 cm，无线条色，无填充色，内部边距均为 0 cm。

③ 将图片和图注水平对齐并组合。组合后的图形环绕方式设置为"四周型"；组合后的图片位置：水平相对于页边距右侧 8.5 cm，垂直距页面下侧 8 cm，距正文上、下为 0.1 cm，左、右为 0 cm。

3．编辑数学公式

在文档末尾输入数学公式：$\int_{-\pi}^{\pi} \dfrac{\sin x}{(x^2-1)^3} dx = 0$。

【操作要点及提示】

1．"艺术字"形状设置方法

文档中经常使用"艺术字"，可以起到突出重点、吸引视线的效果。"艺术字"也是一个图形对象，可以设置线型、填充色、大小等，为了美观可以设置其形状、阴影效果、三维效果等。

以任务要求 1 为例，文档的标题"彩色图像描述"设置为"艺术字"，形状设为"桥形"。

如图 1.4-6 所示，选中"彩色图像描述"艺术字，在"艺术字"工具栏中单击"艺术字形状"按钮，打开"艺术字形状"下拉列表，选择"桥形"形状。

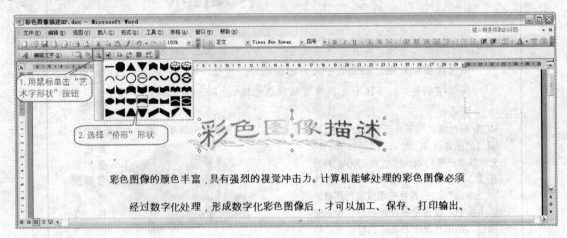

图 1.4-6 将"彩色图像描述"艺术字形状设为"桥形"

2．图片格式设置方法

设置图片格式是在"设置图片格式"对话框中完成。双击"图片"或者右击"图片"在快捷菜单中选择"设置图片格式"命令，都可以打开"设置图片格式"对话框，在对话框中按照任务要求设置大小、环绕方式以及相对位置或绝对位置。

3．图片和图注组合时应注意的问题

以任务要求 2（3）中③为例，组合图片和图注时，如果其中有对象的环绕方式为"嵌入式"，则无法选择所有对象。因此，要先设置所有要组合对象的环绕方式为"四周型"，再选择对象组合，如图 1.4-7 所示。

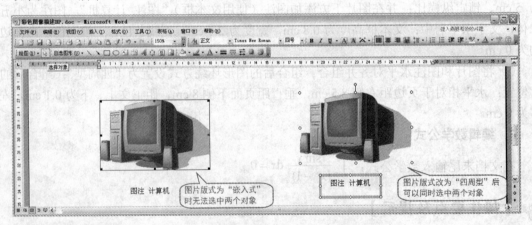

图 1.4-7 "嵌入式"和"四周型"不同"版式"效果对比

4．编辑数学公式

在编辑学术论文、制作试卷时，经常会需要输入各种公式。"公式"在 Word 中作为一种"对象"处理，通过打开"公式"编辑器，使用"公式"工具栏建立公式。

以任务要求 3 为例，将光标定位在文档尾部，如图 1.4-8 所示进行操作即可。

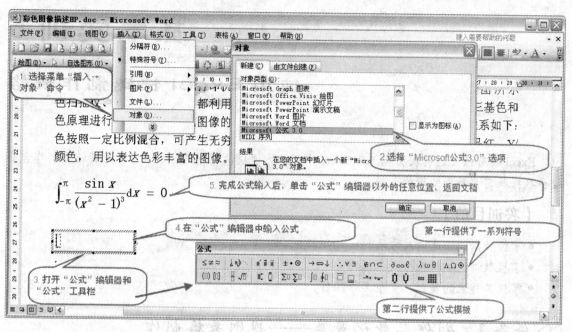

图 1.4-8　编辑"公式"操作示意图

基本实训 5

使用 Excel 快速制作表格

Excel 具有强大的制表功能。在 Excel 中可以方便快捷地制作各种表格，尤其适合制作含有较多数据及需要数据处理的表格。

【实训目的】

- 掌握数据的快速输入方法。
- 掌握数据的编辑及格式化操作。
- 掌握工作表的复制、重命名等操作。

▷▷ **任务 1   制作存款记录表——规则表格制作**

【任务描述】

新建 Excel 工作簿，在 "Sheet1" 工作表中建立如图 1.5-1 所示 "存款记录表"。要求在工作表中输入数据，格式化工作表，并对工作表进行复制、重命名及保存操作。

序号	存入日	期限	年利率	金额	到期日	本息	银行
				存款记录表			
1	2010-1-1	5	3.87	1,000.00			工商银行
2	2010-2-1	5	3.87	1,000.00			工商银行
3	2010-3-1	5	3.87	1,000.00			建设银行
4	2010-4-1	5	3.87	1,000.00			农业银行
5	2010-5-1	5	3.87	1,000.00			农业银行
6	2010-6-1	3	3.60	1,100.00			农业银行
7	2010-7-1	3	3.60	1,200.00			中国银行
8	2010-8-1	3	3.60	1,300.00			中国银行
9	2010-9-1	3	3.60	1,400.00			建设银行
10	2010-10-1	3	3.60	1,500.00			工商银行
11	2010-11-1	1	2.52	1,600.00			工商银行
12	2010-12-1	1	2.52	1,700.00			建设银行
13	2011-1-1	1	2.52	2,000.00			农业银行
14	2011-2-1	1	2.52	2,000.00			农业银行
15	2011-3-1	1	2.52	2,000.00			农业银行
16	2011-4-1	3	3.60	2,000.00			中国银行
17	2011-5-1	3	3.60	2,000.00			中国银行
18	2011-6-1	3	3.60	2,000.00			建设银行
19	2011-7-1	3	3.60	2,000.00			工商银行
20	2011-8-1	3	3.60	2,000.00			工商银行

图 1.5-1   存款记录表

【任务要求】

1. 输入数据。在"Sheet1"中，输入如图 1.5-1"存款记录表"中的数据。

2. 格式化工作表，如图 1.5-1 所示。

（1）合并"A1：H1"单元格区域；调整第 1 行行高为 20 磅。

（2）将文本"存款记录表"，设置为宋体、14 磅、加粗；将"A2：H2"单元格区域文字设置为宋体、12 磅、水平居中、垂直居中；设置"A3：H22"单元格区域数据水平居中。

（3）设置"金额"列数据格式为：使用千位分隔符、两位小数。

（4）为工作表添加边框：外框，粗实线；内框，第一行下线为粗实线，其余为细实线。

3. 对工作表进行复制、重命名及保存操作。将编辑好的"Sheet1"工作表复制到"Sheet2"工作表中；将"Sheet1"工作表重命名为"存款记录"，将"Sheet2"工作表重命名为"存款记录备份"；以"Excel 制表.xls"为文件名保存至文件夹中。

【操作要点及提示】

本任务主要练习 Excel 基本制表，制表过程中应注意以下问题。

1. Excel 制表基本步骤

制表基本步骤：输入数据→格式化工作表→重命名及保存工作表。

！注意：

一定是先输入，后格式化设置。

2. 输入数据前确定手工输入数据和可快速填充数据

Excel 工作表经常含有大量数据，其中有些数据是"基本数据"，必须手工逐个输入（详见《计算机应用基础》第 8 章），有些数据可采用 Excel 提供的批量数据输入方法进行快速填充。因此，输入数据之前一定要分析数据规律，明确哪些数据需手工逐个输入，哪些数据可以快速填充，以提高输入效率。

以任务要求 1 为例，如图 1.5-2 所示，标明了基本数据及可采用的快速填充数据方法。

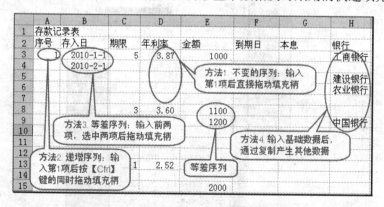

图 1.5-2　快速填充方法运用示例

方法 1：使用"填充柄"，快速填充不变的数字序列。如图 1.5-2 中的"年利率"、"期限"列数据的输入：输入初值，拖动初值所在单元格的"填充柄"。

方法 2：使用"填充柄"，快速填充递增序列。如图 1.5-2 中的"序号"列数据的输入：输入初值，按住【Ctrl】键，同时拖动初值所在单元格的"填充柄"。

方法 3：使用"填充柄"，快速填充等差序列。如图 1.5-2 中的"存入日"列数据的输入：首先输入序列的前两项（反映数据的等差关系），并选中这两项，拖动"填充柄"。

方法 4：使用"复制"、"粘贴"的方法快速填充重复性文字。如"银行"列数据的输入：首先输入基本数据，如图 1.5-2 所示，再通过"复制"、"粘贴"的方法输入"银行"列其他数据。

3．数据输入在前，整体设置格式在后

为提高输入及格式化效率，应首先输入不带格式的数据，完成数据输入后，再对同类型数据统一设置格式。下面以任务要求 1 及任务要求 2 中"金额"列数据的输入及格式设置为例进行说明。

① 如图 1.5-2 所示，输入无格式基本数据：在 E3 单元格输入 1 000，在 E8、E9 单元格分别输入 1 100、1 200，在 E15 单元格输入 2 000。

② 采用快速填充数据的方法填充该列其他数据，完成整列的数据输入。如图 1.5-2 所示，使用"方法 1"在"E3：E7"单元格区域均填充 1 000，"E15：E22"单元格区域均填充 2 000；使用"方法 3"在"E8：E14"单元格区域填充 1 100~1 700 等差序列。

③ 如图 1.5-3 所示，输入完成后，统一设置数据格式：选中整个"金额"列数据，选择菜单"格式→单元格"命令，统一对"金额"列进行"数字"格式设置："货币"类、小数位数为 2、货币符号为"无"，这时整个"金额"列数据格式示例为"1,000.00"。

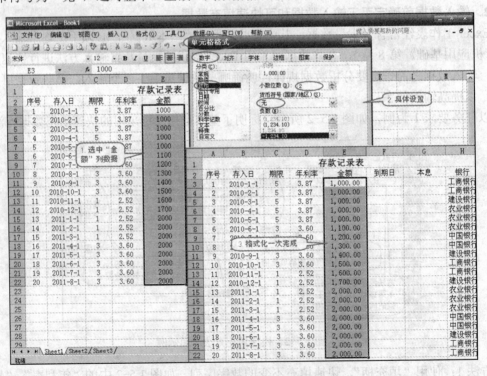

图 1.5-3　对"金额"列数据统一整体格式设置

4．格式化之前，先选中待格式化区域

格式化工作表的前提是先选中待格式化的单元格（区域）。以任务要求 2 为例，选中待格式化单元格后，使用"格式"工具栏，可进行简单常见格式设置，如"字体"、"字号"、"水平居中"等；使用菜单"格式→单元格"命令，进行多项格式设置，如"数字"、"对齐"、"边框"、"图案"等；使用菜单"格式→行/列"命令，调整行高/列宽。

▷▷ 任务 2　制作教学进程表——不规则表格制作

【任务描述】

在上述任务中"Excel 制表.xls"的"Sheet3"工作表中，制作如图 1.5-4 所示的"教学进程表"。

【任务要求】

尽量使用批量填充数据输入方法快速填充数据；对工作表按如图 1.5-4 所示格式化；对工作表进行重命名及保存操作。

序	班级	周\人数		2011年3月					2011年4月				2011年5月					2011年6月				2011年7月			
		年月\星期	一	28	07	14	21	28	04	11	18	25	02	09	16	23	30	06	13	20	27	04	11	18	25
	教学进程表		二	01	08	15	22	29	05	12	19	26	03	10	17	24	31	07	14	21	28	05	12	19	26
			三	02	09	16	23	30	06	13	20	27	04	11	18	25	01	08	15	22	29	06	13	20	27
	2010-2011学年		四	03	10	17	24	31	07	14	21	28	05	12	19	26	02	09	16	23	30	07	14	21	28
	第2学期		五	04	11	18	25	02	01	08	15	22	29	06	13	20	27	03	10	17	24	01	08	15	22	29
			六	05	12	19	26	02	09	16	23	30	07	14	21	28	04	11	18	25	02	09	16	23	30
			日	06	13	20	27	03	10	17	24	08	15	22	29	05	12	19	26	03	10	17	24	31
序	班级	周\人数	1	2	3	4	5	6	7	8	9	10	11	12	13	14	15	16	17	18	19	20	假期
1									△													∨	：	▬▬
2							△															∨	：	▬▬
3										△												∨	：	▬▬
4																						∨	：	▬▬
5																						∨	：	▬▬
			符号说明：□课堂教学　　△实习　　∨机动　　：考试　　▬▬假期																					

图 1.5-4　教学进程表

【操作要点及提示】

本任务主要练习使用 Excel 制作不规则表格，在"任务 1"的基础上，进一步体会 Excel 强大的制表功能及数据快速填充功能。

本任务要求制作的表格较为复杂，如图 1.5-5 所示。涉及内容主要有：占多单元格区域表头的制作，如图 1.5-5"提示 1"所示；斜线表头制作，如图 1.5-5"提示 2"所示；万年历日期的输入，如图 1.5-5"提示 3"、"提示 4"和"提示 5"所示；特殊符号输入，如图 1.5-5"提示 6"所示。本任务的重点说明如下。

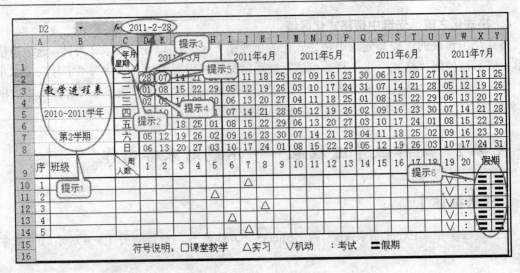

图1.5-5　"教学进程表"制作提示

1．占多单元格的表头制作

如图1.5-5中"A1：B8"区域的表头，既可通过插入文本框实现，也可在区域中直接输入（采用后者时不要使用内框线）。

2．斜线表头的制作

如图1.5-5所示中的 C1、C9 单元格的斜线表头，需明确如何在一个单元格里插入斜线？如何调整文字和斜线的位置？以制作"C1"斜线表头为例，说明如下。

① 插入表头斜线。选中 C1 单元格，选择菜单"格式→单元格"命令，在打开的"单元格格式"对话框中选择"边框"选项卡，单击"斜线"按钮，即完成斜线的插入。

② 设置 C1 单元格对齐方式为"自动换行"。选择菜单"格式→单元格"命令，在打开的"单元格格式"对话框中选择"对齐"选项卡，选中"自动换行"复选框。

③ 调整 C1 单元格所在行、列的行高、列宽。

④ 输入表头文字，设置字号并调至合适位置。在 C1 单元格中输入"年月星期"，设置适当字号，在单元格内部通过输入"空格"来调整"年月"在斜线上方，"星期"在斜线下方。

3．万年历数据输入技巧

如图1.5-5"提示3"、"提示4"和"提示5"所示，实际是一个用 Excel 制作万年历的练习。

① 万年历起始日期的输入及设置。如图1.5-5"提示3"所示，虽然在 D2 单元格只显示"28"，但必须要先输入完整的年、月、日："2011-2-28"，再通过格式设置使其只显示"日"，即"28"。

！提示：

这是保证快速填充整个表日期的最关键之处。

操作步骤：在 D2 单元格输入"2011-2-28"，选择菜单"格式→单元格"命令，在打开的"单元格格式"对话框中选择"数字"选项卡，如图1.5-6所示，选择"分类"列表中的"自定义"，设置"类型"为"dd"，表示仅以两位数显示年、月、日中的"日"。

② 万年历"日"递增步长的设置。如图1.5-5"提示4"所示，在 D3 单元格中输入"= D2

+1"，即在 D2 单元格基础上增加 1 天。

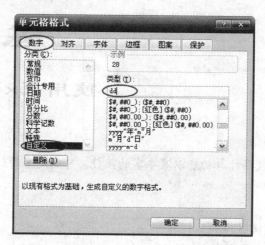

图 1.5-6　自定义日期格式

③ 万年历"周"递增步长的设置。如图 1.5-5"提示 5"所示，在 E2 单元格中输入"= D2 +7"，即在 E2 单元格基础上增加 7 天。

④ 数据快速填充。为了提高效率，当"D2"、"D3"、"E2"单元格中数据准备完毕，采用快速填充方法填充其他日期数据，一定不要逐个输入表中数据。

！ 提示：

第 1 行第 1 列的数据填充后，可在选中第 1 行或第 1 列（都不包含 D2 单元格）数据的基础上拖动填充柄以迅速一次性填充其他行或列的数据，不需要逐行或逐列进行数据填充。

4．特殊符号的输入

如图 1.5-5 所示"教学进程表"中的特殊符号"□"、"△"、"∨"和"▤"，可通过"软键盘"输入。

基本实训 6

使用 Excel 进行计算

Excel 提供了强大的数据计算功能以及丰富的函数，可满足多种计算需求。

 【实训目的】

- 熟悉 "Σ" 按钮的使用。
- 熟练运用公式与函数进行计算。

▷▷ **任务 1　计算学生成绩——使用 "Σ" 按钮进行计算**

 【任务描述】

新建工作簿，在 "Sheet1" 中建立如图 1.6-1 所示 "学生成绩表"。

学号	姓名	数学	英语	化学	物理	总分	平均分
				学生成绩表			
001	唐晓丽	79	88	78	64		
002	武少红	83	68	76	73		
003	付丽娟	91	91	94	82		
004	潘爱家	64	76	82	91		
005	马会如	85	58	69	67		
006	高翔宇	97	79	71	68		
007	田苗苗	68	71	72	92		
008	周光荣	91	82	93	76		
009	张雅雪	89	69	81	83		
010	刘红丽	87	83	76	90		
011	张静茹	82	76	81	86		
012	史可凡	76	81	91	76		
013	鲍芳芳	94	90	79	70		
014	李思量	76	76	83	61		
015	何冬冬	69	71	78	94		
最高分							
最低分							
学生人数							

图 1.6-1　学生成绩表

 【任务要求】

使用 "Σ" 按钮，计算并填充每名学生的 "总分"、"平均分"，每门课程的 "最高分"、"最低分"，并统计参加各门课程考试的"学生人数"。

【操作要点及提示】

本任务主要练习使用"Σ"按钮进行 5 种计算：求和、平均值、最大值、最小值和计数。

1．使用"Σ"按钮计算之前，一定要选中待计算区域

按任务"制作要求"，如图 1.6-2 所示，计算"总分"列。先选中待计算区域"C3：F3"，单击"Σ"按钮，求和结果沿数据选中的方向自动填充到后面空白单元格中（G3 单元格），拖动 G3 单元格的填充柄至 G17 单元格，快速填充其他学生的"总分"列数据。

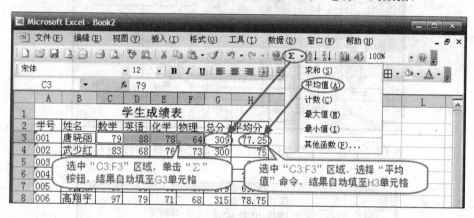

图 1.6-2　使用"Σ"按钮进行计算

❗ 提示：

单击"Σ"按钮，可直接求和，但不能直接计算"平均值"等，如图 1.6-2 所示，要计算"平均值"需要选择"Σ"按钮下拉菜单中的"平均值"命令。

2．使用"Σ"按钮，同时对选定的多列数据进行计算

使用"Σ"按钮，可同时对选定的多列数据进行计算，计算结果自动填至选定列的末尾。

例如，在图 1.6-1 中，若选中"C3：F17"区域后，选择"Σ"按钮下拉菜单中的"最大值"、"最小值"、"计数"命令，则可直接求出"数学"、"英语"、"化学"、"物理" 4 门课程的"最高分"、"最低分"及参加各门课程考试的"学生人数"，并依次自动填充至"C18：F18"、"C19：F19"、"C20：F20"单元格区域中，如图 1.6-3 所示。

3．使用"Σ"按钮，同时对选定的多行数据进行计算

使用"Σ"按钮，虽然可同时对选定的多行数据进行计算，但需满足一定条件：

① 同时选中"填充计算结果区域"。否则，Excel 将按"列"计算，并将计算结果自动填至相应列的末端。

② 只适合"待计算区域"与"填充计算结果区域"相邻情况。如本任务中的"总分"列数据的计算与填充可用该方法完成，操作方法如图 1.6-4 所示。

❗ 提示：

本任务中"平均分"列的计算与填充不能通过选定多行的方法完成。因为如图 1.6-4 所示，"平均分"列与"待计算区域"不相邻。

	A	B	C	D	E	F	G	H	I
1			学生成绩表						
2	学号	姓名	数学	英语	化学	物理	总分	平均分	
3	001	唐晓丽	79	88	78	64			
4	002	武少红	83	68	76	73			
5	003	付丽娟	91	91	94	82			
6	004	潘爱家	64	76	82	91			
7	005	马会如	85	58	69	67			
8	006	高翔宇	97	79	71	68			
9	007	田苗苗	68	71	72	92			
10	008	周光荣	91	82	93	76			
11	009	张雅雪	89	69	81	83			
12	010	刘红丽	87	83	76	90			
13	011	张静茹	82	76	81	86			
14	012	史可凡	76	81	91	76			
15	013	鲍芳芳	94	90	79	70			
16	014	李思量	76	76	83	61			
17	015	何冬冬	69	71	78	94			
18	最高分		97	91	94	94			
19	最低分		64	58	69	61			
20	学生人数		15	15	15	15			

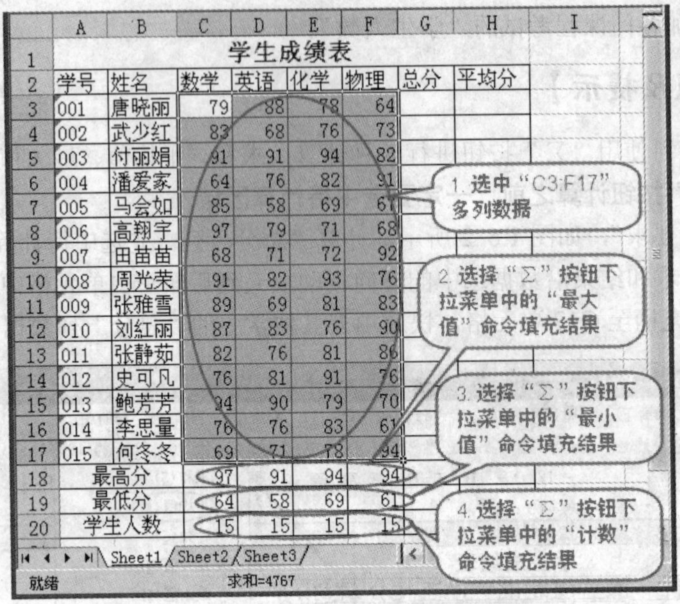

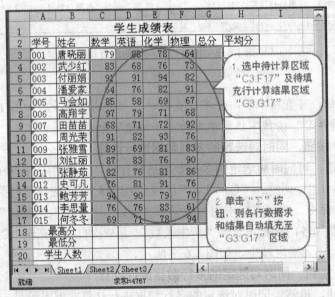

图 1.6-3　使用"Σ"按钮下拉菜单对选定多列数据同时进行计算

	A	B	C	D	E	F	G	H	I
1			学生成绩表						
2	学号	姓名	数学	英语	化学	物理	总分	平均分	
3	001	唐晓丽	79	88	78	64			
4	002	武少红	83	68	76	73			
5	003	付丽娟	91	91	94	82			
6	004	潘爱家	64	76	82	91			
7	005	马会如	85	58	69	67			
8	006	高翔宇	97	79	71	68			
9	007	田苗苗	68	71	72	92			
10	008	周光荣	91	82	93	76			
11	009	张雅雪	89	69	81	83			
12	010	刘红丽	87	83	76	90			
13	011	张静茹	82	76	81	86			
14	012	史可凡	76	81	91	76			
15	013	鲍芳芳	94	90	79	70			
16	014	李思量	76	76	83	61			
17	015	何冬冬	69	71	78	94			
18	最高分								
19	最低分								
20	学生人数								

图 1.6-4　使用"Σ"按钮对选定的多行数据同时进行计算

▷▷ 任务2　分析学生成绩——使用公式与函数进行计算

【任务描述】

在"Sheet2"中建立如图 1.6-5 所示"数学成绩表"。

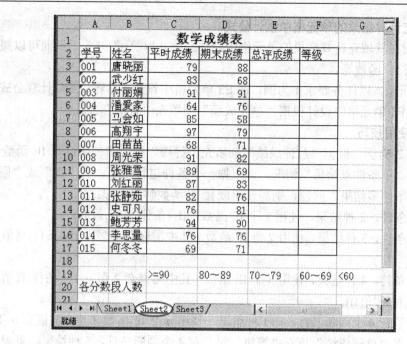

图 1.6-5　数学成绩表

【任务要求】

1. 设计公式，计算每位学生的总评成绩。已知平时成绩占总评成绩的 30%、期末成绩占总评成绩的 70%。

2. 使用 IF 函数，根据"总评成绩"列，填充"等级"列。已知总评成绩">=90"为"优秀"；"80~89"为"良好"；"70~79"为"中等"；"60~69"为"及格"；其余为"不及格"。

3. 使用 COUNTIF 函数，根据"总评成绩"列，分别按总评成绩">=90"、"80~89"、"70~79"、"60~69"、"<60"的分数段，计算"各分数段人数"。

【操作要点及提示】

本任务主要练习如何定义公式，如何在公式中使用函数，如图 1.6-6 所示。

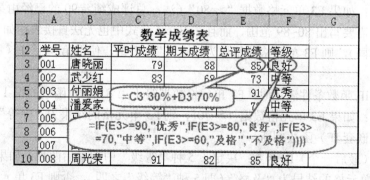

图 1.6-6　使用公式与函数计算"总评成绩"和"等级"

1．在欲填充计算结果的单元格中设计公式

Excel 公式应在欲填充计算结果的单元格中设计。公式以"="开头，后面可以跟常量、单元格引用、运算符、函数等。

如图 1.6-6 所示，以任务要求 1 为例，在 E3 单元格中设计"总评成绩"计算公式；以任务要求 2 为例，在 F3 单元格中设计根据"总评成绩"列填充"等级"公式。

2．IF 函数使用技巧

以任务要求 2 为例，根据"总评成绩"列填充"等级"列，需使用嵌套 IF 函数。一个 IF 函数，只能解决"单条件双结果"情况，即根据一个条件进行判断，有"真"或"假"两种结果。而对于"多条件多结果"问题，则需使用嵌套 IF 函数解决。即：

若 1 个判断条件，2 种结果，使用 1 个 IF 函数：IF(条件,真值,假值)。

若 2 个判断条件，3 种结果，使用 2 个 IF 函数（其中需嵌套 1 层）：IF(条件,真值,IF(条件,真值,假值))。

若 3 个判断条件，4 种结果，使用 3 个 IF 函数（其中需嵌套 2 层）：IF(条件,真值,IF(条件,真值,IF(条件,真值,假值)))。

以此类推，若有 n 个判断条件，$n+1$ 种结果，使用 n 个 IF 函数（其中需嵌套 $n-1$ 层）。

本任务中根据"总评成绩"填充"等级"时，有 4 个判断条件，5 种结果，见表 1.6-1。

表 1.6-1　根据"总评成绩"填充"等级"时的判断条件与结果

判断条件	1	2	3	4	
总评成绩	>=90	80~89	70~79	60~69	其余
等级	优秀	良好	中等	及格	不及格

因此，需要 4 个 IF 函数（其中嵌套 4-1=3 层）。如图 1.6-6 所示，在 F3 单元格中设计公式："=IF(E3>=90,"优秀",IF(E3>=80,"良好",IF(E3>=70,"中等",IF(E3>=60,"及格","不及格"))))"。其中：

① 第 1 个 IF 函数条件满足时，F3 单元格数据等于第 1 个 IF 函数的第 1 个参数值，即 5 种"等级"之一：如果 E3 单元格数据">=90"，则 F3 单元格的结果为"优秀"；否则，使用第 2 个 IF（第 1 层嵌套 IF）函数判断。

② 第 2 个 IF 函数条件满足时，F3 单元格数据等于第 2 个 IF 函数的第 1 个参数值，即 5 种"等级"之二：如果 E3 单元格数据">=80"（注：总评成绩>=90 的已经由第一个 IF 函数解决，因此这里不需要写出 80~89 范围，而且在 Excel 公式中也无法直接表达如 80~89 这样的数据范围，以下相同），则 F3 单元格的结果为"良好"；否则，使用第 3 个 IF（第 2 层嵌套 IF）函数判断。

③ 第 3 个 IF 函数条件满足时，F3 单元格数据等于第 3 个 IF 函数的第 1 个参数值，即 5 种"等级"之三：如果 E3 单元格数据">=70"，则 F3 单元格的结果为"中等"；否则，使用第 4 个 IF（第 3 层嵌套 IF）函数判断。

④ 第 4 个（最后一个）IF 函数：决定了 5 种"等级"中的最后两种：如果 E3 单元格数据">=60"，则 F3 单元格的结果为"及格"（即 5 种"等级"之四），否则 F3 单元格的结果为"不及格"（即 5 种"等级"之五）。

！提示：

① 在一个公式中出现多个函数时，每个函数的参数都应放在各自函数的一对括号中；

② 无论公式中有多少层括号，只能使用英文括号。

③ 函数参数中的"文本型"数据（如：汉字、英文、文本型数字、空格）要放在英文双引号中。

3．COUNTIF 函数应用条件

以任务要求 3 为例，根据"总评成绩"列，分别按总评成绩">=90"、"80~89"、"70~79"、"60~69"、"<60"分数段，计算"各分数段人数"，即统计"E3：E17"区域中各分数段的单元格数目。本任务可使用 COUNTIF 函数解决，如图 1.6-7 所示。

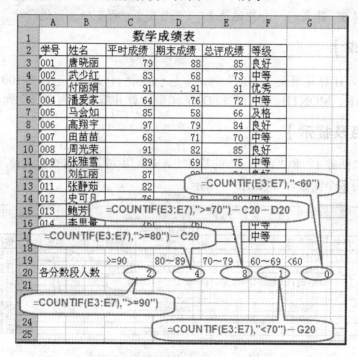

图 1.6-7　使用 COUNTIF 函数计算"各分数段人数"

其中：

① 在 C20 单元格计算"总评成绩>=90"人数，设计公式："=COUNTIF(E3：E17,">=90")"，即统计"E3：E17"区域中符合">=90"条件的单元格数目。

② 在 D20 单元格计算"总评成绩为 80~89"的人数，设计公式："=COUNTIF(E3：E17,">=80")-C20"，即先统计"E3：E17"区域中符合">=80"条件的单元格数目，再减去 C20 单元格中已经统计出的"总评成绩>=90"的人数，其差值即为"总评成绩为 80~89"的人数。

③ 同理，在 E20 单元格计算"总评成绩为 70~79"的人数，设计公式："=COUNTIF(E3：E17, ">=70")-C20-D20"。

④ 在 G20 单元格计算"总评成绩<60"的人数，设计公式："=COUNTIF(E3：E17,"<60")"。

⑤ 在 F20 单元格计算"总评成绩为 60~69"的人数，设计公式："=COUNTIF(E3：E17,"<70")-G20"，即先统计"E3：E17"区域中符合"<70"条件的单元格数目，再减去 G20 单元

格中已经统计出的"总评成绩<60"的人数，其差值即为"总评成绩为 60~69"的人数。

!**提示**：

先计算④"总评成绩<60"的人数，再计算⑤"总评成绩为 60~69"人数的优点是减少公式中的"减"数项。

▷▷ **任务3 填充"存款到期日"——同时使用多函数计算**

【任务描述】

在"基本实训5"建立的"存款记录表"（图 1.5-1）的基础上，进行计算。

【任务要求】

1. 设计公式，计算并填充"本息"列：本息=金额×(1+期限×年利率/100)。
2. 使用 YEAR、MONTH、DATE 和 DAY 函数计算并填充"到期日"列。

【操作要点及提示】

本任务是在"任务 1"和"任务 2"的基础上，进一步练习如何设计及使用公式、如何在一个公式中同时使用多个函数，如图 1.6-8 所示。

	A	B	C	D	E	F	G	H
1					存款记录表			
2	序号	存入日	期限	年利率	金额	到期日	本息	银行
3	1	2010-1-1	5	3.87	1,000.00			工商银行
4	2	2010-2-1	5	3.87	1,000.00			工商银行
5	=DATE(YEAR(B3)+C3,MONTH(B3),DAY(B3))							建设银行
								农业银行
6	4	2010-4-1	5	3.87	1,000.00			农业银行
7	5	2010-5-1	5	3.87	1,000.00	=E3*(1+C3*D3/100)		农业银行
8	6	2010-6-1	3	3.60	1,100.00			中国银行
9	7	2010-7-1	3	3.60	1,200.00			

图 1.6-8 一个公式同时使用多个函数

计算"到期日"是本任务难点，在 F3 单元格设计"到期日"计算公式：

"=DATE(YEAR(B3)+C3,MONTH(B3),DAY(B3))"。该公式中涉及 YEAR、MONTH、DAY 和 DATE 4 个函数。

1．YEAR、MONTH、DAY 和 DATE 函数应用详解

① YEAR 函数：求日期型数据的"年份"。如上述 F3 单元格公式中"YEAR(B3)"含义是，求 B3 单元格中日期"2010-1-1"的"年份"，即返回值为"2010"。

② MONTH 函数：求日期型数据的"月份"。如上述 F3 单元格公式中"MONTH (B3)"的含义是，求 B3 单元格中日期"2010-1-1"的"月份"，即返回值为"1"。

③ DAY 函数：求日期型数据的"日"。如上述 F3 单元格公式中"DAY (B3)"的含义是，求 B3 单元格中日期"2010-1-1"的"日"，即返回值为"1"。

④ DATE 函数：即 DATE(year,month,day)，将 3 个参数组成"年-月-日"。如：

"=DATE(1998,7,1)"的返回值为"1998-7-1"；"=DATE(1998+5,7,1)"的返回值为"2003-7-1"。

2．一个公式同时使用多个函数

任务要求 2 要求计算"到期日"，需要使用 DATE(year,month,day)函数，以在 F3 单元格设计的"到期日"计算公式为例，所设计的公式为"=DATE(year (B3)+C3, month (B3), day (B3))"，说明如下。

① 第 1 个参数"year"：是"到期日"的"年份"。根据题意应为"存入日"B3 单元格中的"年份"+"C3"中存款"期限"的"年数"，即 year (B3)+C3。

② 第 2 个参数"month"：是"到期日"的"月份"。根据题意仍为"存入日"B3 单元格中的"月份"，即 month (B3)。

③ 第 3 个参数"day"：是"到期日"的"日"。根据题意仍为"存入日"B3 单元格中的"日"，即 day (B3)。

基本实训 6　使用 Excel 进行计算
"=DATE(1996, 1)"；=1998 年 1 月；=DAY(G958-3)；1.1 上海证券月刊；"2005-7-1"
一个公式如何在单元格中显示为文本
…各个方案
…制作…（cmonth.dat）…系 工 等通栏
样式…的 1：月21、22为主；…第三行 =DATE…(B3)=(B3TC3month(B3), day(B3)"

基本实训 7

使用 Excel 进行数据管理与分析

Excel 不仅可以方便地制表及对表中数据进行计算，还可方便地对表中数据进行排序、筛选、分类汇总及建立数据透视表等数据管理与分析工作。

【实训目的】

- 对数据排序：包括单关键字排序、多关键字排序。
- 对数据分类汇总。
- 筛选数据：包括自动筛选、高级筛选。
- 建立数据透视表。

【任务描述】

新建工作簿，在"Sheet1"中建立如图 1.7-1 所示的"学生基本情况表"（其中"总分"、"平均分"列是由计算而得）；将编辑好的"Sheet1"工作表复制到"Sheet2"、"Sheet3"中，并重命名"Sheet1"为"学情表"；在此基础上，完成对数据排序、分类汇总、筛选、建立数据透视表任务。

序号	姓名	性别	系别	出生地	年龄	数学	英语	化学	物理	总分	平均分
				学生基本情况表							
1	李兰	女	环化系	石家庄	18	79	79	98	87	343	85.75
2	张红	男	机电系	承德	19	83	87	87	79	336	84.00
3	孙云	男	法经系	保定	20	91	89	78	94	352	88.00
4	张亮	男	材料系	邯郸	21	82	68	79	75	304	76.00
5	王刚	男	自动化系	张家口	18	73	94	96	86	349	87.25
6	刘朋	男	机电系	承德	19	61	58	69	61	249	62.25
7	崔洁	女	材料系	承德	20	58	95	83	67	303	75.75
8	赵明	男	环化系	张家口	21	76	63	86	77	302	75.50
9	郭燕	女	自动化系	石家庄	18	48	61	67	57	233	58.25
10	韩朋	男	自动化系	保定	19	75	82	75	88	320	80.00
11	李丹	女	环化系	保定	20	82	76	74	94	326	81.50
12	丁然	女	机电系	邯郸	21	93	85	81	75	334	83.50
13	马丽	女	法经系	承德	18	95	77	72	67	311	77.75
14	周华	男	材料系	保定	19	72	88	93	82	335	83.75
15	宋歌	女	环化系	邯郸	20	61	94	54	71	280	70.00

学情表 / Sheet2 / Sheet3

图 1.7-1　学生基本情况表

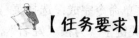

▷▷ 任务1　排序学生成绩

【任务要求】

如图 1.7-1 所示，在"Sheet1"中进行以下排序。

1．按单关键字排序：按"数学"成绩递减排序；按"英语"成绩递增排序。

2．按多关键字排序：按"性别"递减，"系别"递增，"总分"递减依次排序；找出"年龄"最小、"平均分"最高的学生记录。

3．按"姓名"姓氏笔画升序排序。

4．按"序号"递增排序，使"Sheet1"数据清单恢复初始状态原样。

【操作要点及提示】

本任务主要练习对数据进行各种排序操作。

1．Excel 排序的两种方法

如图 1.7-2 所示：使用工具按钮排序、使用菜单命令排序的两种方法。

图 1.7-2　Excel 排序的两种方法

2．使用工具按钮和菜单命令排序的区别

① 利用"升序排序"或"降序排序"工具按钮排序：只能根据单一关键字进行排序，且在排序之前需要单击排序所依据字段中的任意单元格。如完成任务要求 1，可采用该方法排序。

② 选择菜单"数据→排序"命令排序：排序的关键字可以是 1~3 个（Excel 中最多可依据 3 个关键字排序），在排序之前单击数据清单中任意单元格即可。

以任务要求 2 中"找出"年龄"最小、"平均分"最高的学生记录为例，该项任务属于多关键字排序，需使用菜单命令按"年龄"升序及"平均分"降序进行排序，则排序后的第 1 条记录就是要找出的记录。

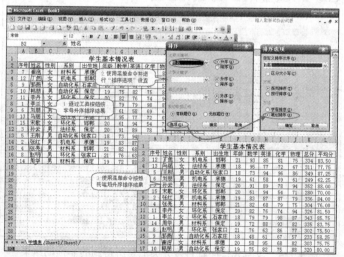

图 1.7-3　使用工具按钮排序和选择菜单命令按"笔划排序"的不同结果

③ 选择菜单"数据→排序"命令排序时可进行"排序选项"设置。Excel 对文字默认按"字母顺序"排序。如任务要求 3 要求按"姓名"字段排序，若通过工具按钮排序，则得到按"字母顺序"排序结果；但任务要求按"姓名"姓氏笔画排序，此时应通过菜单命令完成：选择菜单"数据→排序"命令，在打开的"排序"对话框中除设置排序"主要关键字"为按"姓名"升序排序外，还要单击"选项"按钮，打开"排序选项"对话框，将"方法"设置为"笔划排序"，如图 1.7-3 所示。

▷▷ 任务 2　分类汇总学生成绩

【任务要求】

将编辑好的"Sheet1"工作表（如图 1.7-1 所示），复制到"Sheet2"，在"Sheet2"中进行以下分类汇总。

1. 求各地"总分"平均分；求各年龄"总分"平均分；求各系"总分"平均分。

2. 求各地每门课程的平均分；求各系每门课程的最高分。

【操作要点及提示】

本任务主要练习对数据进行分类汇总。分类汇总能满足多种数据分析需求。

下面以任务要求 1 中求各地总分的平均分为例，说明如下。

分析：求各地"总分"平均分，即根据"出生地"分类汇总"总分"的平均值。在这里，"分类字段"为"出生地"，"选定汇总项"为"总分"，"汇总方式"为"平均值"。

1. 分类汇总之前，一定要依据"分类字段"排序

分类汇总之前，切记一定要依据分类字段排序。

以任务要求 1 中求各地"总分"平均分为例，分类汇总前，首先要依据"出生地"字段进行排序。如果未按"出生地"字段先排序，而直接分类汇总，得到的结果如图 1.7-4 所示，这

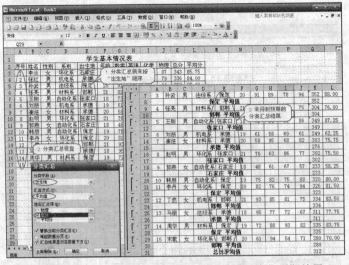

图 1.7-4　没有先排序就直接分类汇总所得到的非预期结果

显然不是预期结果。若依据"出生地"字段先排序，再进行分类汇总，得到的即是预期结果，如图 1.7-5 所示。

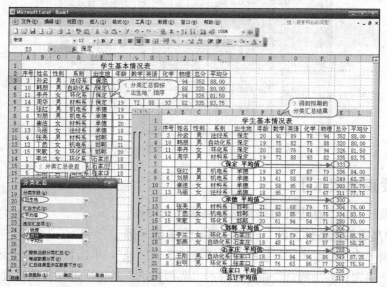

图 1.7-5　先排序再分类汇总所得到的预期结果

究其原因是，Excel 进行分类汇总时，是对数据清单从头到尾进行一次性扫描，遇到"出生地"（分类字段）相同记录（如"保定"），则对"总分"进行汇总，即得出"出生地"是"保定"的记录"总分"的"平均值"。如果"出生地"不相同，则重新开始一个"出生地"的新的汇总结果（如"邯郸"），依此类推，直至数据清单末尾。Excel 汇总是一次性（"不回头"）扫描进行的，因此，为了切实得到分类汇总结果，必须在分类汇总之前依据分类字段排序。

2."分类字段"与排序所依据的字段一定是同一字段

"分类字段"指分类所依据的字段，而在分类汇总之前，又要求先依据"分类字段"进行排序，因此"分类字段"与排序所依据的字段一定为同一字段。

▷▷ 任务 3　筛选学生记录

 【任务要求】

本实训开头建立的"学生基本情况表"如图 1.7-6 所示，在"Sheet1"（学情表）中进行以下筛选。

1. 筛选"出生地"为"张家口"的学生记录。

2. 筛选"总分"最高的 3 条记录。

3. 筛选"平均分"最低的 3 条记录。

4. 筛选"平均分"在 70~85 分之间的学生记录。

5. 筛选有任何一门课程不及格的学生记录。

6. 筛选"出生地"为保定或承德，"年龄"为 18 岁或 19 岁，"平均分"大于 75 分的学生记录。

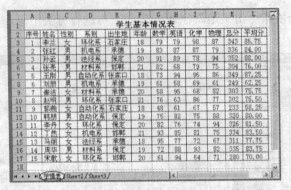

图 1.7-6　本实训开头中建立的"学生基本情况表"

【操作要点及提示】

本任务主要练习对数据进行自动筛选和高级筛选操作。

1．建立"高级筛选条件区域"时应注意 4 个关键问题

进行"高级筛选"基本步骤：建立"高级筛选条件区域"，单击数据清单中任意单元格，选择菜单"数据→筛选→高级筛选"命令，打开"高级筛选"对话框进行各项设置，单击"确定"按钮即可。

！提示：

正确地建立条件区域是进行"高级筛选"的第一步，也是高级筛选的难点和关键。

以任务要求 5 中筛选有任何一门课程不及格的学生记录为例，建立条件区域时应注意以下问题。

① 在数据清单外的空白处建立条件区域：条件区域应建在数据清单外（间隔在 1 行或 1 列以上）的任何空白区域，如图 1.7-7 所示，选择空白处 N2 单元格开始建立条件区域。

② 条件区域的第一行是筛选条件中涉及的字段名，且该字段名必须是从数据清单复制而非手工输入。如本例筛选条件中涉及的字段名是"数学"、"英语"、"化学"、"物理"，因此，应从数据清单中将"数学"、"英语"、"化学"、"物理" 4 个字段名复制至条件区域的第一行，如图 1.7-7 所示。

③ 对每个字段所设条件要写在相应的字段名下方。如本例筛选条件是"数学"<60、"英语"<60、"化学"<60、"物理"<60，则"<60"要分别写在相应字段名下，如图 1.7-7 所示。

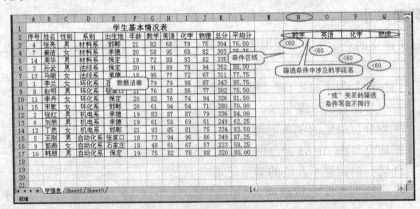

图 1.7-7　"筛选有任何一门课程不及格的学生记录"条件区域

④ 书写条件之前，要分析筛选条件是"与"还是"或"关系。书写条件时，要注意分析条件之间是"与"还是"或"关系。如果是"与"关系，则"与"关系的条件要写在同一行；如果是"或"关系，则"或"关系条件写到不同行。

如本例中是要求"筛选有任何一门课程不及格的学生记录"，条件之间是"或"关系，因此，4 个"<60"应写在不同行，如图 1.7-7 所示。

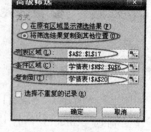

2．"高级筛选"对话框设置详解

以任务要求 5 为例，"高级筛选"对话框具体设置如图 1.7-8 所示。

其中：

① "列表区域"：指定筛选数据范围。本例选择为"A2：L17"。

② "条件区域"：指定条件区域。本例选择为"学情表 N2：Q6"，所建立的条件区域如图 1.7-7 所示。

图 1.7-8　"高级筛选"对话框设置

③ "方式"：选择筛选结果显示方式。本例选择"将筛选结果复制到其他位置"。

④ "复制到"：当"方式"中选择"将筛选结果复制到其他位置"时，需在此指定筛选结果显示起始位置。本例选择为"学情表 A20"，即将筛选结果复制到起始位置为"学情表" A20 单元格处。

本例筛选结果如图 1.7-9 所示。

序号	姓名	性别	系别	出生地	年龄	数学	英语	化学	物理	总分	平均分
6	刘朋	男	机电系	承德	19	61	58	69	61	249	62.25
7	崔洁	女	材料系	承德	20	58	95	68	82	303	75.75
9	郭燕	女	自动化系	石家庄	18	48	61	67	57	233	58.25
15	宋歌	女	环化系	邯郸	20	61	94	54	71	280	70.00

图 1.7-9　"筛选有任何一门课程不及格的学生记录"筛选结果

以任务要求 6 为例，筛选"出生地"为保定或承德，"年龄"为 18 岁或 19 岁，"平均分"大于 75 分的学生记录。"高级筛选条件区域"设置、筛选结果如图 1.7-10 所示。

出生地	年龄	平均分
保定	18	>75
保定	19	>75
承德	18	>75
承德	19	>75

条件区域

筛选结果

序号	姓名	性别	系别	出生地	年龄	数学	英语	化学	物理	总分	平均分
2	张红	男	机电系	承德	19	83	87	87	79	336	84.00
10	韩朋	男	自动化系	保定	19	75	82	75	88	320	80.00
13	马丽	女	法经系	承德	18	95	77	72	67	311	77.75
14	周华	男	材料系	保定	19	72	88	93	82	335	83.75

图 1.7-10　筛选"出生地"为保定或承德，"年龄"为 18 岁或 19 岁，"平均分"大于 75 分的学生记录

3．自动筛选与高级筛选的使用区别

① 自动筛选：是一种简便易行的筛选方式，既可以根据一个字段筛选，也可以根据多个字段筛选，并且可以灵活地变换筛选条件。但是，当根据多个字段筛选时，所筛选的记录必须同时满足多个字段的筛选条件，即只能解决多个字段为"与"关系的筛选条件。而且，自动筛选的结果显示在原数据清单位置。

② 高级筛选：不仅能解决多个字段筛选条件为"与"关系的问题，而且还能解决多个字段筛选条件为"或"关系的问题，同时还能把筛选结果输出到其他单元格中，和原数据清单分开。

任务要求 1～任务要求 4 适合用自动筛选完成，任务要求 5 和任务要求 6 适合用高级筛选完成。

 ## 任务 4　多视角分析数据——建立数据透视表

 ### 【任务要求】

如图 1.7-6 所示，"Sheet1"（学情表）中已经建立了"学生基本情况表"，将编辑好的"Sheet1"工作表复制到"Sheet3"，在"Sheet3"中建立数据透视表。利用数据透视表统计各出生地、各系、各年龄人数；利用数据透视表统计各出生地、各系"平均分"的平均值。

【操作要点及提示】

本任务主要练习建立数据透视表。说明如下：

1. 数据透视表特点

数据透视表集"分类汇总"与"自动筛选"功能于一身，同时从多个角度分析数据，对数据全方位透彻分析，是 Excel 强大数据分析能力的具体体现。

2. "布局"是建立数据透视表的关键

建立数据透视表需使用"数据透视表和数据透视图向导"。建立过程包括 3 个步骤，其中第 1 步和第 2 步按系统默认设置即可，而第 3 步是关键，要根据具体任务对数据透视表"布局"。进行"布局"设置时，需弄清哪些是"透视依据"，哪些是"被透视数据"。

以任务要求为例，建立数据透视表统计各出生地、各系、各年龄人数，则"透视依据"是"出生地"、"系别"、"年龄"；要想获得"人数"统计结果，可选择任意"文本型"字段作为"被透视数据"，在此选"姓名"字段。具体设置如图 1.7-11 所示，最终生成的数据透视表如图 1.7-12 所示。

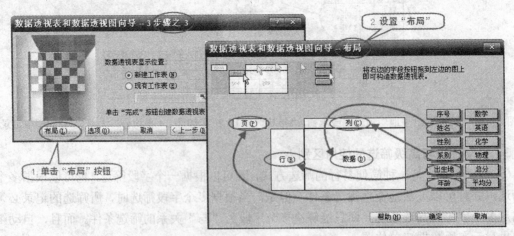

图 1.7-11　统计各出生地、各系、各年龄人数——"布局"设置

	A	B	C	D	E	F	G
1	年龄	(全部)					
2							
3	计数项:姓名	系别					
4	出生地	材料系	法经系	环化系	机电系	自动化系	总计
5	保定	1	1	1		1	4
6	承德	1	1		2		4
7	邯郸	1		1	1		3
8	石家庄			1		1	2
9	张家口			1		1	2
10	总计	3	2	4	3	3	15

图 1.7-12　数据透视表——统计各出生地、各系、各年龄人数

又以任务要求为例，建立数据透视表统计各出生地、各系"平均分"的平均值，则"透视依据"为"出生地"、"系别"，"被透视数据"为"平均分"。

Excel 规定当"被透视数据"为"数值型"数据时，默认透视方法为"求和"。但透视方法可以改变，如本任务中双击"布局"对话框中"被透视数据""平均分"字段按钮，在打开的"数据透视表字段"对话框中，选择"汇总方式"为"平均值"。具体"布局"设置如图 1.7-13 所示，所生成的数据透视表如图 1.7-14 所示。

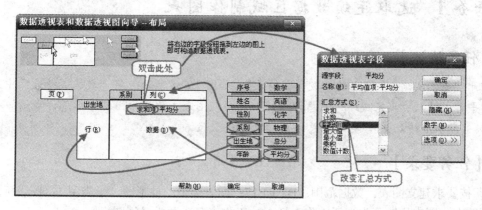

图 1.7-13　统计各出生地、各系"平均分"的平均值——"布局"设置

	A	B	C	D	E	F	G
1							
2							
3	平均值项:平均分	系别					
4	出生地	材料系	法经系	环化系	机电系	自动化系	总计
5	保定	83.75	88	81.5		30	83.3125
6	承德	75.75	77.75		73.125		74.9375
7	邯郸	76		70	83.5		76.5
8	石家庄			85.75		58.25	72
9	张家口			75.5		87.25	81.375
10	总计	78.5	82.875	78.1875	76.58333333	75.16666667	77.95

图 1.7-14　数据透视表——统计各出生地、各系"平均分"的平均值

基本实训 8

使用 Excel 制作图表

Excel 具有数据图表化的功能。它可以将工作表中的数据，以图表形式呈现，使数据更加直观、清晰、一目了然。

【实训目的】

学习图表的创建、编辑与格式化。

▷▷ 任务1　选取连续数据区域制作图表

【任务描述】

打开"基本实训 6"建立的"数学成绩表"，如图 1.6-5 所示，将"数学成绩表"中每名学生的"平时成绩"、"期末成绩"、"总评成绩"反映在图表工作表中。其中，总评成绩＝平时成绩×30%＋期末成绩×70%，要求"总评成绩"无小数位。

【任务要求】

1. 按要求建立图表。数据范围：B2：E17；图表类型：柱形图、子类型 1；图表标题：数学成绩图表；图表位置：作为新工作表插入；工作表名：数学成绩图表。

2. 按要求编辑图表。图例：宋体字、字号 12，位于图表底部；图表标题：数学成绩图表，黑体字、字号 26、红色；分类轴：宋体、字号 14、深蓝色；数值轴：Arial 字体、字号 14、深蓝色；网格线：只要 Y 轴主要网格线；调整数据系列：将"总评成绩"排到最前面。

【操作要点及提示】

本任务主要练习选择连续数据区域建立图表及图表的编辑操作。

1. 明确图表生成位置

根据图表生成后的存放位置，图表可分为"嵌入式图表"和"图表工作表"，都是由使用"图表向导"生成图表的 4 个步骤中的第 4 步所决定。

如图 1.8-1 所示，图表位置有两个选项，默认选项为"作为其中的对象插入"，生成的图表嵌入在当前工作表中，即嵌入式图表；而备选项为"作为新工

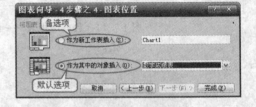

图 1.8-1　选择生成图表的位置

作表插入"，即图表工作表。

实际制作图表时，一定要根据具体要求，选择图表位置，若未明确要求而直接单击对话框中的"完成"按钮，则生成嵌入式图表。

2．恰当地选取生成图表的数据区域是制作图表的关键

"恰当地选取生成图表的数据区域"指仅选取需要在图表中反映的数据。如本任务中要求将"数学成绩表"中每名学生的"平时成绩"、"期末成绩"、"总评成绩"反映在图表工作表中，因此应选择"B2：E17"区域，既不能多选、也不能少选、更不能一味地全选。具体情况如图 1.8-2、图 1.8-3、图 1.8-4 和图 1.8-5 所示。

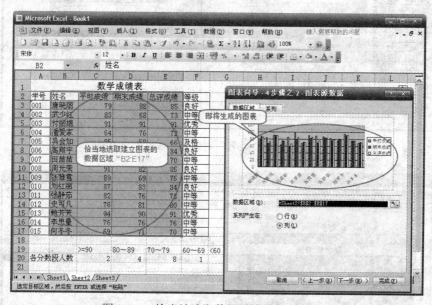

图 1.8-2　恰当地选取数据区域所生成的图表

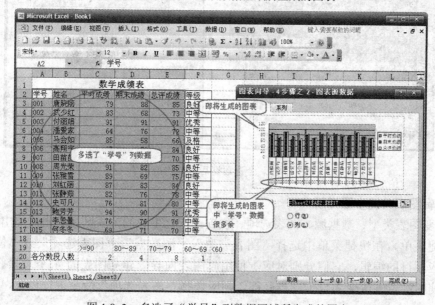

图 1.8-3　多选了"学号"列数据区域所生成的图表

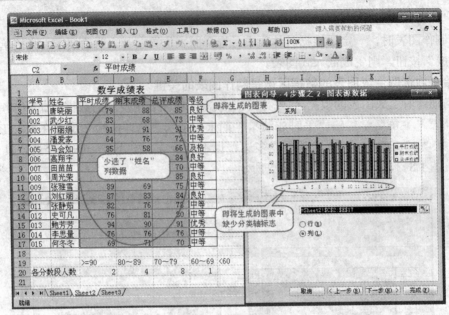

图 1.8-4　少选了"姓名"列数据区域所生成的图表

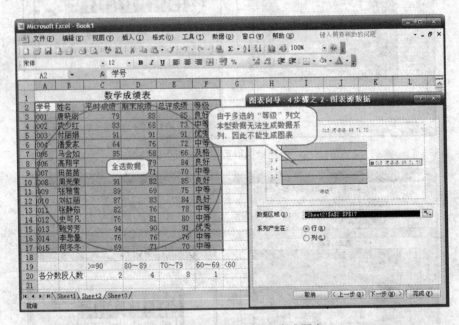

图 1.8-5　全选数据后未能生成图表

3. 编辑图表关键步骤详解

① 改变图表类型、数据源、图表选项、位置。在已生成的图表区域右击，弹出如图 1.8-6 所示的快捷菜单，在快捷菜单中选择"图表类型"、"源数据"、"图表选项"或"位置"命令可进行相应项目的编辑，它们分别对应于使用"图表向导"建立图表的 4 个步骤。如任务要求 2 中，使图例位置改变为位于图表底部，则应选择"图表选项"命令进行设置，如图 1.8-6 所示。

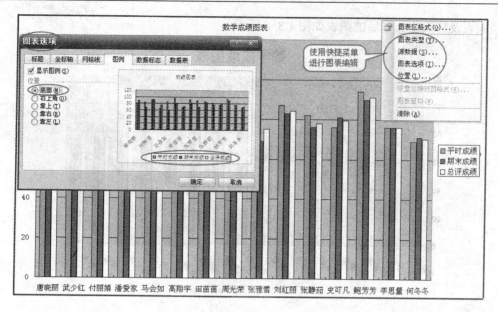

图 1.8-6　编辑"数学成绩图表"之一

②　图表元素的编辑及格式化。在已生成的图表中，直接双击欲编辑图表元素，则打开用于编辑该图表元素的对话框，在该对话框中进行该图表元素的编辑及格式化操作。

任务要求 2 中调整数据系列：将"总评成绩"排到最前面。在上述生成的"数学成绩图表"（图 1.8-6）中，双击"总评成绩"系列，打开"数据系列格式"对话框，选择"系列次序"选项卡，选中"系列次序"列表框中的"总评成绩"，单击"上移"按钮，调整"总评成绩"系列在图表中的位置，使其"上移"至最前面，如图 1.8-7 所示。

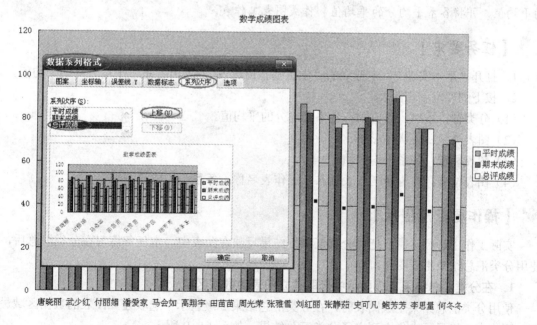

图 1.8-7　编辑"数学成绩图表"之二

经编辑及格式化操作后的图表如图 1.8-8 所示。

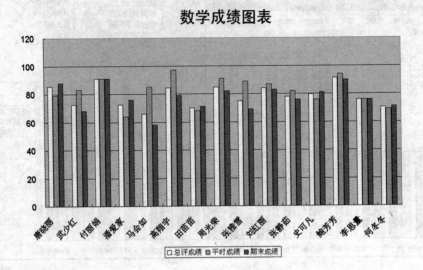

图 1.8-8 编辑及格式化后的数学成绩图表

▷▷ 任务 2 选取分类汇总结果制作图表

 【任务描述】

打开"基本实训 7"中建立的"学生基本情况表",如图 1.7-1 所示,求出各系"平均分"的平均值,并将各系平均分的平均值制作成图表工作表。

 【任务要求】

1. 打开"基本实训 7"中建立的"学生基本情况表",求出各系"平均分"的平均值。
2. 按下列要求制作图表。
（1）分类轴：系别，数值轴：各系平均分的平均值。
（2）图表类型：簇状柱形图。
（3）图表标题：各系平均成绩。
（4）图表位置：作为新工作表插入；工作表名称：各系平均成绩图表。

【操作要点及提示】

实际工作中,经常需要把"分类汇总"结果反映在图表中,本任务练习在分类汇总后,再使用分类汇总结果生成图表。

1. 在分类汇总结果 2 级显示中选取建立图表的数据区域

使用分类汇总结果生成图表时,在分类汇总结果 2 级显示中选取建立图表的数据区域最方便,因为在 2 级显示中集中列出了分类汇总结果,如图 1.8-9 所示。

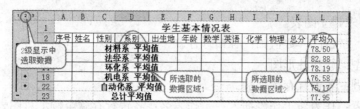

图 1.8-9　各系平均成绩图表——数据选取

2. 根据"分类汇总"结果建立图表的关键步骤

以本任务"将各系平均分的平均值制作成图表工作表"为例，关键步骤是从分类汇总结果 2 级显示中，恰当地选取建立图表的数据区域，不能多选"总计平均值"，也不能多选空白列 E 列~K 列，如图 1.8-9 所示，最终生成的图表如图 1.8-10 所示。

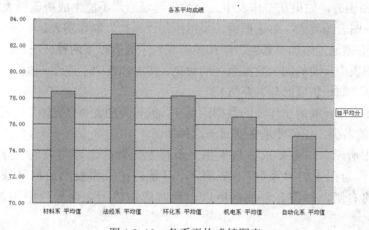

图 1.8-10　各系平均成绩图表

▷▷ 任务 3　在"图表向导"中选取"系列"制作图表

 【任务描述】

打开"基本实训 5"中建立的"存款记录表"，如图 1.5-1 所示，求出各银行存款金额之和，并将各银行存款金额之和反映在图表工作表中。

 【任务要求】

1. 打开"基本实训 5"中建立的"存款记录表"，求出各银行存款金额之和，如图 1.8-11 所示。

图 1.8-11　各银行存款金额汇总

2．按以下要求建立图表。

（1）分类轴：“银行”，数值轴：各银行存款“金额”之和。

（2）图表类型：簇状柱形图。

（3）图表标题：各银行存款金额。

（4）图表位置：作为新工作表插入；工作表名：各银行存款金额汇总图表。

【操作要点及提示】

本任务练习重点是，当从工作表中直接选取建立图表的数据区域，不能生成所需图表时，如何在“图表向导”中添加“系列”制作图表。

1．什么情况下采用添加“系列”制作图表

Excel 制作图表时，如果从工作表中选取数据区域后，不能生成所需图表时，可在“图表向导-4 步骤之 2-图表源数据”对话框中，采用添加“系列”制作图表。

哪些情况下必须通过添加“系列”制作图表呢？主要有以下两种情况。

① 需要在图表中反映的同一数据系列的数据，在工作表中不连续（该情况已在《计算机应用基础》第 11 章“知识拓展部分”介绍）。

② 需要在图表中反映的工作表的数据区域中，欲作为图表“分类轴”的数据，在欲作为图表“系列”数据的右侧。任务要求 2 就属于这种情况。

如图 1.8-11 所示，任务要求 2 需要用“银行”列数据作为图表的“分类轴”（X 轴），“金额”列数据作为图表的“系列”（Y 轴），但是，在工作表的数据区域中，“银行”列在“金额”列的右侧，不符合常规，所以，此时应在“图表向导”中添加“系列”制作图表。

2．添加“系列”的方法

以任务要求 2 为例，在“图表向导-4 步骤之 2-图表源数据”对话框的“系列”选项卡中，添加“金额”系列并设置“分类轴标志”，如图 1.8-12 所示，生成的图表如图 1.8-13 所示。

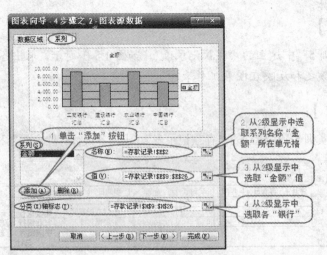

图 1.8-12　添加“金额”系列

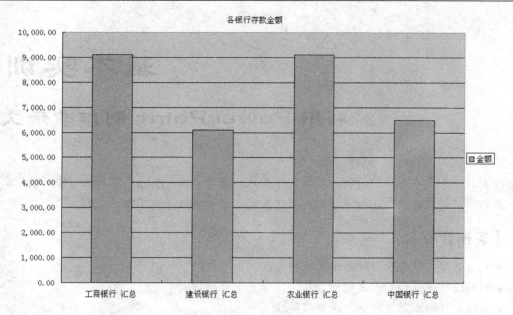

图 1.8-13　各银行存款金额汇总图表

基本实训 9

利用 PowerPoint 制作演示文稿

PowerPoint 是应用最广的演示文稿制作工具，借助 PowerPoint，可制做工作汇报、求职简历、市场推广、作品展示、授课培训、演讲演说、竞赛评选等所需演示文稿。

【实训目的】

● 掌握新建、保存和打印演示文稿的方法。
● 利用设计模板和背景美化幻灯片。
● 为幻灯片添加动作按钮，设置超链接。
● 掌握设置动画效果和切换效果的方法。
● 为幻灯片添加声音效果。
● 设置幻灯片的放映方式。

▷▷ **任务1　制作个人求职简历——简单幻灯片的制作**

【任务描述】

启动 PowerPoint 应用程序，插入幻灯片，添加相关内容，设置所需格式，制作一份新颖、简明、真实的求职简历。个人求职简历样文，如图 1.9-1 所示。

【任务要求】

1. 新建演示文稿，编辑生成"求职简历.ppt"文件。

2. 插入 8 张幻灯片，设置第 1 张幻灯片版式为"标题幻灯片"，第 3 张幻灯片版式为"内容"，其余 6 张幻灯片版式为"空白"。设置标题幻灯片和其他幻灯片的背景。

3. 第 1 张幻灯片插入艺术字；第 3 张幻灯片建立图表；其余幻灯片插入文本框输入文字，绘制自选图形并组合，插入图片。

4. 第 8 张幻灯片设置电子邮件地址的超链接。

5. 设置所有幻灯片的放映类型为"演讲者放映"。

6. 所有对象外观设置，参照如图 1.9-1 所示的样文。

【操作要点及提示】

该任务主要练习制作 PowerPoint 幻灯片，其基本制作过程：新建并保存演示文稿→插入幻灯片→添加内容→设置格式及放映方式。制作重点提示如下。

图 1.9-1　"个人求职简历"样文

1. 根据幻灯片内容设置新幻灯片版式

插入新幻灯片时，应根据幻灯片内容需要设置不同版式，以简化格式设置。以任务要求 2 为例，插入新幻灯片的版式选择，如图 1.9-2 所示。

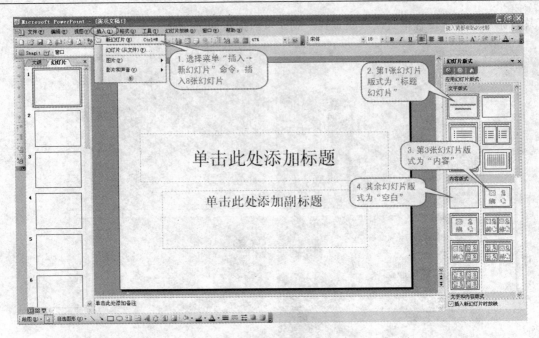

图 1.9-2　选择新建幻灯片版式

2．对单独一张或全部幻灯片设置不同"背景"

① 对单独一张幻灯片设置"背景"。

以任务要求 2 和任务要求 6 为例，第 1 张标题幻灯片"背景"和其他幻灯片"背景"不同，需要一个"图片"文件作为背景，操作如图 1.9-3 所示。这里关键是第 6 步：设置完成后，在"背景"对话框中单击"应用"按钮，即该图片"背景"仅应用于第 1 张。

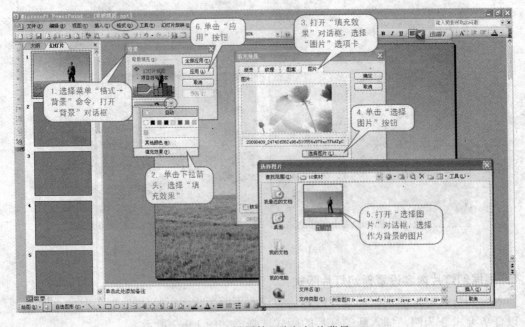

图 1.9-3　设置第 1 张幻灯片背景

② 对全部幻灯片设置"背景"。

以任务要求 2 和任务要求 6 为例，设置全部幻灯片背景为"灰色"，设置完成后，在"背景"对话框中单击"全部应用"按钮。

！提示：

当多数幻灯片"背景"相同时，应先对多数幻灯片进行设置，再对特殊的幻灯片进行单独设置。

3. 绘制多个图形的技巧

以任务要求 3 和任务要求 6 为例，第 2 张幻灯片的主要操作如图 1.9-4 所示。

① 先绘制形状相似的图形，再采用复制方法对其他图形进行修改和调整。先绘制一个图形，并设置所需格式，添加相应文本；对已完成的图形进行复制和粘贴；再对复制的图形进行修改和调整，直至符合要求，这一步可重复使用多次。

② 若多个图形是规则排列，尽量整体调整对齐。如多个图形需要全部"顶端对齐"，则应整体一起调整，千万不要单独调整。操作时，单击"绘图"工具栏"选择对象"按钮，选择需要调整的多个图形，再单击"绘图"工具栏"对齐或分布"按钮，对齐相应图形。

③ 若多个图形不规则排列，再单独手动对齐。如本任务中第 2、4 张幻灯片，需按要求手动调整图形位置。

④ 对多个图形调整完成后，将结果"组合"固定为一体，方便幻灯片排版。操作时，选择所有图形，单击鼠标右键，在快捷菜单中选择"组合→组合"命令即可。

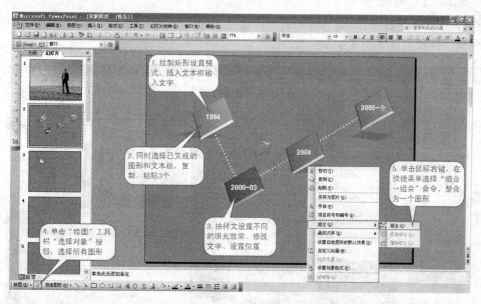

图 1.9-4　绘制调整组合多个图形

4. 图表制作方法与 Excel 制作差别

① 插入数据图表。在幻灯片中直接插入图表后，若想变换 X 轴和 Y 轴的显示，如原来 X 轴（分类轴）的"4 个季度"，Y 轴（数值轴）的"3 个地区"，要变换为 X 轴（分类轴）为"3

个地区",Y 轴(数值轴)为"4 个季度",与 Excel 不同,变换时单击"常用"工具栏中"按行"或"按列"按钮改变显示,过程如图 1.9-5 中的"说明 2"和"说明 3"所示。

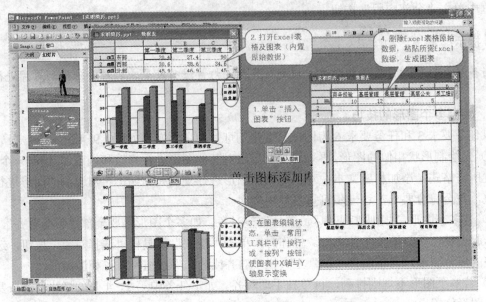

图 1.9-5　直接插入图表及设置

以任务要求 3 和任务要求 6 为例,第 3 张幻灯片数据输入过程如图 1.9-5 中"说明 1"、"说明 2"和"说明 4"所示。

② 插入 Excel 图表对象。也可在幻灯片中插入 Excel 图表对象,插入后的设置方法与 Excel 中基本相同,操作方法如图 1.9-6 所示。

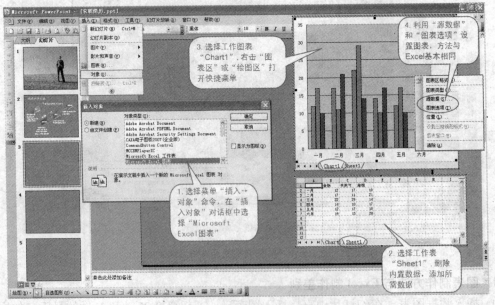

图 1.9-6　插入 Excel 图表对象及设置

③ 设置图表元素格式。在幻灯片中设置图表元素时，只能在图表编辑状态，光标放置相应区域，右击设置元素格式。

以任务要求 3 和任务要求 6 为例，第 3 张幻灯片中各元素设置如图 1.9-7 所示。

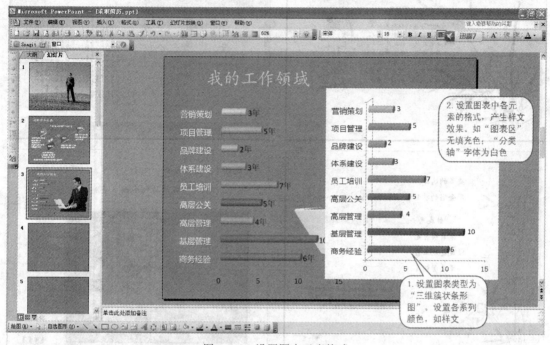

图 1.9-7 设置图表元素格式

▷▷ 任务 2 制作"诗歌与音乐"欣赏——有声动态幻灯片的制作

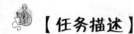 **【任务描述】**

启动 PowerPoint 应用程序，设置对象的动画效果，添加声音，制作图文并茂、声色俱佳的"诗歌与音乐"演示文稿。"诗歌与音乐"样文，如图 1.9-8 所示。

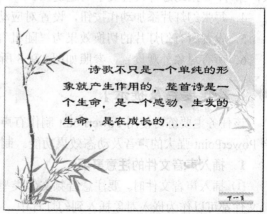

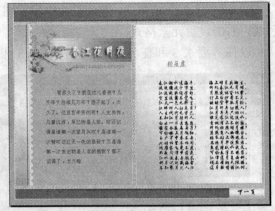

图1.9-8 "诗歌与音乐"样文

【任务要求】

1．新建演示文稿，编辑生成"诗歌与音乐.ppt"文件。

2．插入6张幻灯片，幻灯片版式为"空白"。添加相应文本，插入所需图片。

3．第1张幻灯片插入声音文件并进行设置；第2、3、5张幻灯片设置文本和图片的动画效果；第4、6张幻灯片设置文字的超链接。

4．每张幻灯片添加动作按钮，设置对应动作。

5．设置所有幻灯片的切换效果为"随机"。

6．所有对象外观设置，参照如图1.9-8所示的样文。

【操作要点及提示】

该任务主要练习使用PowerPoint制作有声动态幻灯片，在"任务1"的基础上，进一步体会PowerPoint强大的声音及动态效果功能。制作要点如下。

1．插入声音文件的注意事项

① 插入声音文件时，要注意音频文件类型及大小，选择链接或嵌入方式插入，不是所有音频文件都可以作为嵌入对象插入到幻灯片中。

② 插入声音文件后，应设置播放效果。

以任务要求 3 为例，在第 1 张幻灯片中插入声音，设置在第 1、2、3 张幻灯片放映时播放，操作如图 1.9-9 所示。

图 1.9-9　声音播放效果的设置

2．PowerPoint 支持的 6 种嵌入式音频文件类型

① AIFF 音频文件：扩展名为 ".aiff"。

② AU 音频文件：扩展名为 ".au"。

③ MIDI 音频文件：扩展名为 ".midi"。

④ MP3 音频文件：扩展名为 ".mp3"。

⑤ Windows 音频文件：扩展名为 ".wav"。

⑥ Windows Media 音频文件：扩展名为 ".wma"。

3．不同声音文件大小的处理方法

① 如果声音文件为 50 MB 或不足 50 MB，可以将此文件作为链接对象或嵌入对象插入；如果文件大于 50 MB，则应当链接此文件。

！提示：

如果嵌入大于 50 MB 的文件，则在演示文稿中不能播放。

② PowerPoint 默认设置嵌入对象文件最大为 100 KB。可以更改此值至最大值 50 000 KB（50 MB），更改方法如下：

选择菜单"工具→选项"命令，在打开的"选项"对话框中选择"常规"选项卡，添加"链接声音文件不小于___ KB"设置，使其刚好大于最大声音文件的大小，最大为 50 000 KB（50 MB）；单击"确定"按钮即可。

4．设置动画效果的注意事项

① 不同类型对象的动画效果设置。不同类型对象添加相同动画，"效果选项"内容不同，

设置结果不同，播放效果也不同。

以任务要求3为例，第4张幻灯片文本与背景图片设置相同的"盒状"进入效果，其"盒状"对话框内容不同，如图1.9-10所示。

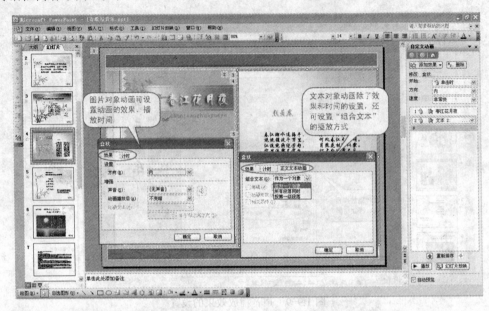

图1.9-10 不同类型对象添加相同动画

② 相同类型对象不同动画效果设置。不同动画效果，"效果选项"内容不同。

以任务要求3为例，第5张幻灯片的两个文本分别设置为"随机线条"与"颜色打字机"进入效果，则其对话框内容不同，如图1.9-11所示。

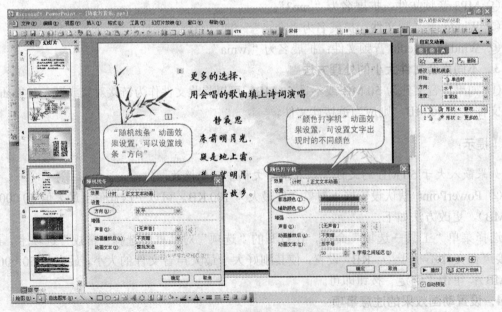

图1.9-11 不同动画效果设置

③ 动画效果的组合。实际应用中，可根据需要设置"进入"、"强调"、"退出"和"动作路径"的多个组合，达到所需动画效果。

5. 设置多媒体超链接对象的方法

以任务要求 3 为例，对第 6 张幻灯片中的文本，设置视频超链接，该超链接在幻灯片放映时打开新窗口播放，操作如图 1.9-12 所示。

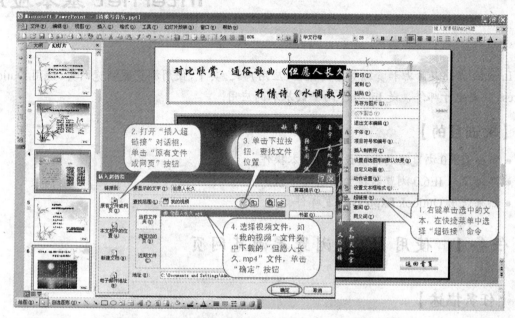

图 1.9-12　设置超链接

基本实训 10

Internet 基本应用

Internet 是信息资源和资源共享的集合，应用广泛。其中，使用浏览器浏览网页、使用 Outlook Express 收发电子邮件，是 Internet 两个最基本的应用。

【实训目的】

- 掌握 IE6.0 浏览器的常用设置与基本操作。
- 熟练使用 IE6.0 浏览器搜索信息与下载。
- 熟练使用 Outlook Express 收发邮件。

▷▷ 任务 1　使用 IE6.0 浏览器浏览网页

【任务描述】

使用 IE6.0 浏览器（以下简称 IE6.0）浏览网页、设置主页、收藏网页、保存网页、下载图片，并进行收藏夹的管理。

【任务要求】

1. 使用 IE6.0 下载：打开搜索引擎 Google 主页（http://www.google.com.hk/），将 Google 主页的 Logo 图片下载到本地文件夹"F:\基本实训 10"。

2. 搜索关键词：用 Google 搜索并找到"河北工业职业技术学院"网站首页。

3. 设置浏览器默认首页并管理收藏夹：将"河北工业职业技术学院"首页设为"主页"，并添加到收藏夹；在收藏夹中新建一个"我的大学"文件夹，将"河北工业职业技术学院"首页收藏到"我的大学"文件夹中。

4. 保存网页：将"河北工业职业技术学院"首页以"河北工业职业技术学院.html"命名，并保存到本地文件夹"F:\基本实训 10"。

【操作要点及提示】

该任务主要练习 IE6.0 基本操作与设置。操作过程中应注意以下问题。

1. 文件下载常用的两种方法及比较

方法 1：使用浏览器下载。选择要下载的文件链接，右击并在快捷菜单中选择"目标另存为"命令，输入保存位置，即可完成文件下载；如果要保存的是图片文件，可右击该图片，在快捷菜单中选择"图片另存为"命令，输入保存位置即可。

以任务要求 1 为例，打开 Google 首页，右击其 Logo 图片，在快捷菜单中选择"图片另存为"命令，下载图片，如图 1.10-1 中的"方法 1"所示。

！提示：

"方法 1"操作虽然简单，但下载速度慢，初学者常使用该方式。

方法 2：使用专业软件下载。本方法使用文件分切技术，把一个文件分成若干份，并同时进行下载。优点之一，是下载速度比浏览器下载快；优点之二，是当下载期间出现故障并断线后，下次下载时仍可以断点续传，而方法 1 不具有该优点。常用的下载工具有"网际快车"、"迅雷"等，如图 1.10-1 中的"方法 2"所示。

2．关键字是搜索的核心

搜索信息时，关键字选择至关重要。关键字越具体，搜索结果就越准确。

以任务要求 2 为例，关键字不一样，其搜索结果也大不相同。

① 输入关键字"职业技术学院"进行搜索：其搜索结果共有 14 800 000 条记录，其中第 14 页的第 8 条记录是所需结果，如图 1.10-2 所示。

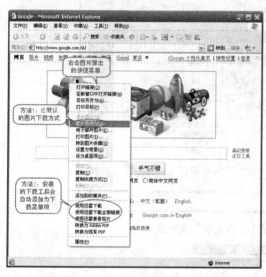

图 1.10-1　图片下载的两种方法

图 1.10-2　关键字是"职业技术学院"的搜索结果

② 输入"河北工业职业技术"关键字进行搜索：搜索结果共 740 000 条记录，其中第 1 页的第 1 条记录是所需结果，如图 1.10-3 所示。

！注意：

因搜索的时间不同，搜索的结果也有可能不同。

3．管理"收藏夹"的常用操作

管理"收藏夹"常用操作有将网页添加到收藏夹、整理收藏夹等，其中将已收藏的网页记录移动到收藏夹的新建文件夹操作较为复杂。

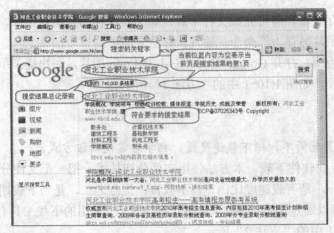

图 1.10-3   关键字是"河北工业职业技术学院"的搜索结果

以任务要求 3 为例，操作过程如下，在"收藏夹"中创建新文件夹"我的大学"，如图 1.10-4 所示；在"整理收藏夹"对话框中将已收藏的"河北工业职业技术学院"首页移动到新建的"我的大学"文件夹中，如图 1.10-5 所示。

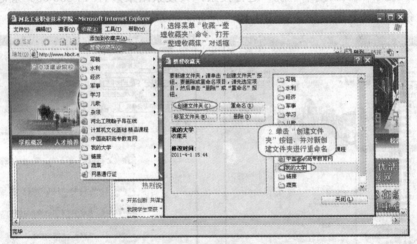

图 1.10-4   在收藏夹中创建"我的大学"文件夹

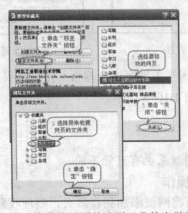

图 1.10-5   将已收藏的网页移动到"我的大学"文件夹中

4．网页的 4 种保存类型及比较

以任务要求 4 为例，将"河北工业职业技术学院"首页保存到本地文件夹"F:\基本实训 10"，操作过程如图 1.10-6 所示。

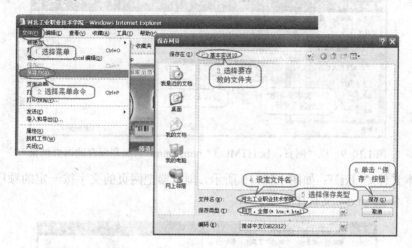

图 1.10-6　保存所选网页

如图 1.10-6 中"5.选择保存类型"所示，有 4 种保存类型可供选择。

①"网页，全部（*.htm;*.html）"：如图 1.10-7 所示，浏览器将把网页的几乎全部信息（包括图片等）都保存。保存后会生成 1 个文件和 1 个文件夹，文件"河北工业职业技术学院.htm"中保存网页的基本文字信息及其格式，文件夹"河北工业职业技术学院.files"中保存除主页面文本信息外的图像等页面资料。

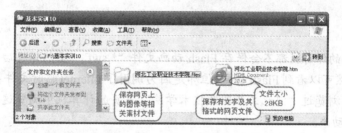

图 1.10-7　以"网页，全部（*.htm;*.html）"类型保存的网页结果

②"Web 档案，单个文件（*.mht）"：如图 1.10-8 所示，浏览器把网页的几乎全部信息打包到一个"河北工业职业技术学院.mht"文件中。

图 1.10-8　以"Web 档案，单个文件（*.mht）"类型保存的网页结果

③ "网页，仅 HTML（*.htm;*.html）"：如图 1.10-9 所示，浏览器把网页的纯 HTML 源代码保存在一个 "*.htm" 文件中，只有网页的文字及其格式等信息被保存。

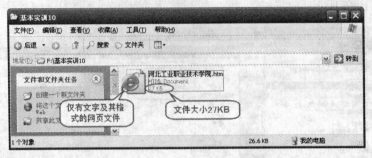

图 1.10-9　以"网页，仅 HTML（*.htm;*.html）"类型保存的网页结果

④ "文本文件（*.txt）"：如图 1.10-10 所示，浏览器把网页的文字按一定的顺序保存在"河北工业职业技术学院.txt"文件中。

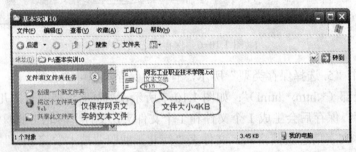

图 1.10-10　以"文本文件（*.txt）"类型保存的网页结果

！提示：

以上 4 种类型的保存，都不会保存 Flash 动画文件 "*.swf"。虽然保存后在打开这些网页文件进行浏览时，仍然可以看到 Flash 动画，但那是因为调用了 Internet 临时文件夹中相应的"*.swf"文件。如果在没有浏览过"河北工业职业技术学院"首页的计算机中浏览这些网页文件，将无法看到这些 Flash 动画。

▷▷ 任务 2　使用 Outlook Express 收发电子邮件

 【任务描述】

> 使用 Outlook Express 管理多个用户账号，进行邮件的收发。

 【任务要求】

1. 登录 Outlook Express，注册两个用户账号。
2. 接收 Outlook Express 中所有账号的邮件。
3. 离线状态下浏览邮件。

4．删除邮件。

5．选择 Outlook Express 中的一个账号撰写一封具有附件的邮件。

6．将已写好的邮件利用一个账号同时发送到多个邮箱中。

【操作要点及提示】

该任务主要练习使用 Outlook Express 管理多个用户账号，进行多账号邮件收发、进行一些基本功能设置。操作过程中应注意以下问题。

1．WebMail 和邮件收发软件

收发电子邮件主要有 WebMail 和邮件收发软件（如 Outlook Express）两种方式。

① WebMail 是基于网页上的邮件浏览方式。使用该方式查看邮件，必须先登录到网页和邮箱。如 163 邮箱、126 邮箱、Yahoo 邮箱等，一旦网页关闭，则不能查看邮件，该方式是目前的主流方式。

② 使用邮件收发软件（如 Outlook Express）方式收发电子邮件，能自动登录到多个网站的邮箱并下载邮件，节省多次登录网站的麻烦；接收的邮件可以在本地查看，也可以脱机浏览，提高了邮件的信息安全。

2．Outlook Express 多个用户账号的添加与设置

首次登录 Outlook Express，一般系统会提示用户"用已申请的 E-mail 创建一个 Outlook Express 帐号"以便登录。以后再次登录 Outlook Express，用户就可以使用已创建的账号，直接登录即可。这点在教材中已说明，这里不再赘述。

用户还可以在 Outlook Express 中注册多个邮箱（即多个账号），通过 Outlook Express 进行管理及收发邮件。

以任务要求 1 为例，注册第二个账号的过程如图 1.10-11 所示，使用 Outlook Express 收发多账号邮件，还需要进一步设置，其设置过程如图 1.10-12 所示。

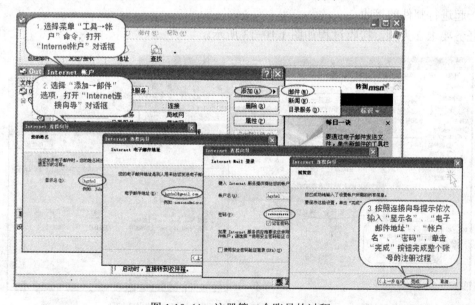

图 1.10-11　注册第二个账号的过程

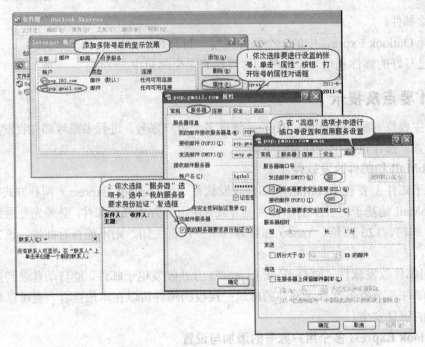

图 1.10-12　添加多账号设置过程

！注意：

由于 WebMail 的提供商不同，所以注册 Outlook Express 账号后的设置不尽相同，具体设置用户可上网查询。

3．使用 Outlook Express 进行多账号接收邮件

用户既可以选择某一个已注册账号进行邮件的接收，也可以同时将 Outlook Express 中所有的账号一起进行邮件的接收。

以任务要求 2 为例，接收过程如图 1.10-13 所示。

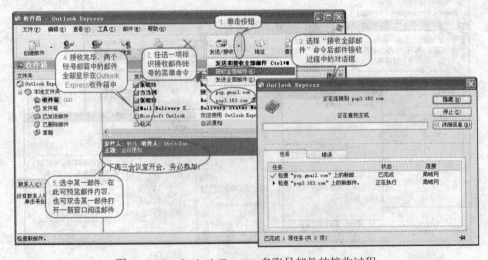

图 1.10-13　Outlook Express 多账号邮件的接收过程

4．使用 Outlook Express 进行多账号发送邮件

当 Outlook Express 注册了多个账号后，可以通过选择发件人地址的方式，确定用哪个邮箱给收件人发送邮件。

以任务要求 5 和任务要求 6 为例，邮件的书写发送过程如图 1.10-14 所示。

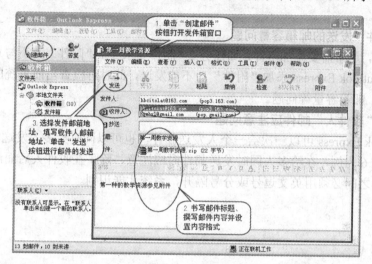

图 1.10-14　使用 Outlook Express 管理多账号邮件的发送过程

5．使用 Outlook Express 离线阅读邮件

Outlook Express 接收邮件后，邮件会存储到本地磁盘上，因此在断开网络连接情况下，Outlook Express 也可以进行邮件的阅读。

以任务要求 3 为例，操作如图 1.10-15 所示。

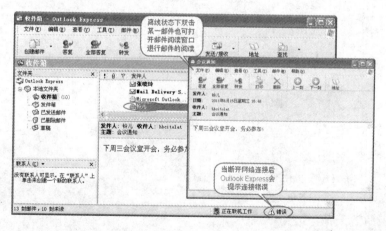

图 1.10-15　使用 Outlook Express 离线阅读邮件

6．"删除"邮件应注意的问题

以任务要求 4 为例，打开"收件箱"，在邮件列表中，选择要删除的邮件，单击工具栏上的"删除"按钮，邮件会被转移到"已删除邮件"文件夹。注意，此时这些邮件并没有被真正删除，要彻底删除这些邮件，还要将"已删除邮件"文件夹里的邮件再次删除，这样才能永久地（不

可恢复地）删除这些邮件。

！说明：

要恢复已删除的本地邮件，可打开"已删除邮件"文件夹，然后将邮件复制到收件箱或其他文件夹中即可。

7．多"附件"发送的邮箱容量问题

撰写邮件时，通常需要添加附件，如任务2"制作要求5"。"附件"大小与Outlook Express无关，但有时Outlook Express添加"附件"后不能发送，此时可检查当前系统的"网络连接"、"防火墙"设置、邮箱容量等问题。

8．发送多"收件人"邮件应注意问题

使用Outlook Express可以一次给一个人发送邮件，也可以同时给多人发送邮件。

以任务要求6为例，在给多人同时发送邮件时应注意，除了在收件人后面添加多人邮箱地址外，邮箱地址之间必须用英文逗号或分号隔开，系统才能识别。

基本实训 11

利用 FrontPage 制作简单网页

FrontPage 是制作简单网页与站点管理的工具之一。它集网页制作、网站建立、站点管理为一体，"所见即所得"，使用户可以轻松快速地组织和编辑网页并将其发布到指定站点。

 【实训目的】

● 熟练使用表格规划网页布局，熟练设置网页属性。
● 熟练编辑网页文本、设置图形图像属性、建立超链接。
● 掌握框架网页的制作、网页动态效果的设置。

▷▷ 任务 1　制作"班级文化"网页——基本网页的制作

 【任务描述】

制作"班级文化"网页。

 【任务要求】

1. 建立"班级文化"文件夹，将制作网页过程中的所有文件均保存在该文件夹中；在"班级文化"文件夹中新建 3 个空白网页，并分别命名为"bjwh.htm"、"bjxc.htm"和"dcxy.htm"。

2. 如图 1.11-1 所示，在"bjwh.htm"网页中，插入两个表格，设置表格属性、编辑表格文本；应用网页主题"春天"。

3. 如图 1.11-2 所示，在"bjxc.htm"网页中插入图片并设置属性。

4. 如图 1.11-3 所示，制作"dcxy.htm"网页，在其中插入书签，建立超链接。

5. 在"bjwh.htm"网页进行超链接操作。将"班级相册"文字链接到本地一个网页文件；在"大学生艺术节"图片中设置长方形"热点"，并链接到本地文件；将"更多……"文字链接到网站网址；将"多彩校园"链接到"dcxy.htm"。

6. 设置"bjwh.htm"网页属性：设置网页标题、网页背景、超链接颜色；在网页下方插入一条紫色水平线，设置水平线属性。

7. 具体网页制作，参照图 1.11-1、图 1.11-2 和图 1.11-3 完成。

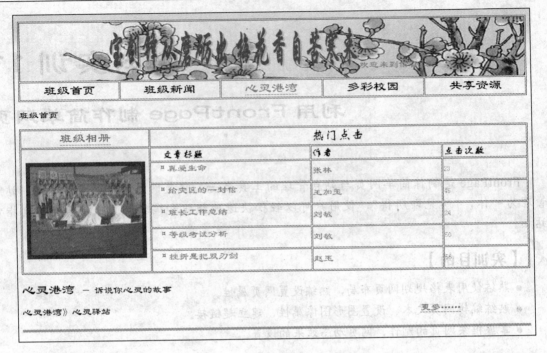

图 1.11-1　"bjwh.htm"网页显示效果

图 1.11-2　"bjxc.htm"网页显示效果

多彩校园

校园概况

校园生活

考试专区

就业前景

校园景色

一、校园概况

河北工业职业技术学院（简称：河北工院）是经国家教育部批准的高校，隶属于河北省教育厅。学院有着二十多年的职业教育历史和高等教育经验，面向全国招生，毕业生遍布全国。学院位于环境优美、学术气氛浓厚的河北省省会石家庄市西南高教区，毗邻河北省教育考试院、河北经贸大学、河北师范大学 等文化教育单位。学院总占地900多亩，藏书 70余万册，在校学生10000余人。院内建有教学楼、实训楼、图书馆、实验楼、综合楼、办公楼、礼堂、学生公寓和400 米跑道标准田径场等，拥有国家职业技能鉴定所、现代教育技术中心、70个专业实验、实训室。院内建筑有序、设施完善、环境优美，是石家庄市政府命名的"花园式庭院"。学院占地600多亩的新校区已于2005年8月正式投入使用。

学院设有材料工程系、机电工程系、环境与化学工程系、计算机技术系、信息工程与自动化系、建筑工程系、法律与经济贸易系7个系，专业设置以工科为主，兼办文财经管等67个社会急需的实用技术专业，其中金属材料工程专业为国家级教学改革试点专业，数控技术、环境工程、化工工艺、现代家政艺术、计算机软件、会计专业为省级教学改革试点专业。计算机应用与软件专业实训基地为国家示范性职业教育实训基地。学院共有教职工670人，专任教师460人，教授20人，副教授150 人，学院拥有一支热爱教育事业、水平高、造诣深的 双师型 教师队伍。

二、校园生活

我院高度重视学生综合素质的培养，大力实施大学生素质拓展工程，因而使我院的毕业生倍受用人单位好评。学生社团80多个，有大学生艺术团、大学生创业公司、文学社、足球俱乐部、篮球协会、绿色之友协会等，校园文化生活丰富多彩。学院经常举办科技文化艺术节、运动会、联欢会、游艺会等，并积极参加省级大学生活动。曾获得全国手绘画第二名、河北省"世纪之星"英语演讲第二名、河北省大学生运动会篮球亚军、河北省大学生演讲第三名、河北省科技文化艺术节DIY设计第二名等。

三、考试专区

专接本：专接本考试只能是大专应届毕业生可以考且只能有一次机会，也就是说，如果上的是两年制大专，则大二考。若是三年制的大专，则是大三考。一般是接原学校的本科或者参加其他学校统一考试，若考试通过，则大专毕业后的直接进入本科学习，最后颁发的学历是普通高等教育（与正式本科基本相同）（毕业证会注明，专科起点，两年制本科毕业）。专接本考生只能报考本省的本科院校，可以跨专业考，但要与报考院校联系看是否接收跨专业学生。考试科目为两门公共课与专业课和计算机基础。若NIT考试通过，则计算机基础可以免考，按此门科目总分的90%（36分）来计入总成绩。

专升本，专升本是指专科毕业生，（更正，专接本是在校最后一年参加报名报名时间为11月底，12月初，在正月十五左右考试，是招招的）离开学校后，参加全国统一的成人考试（专升本），每年与成人高考同时报名考试（每年五月期间），最后颁发的学历是成人本科学历（有学位），不是第一学历！

两者不同在于：专接本的学历是普通高校（与普通高等教育基本相同），专升本的学历是成人（成人本科）。但是专接本一般仅限在原地区范围内，专业必须对口，学校的选择很少；专升本则可以选择原专科不同的专业，学校范围可遍布全国各地（具体看每年当地成考期间出版的招生简章），自费也有学位。对于：专转本-在专科学校读二年，然后直接在本科学校读三年，发全日制普通高校本科证书（证书注明专科起点本科）专本连读-在专科学校读三年，然后直接在本科学校读二年（无须入学考试），由专科学校发全日制普通高校专科毕业证书、本科学校发自考本科证书 专升本-在专科学校读三年，然后通过成人高考或自学考试在国内本院校学习二年或直接到与我院有合作办学的国外本院校就读一年（免试），由专科学校发全日制普通高校专科毕业证书、本科学校发成考或自考或国外大学的本科证书。专转列入国家招生计划经省招办正式录取在本省各类普通高校(含成人高校普通班)的专科二年级或三年级在籍学生经选拔由专科学习转入本科学习称专转本。专升本则是要通过考试来选拔优秀的专科生进入本科继续学习。专科读三年，本科读两年，考试一般由主考院校命题。

四、就业前景

我院以学生为本，以对学生和家长高度负责为宗旨，设置专门机构，全力做好毕业生就业指导工作，从而使我院的毕业生就业前景广阔。学院已为全国25个省市培养了18000多名各类技术人才，学生在冶金、机械、化工、电子、通讯等行业发挥自己的聪明才智。我院的毕业生基础知识扎实、实践动手能力强、踏实肯干，深受各企事业单位的欢迎和好评，许多毕业生已走上各级领导岗位。学院连续四年就业率名列全省同等学校前茅，并连续3年获河北省人事厅授予的"河北省非师范类大中专毕业生就业指导工作先进集体"的荣誉称号，2003年的就业指导工作受到龙庄伟省长的亲笔批示和表扬。学院的积极努力和毕业生的优秀表现，赢得了省内外多家单位的认同，石家庄钢铁公司、邯郸钢铁集团公司、邯郸纵横钢铁公司、张家港玻项不锈钢有限公司、石家庄制药集团、华北制药集团、河北省汽车贸易公司、保定长城汽车股份有限公司、京东方科技集团公司等单位与我院建立了稳定的用人关系。学院总体就业率不低于85%，部分专业可达98%以上。我们相信，现代工业的新技术革新和社会主义市场经济的蓬勃发展，会为我们工院的毕业生提供更多更理想的就业机会，河北工院和广大毕业生会有更美好的明天。

五、校园景色

这是一片美丽而神奇的地方，春天，漫步校园小径，迎接你的是满目的新绿，满天的繁花；夏天，高大的雪松，梧桐挡住似火的骄阳，给你撑出一方大浓荫的天地；秋天，踏着满地金黄的银杏叶，你可以细细品味成熟和收获的气息；冬天，当江南的残雪覆盖在青砖黛瓦之上的时候，你能感受到汇融之力的大气与磅礴。

这不是一般的风景，这里留下了代代学子匆匆的脚步，也留下他们的牵挂与眷恋。晨曦中熟悉的小路，夜幕下闪亮的灯光，曾经促膝而谈，曾经高歌轻唱；曾经牵手同行；曾经相约明天。年轻的岁月，青春的印痕，生命中最刻骨铭心的记忆。

图 1.11-3　"dcxy.htm"网页显示效果

【操作要点及提示】

该任务主要练习使用 FrontPage 进行网页的基本制作，包括新建网页、编辑网页，设置网页属性等。重点是使用表格布局网页操作、图片操作、超链接操作。

1．使用表格布局快速定位及对齐对象

为方便定位和对齐各种对象，经常使用表格进行网页布局，使用表格中单元格放置各种对象。

以任务要求 2 为例，如图 1.11-1 所示，在"bjwh.htm"网页中，使用了上、下 2 个表格进行布局，使网页中"文本"和"图片"等对象能快速定位。如图 1.11-4 所示，设置"bjwh.htm"网页中上部表格的单元格属性，其中，单元格"背景"链接了一个图形文件。

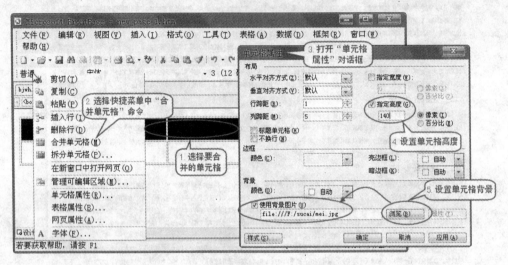

图 1.11-4　使用表格布局及设置表格中的单元格属性

2．使用"图片库"进行多幅图片预处理

如果插入网页中的图片是多幅图片，可以使用"新建图片库"功能，预先对多幅图片进行批处理：将多幅图片组织在一起，为每一幅图片设置标题和说明性文字，设置"缩略图"，建立到原图的超链接。

所谓"缩略图"，是将图片经压缩方式处理后的小图，通常它还包含指向原图的超链接。"缩略图"因其小巧，加载速度快，常用于 Web 浏览器快速地载入图形或图片较多的网页。

以任务要求 3 为例，要在网页中插入多幅图片，采用"新建图片库"处理：选择菜单"插入→图片→新建图片库"命令，打开"图片库属性"对话框，按如图 1.11-5 所示的步骤操作，生成效果如图 1.11-2 所示。

如图 1.11-5 所示，"图片库属性"对话框包括"图片"和"布局"两个选项卡。

① "图片"选项卡，既可以对"缩略图"进行设置又可以对原图进行编辑。单击"添加"按钮，将所选图片添加到"图片库"中，同时可以设置将要显示在网页中图片的"缩略图"的大小、图片标题（用于对图片进行简单说明）；单击"编辑"按钮，打开"编辑图片"对话框，可以对每一幅原始图片进行大小调整、裁剪、旋转等操作；单击"删除"按钮，可以删除"图片库"中的图片。

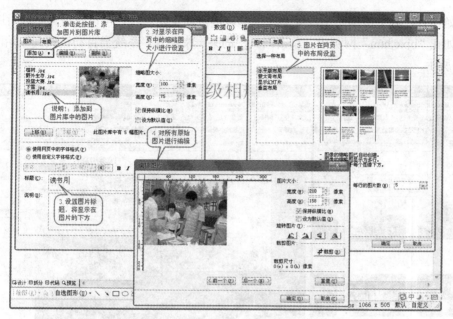

图 1.11-5　使用"新建图片库"对多幅图片进行预先处理

②"布局"选项卡，可以设置将在网页中显示的各幅图片的排列顺序以及在网页中显示的布局。如在"布局"选项卡中选择"显示幻灯片"布局，生成网页效果如图 1.11-6 所示。

图 1.11-6　"显示幻灯片"布局在网页中的显示效果

使用"图片库"有以下优点：

① 可以设置图片缩略图。使用"图片库"，可以对"图片库"中的图片设置缩略图，如果

要查看原始图片，则单击网页中的缩略图，即可链接到原始图片，可以不用再单独对图片建立超链接。如在 "bjxc.htm" 网页中，单击网页中的某一幅图片，系统会自动链接到原始图片，如图 1.11-7 所示。

图 1.11-7　单击缩略图链接到原始图片的效果图

② 可以对原图直接进行简单编辑，无需使用辅助工具。在 "编辑图片" 对话框中，可以直接设置原图的大小、裁剪和旋转图片等，而无需使用其他辅助工具。

③ 可以轻松地对多幅图片同时进行 "布局"，无需单独对每幅图片进行设置。在 "图片库属性" 对话框的 "布局" 选项卡中，不需要对每幅图片确定具体位置，选择 "布局" 中的一种，即可对多幅图片进行整体排列，操作简单。

3．几种不同的 "超链接"

建立 "超链接" 是制作网页的重点，"超链接" 涉及两方面内容。

● 超链接对象：指建立超链接的对象，它可以是文本、整张图片、热点等。

● 链接目标：指明了超链接要跳转的目标位置，可以是文件、电子邮件、网页、书签、网址等。

① 普通超链接——"超链接对象" 是文本或整张图片，"链接目标" 任意。

以任务要求 5 为例，对文字 "班级相册" 建立超链接，链接到 "bjxc.htm" 网页，操作步骤如图 1.11-8 所示。本例中的 "链接目标" 是本地的 "bjxc.htm" 网页文件，如果是一个网站网址，则直接在 "地址" 文本框中输入该网站网址即可。

② "热点" 超链接——"超链接对象" 是 "热点"，"链接目标" 任意。

"热点" 是指图片中设置了超链接的那部分区域。建立 "热点" 超链接之前，首先要设置 "热点"，然后再建立 "链接"。设置 "热点" 后，建立超链接操作方法和建立普通超链接相同。

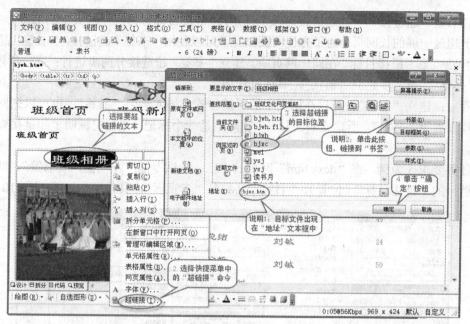

图 1.11-8　"链接目标"是本地的"bjxc.htm"文件

以任务要求 5 为例，在文字"班级相册"下方图片中建立"长方形热点"，"链接目标"是本地的"ysj.txt"文件，操作步骤如图 1.11-9 所示。

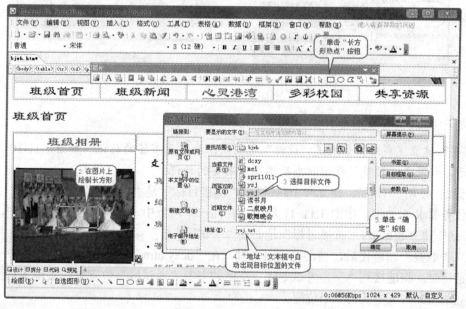

图 1.11-9　在图片上建立"长方形热点"超链接

！说明：

浏览网页时，单击图片中"长方形区域（热点）"，即可链接到相应目标，而单击"热点"以外区域则不能链接到相应目标。

③ "书签"超链接——"超链接对象"任意，"链接目标"为同一网页中的书签。

对于超过一屏的长网页，为了方便网页浏览，可以使用"书签"超链接。"书签"超链接的"超链接对象"和"链接目标"在同一网页中。建立"书签"超链接分两步进行：第一步建立（即定义）"书签"，第二步建立"链接"，具体过程如下。

步骤 1：建立"书签"。可以在网页中的所需位置，插入一个"书签"；也可以把网页中文本或图片设置为"书签"。所建立的"书签"实际上是一个标记，该标记标明了超链接要链接到的位置。

以任务要求 5 为例，在"dcxy.htm"网页的"三、考试专区"左侧插入"书签"，即标记了一个超链接的"链接目标"（位置），"书签"名称是"考试区"，具体操作如图 1.11-10 所示。

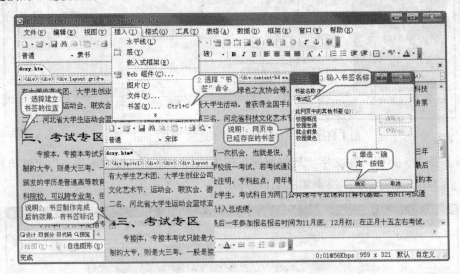

图 1.11-10　建立"书签"操作及效果

！提示：

"书签"建立完成后，如果是"设计"视图状态会显示书签的标记，如图 1.11-10"说明 2"位置所示，如果是"预览"视图状态则不显示书签的标记。

步骤 2：使用"书签"，建立一个超链接，"链接目标"是"书签"位置。

以任务要求 5 为例，如图 1.11-11 所示，在同一个网页中，在网页顶端导航栏中，对文本"考试专区"建立超链接，"链接目标"是书签"考试区"。

建立"书签"超链接后，当浏览该网页时，在"dcxy.htm"网页中单击导航栏中"考试专区"超链接时，将链接到"三、考试专区"左侧的书签"考试区"位置处，实现了从网页中的一个位置跳转到网页中的另一个位置。

4．"网页属性"详解

"网页属性"有网页标题、网页背景、背景音乐、超链接颜色等，在"网页属性"对话框中可以设置"网页属性"。

① "网页标题"和文件名的区别：文件名是保存文件时的名字，而"网页标题"是浏览网页时显示在"标题栏"上的内容。

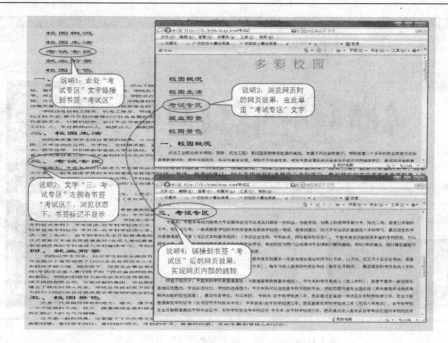

图 1.11-11 "书签"超链接效果

② 插入"背景音乐":网页中插入"背景音乐"是不可见的,只有当打开网页时才会自动播放。

以任务要求 6 为例,设置"网页属性",具体操作如图 1.11-12 所示;设置"网页属性"后的网页效果,如图 1.11-13 所示。

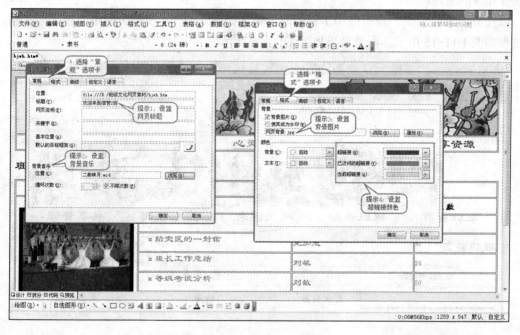

图 1.11-12 设置"网页属性"

图 1.11-13　设置"网页属性"后的网页效果

5. 网页"主题"的应用

FrontPage 提供了几十种专业的"网页主题",每种主题都有一套设计好的背景图案、项目符号等。网页中使用"主题"可以轻松地创建外观一致和引人注目的网页。"主题"可以应用到当前网页,或应用到所选网页。应用主题的方法:选择菜单"格式→主题"命令,在主题窗格中选择相应的主题即可。

以任务要求 2 为例,没有应用主题的网页效果如图 1.11-14 所示。应用"春天"主题,操作过程如图 1.11-15 所示,网页效果如图 1.11-16 所示。

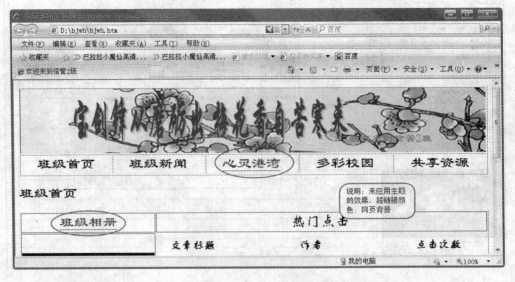

图 1.11-14　未应用"主题"的网页效果

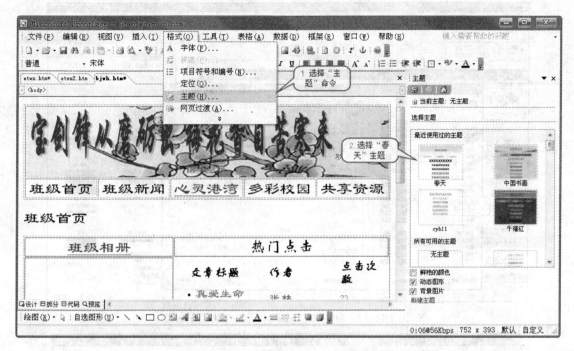

图 1.11-15　应用"春天"主题操作过程

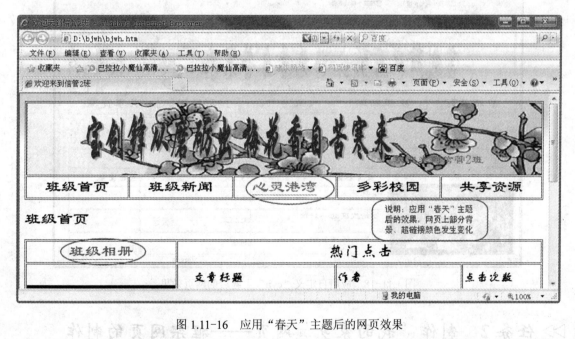

图 1.11-16　应用"春天"主题后的网页效果

　　如果对系统提供的主题不满意,可以自定义主题,如自定义主题"cyh",自定义了颜色中的"配色方案",具体操作如图 1.11-17 所示。

　　应用自定义"cyh"主题后的网页效果如图 1.11-18 所示。

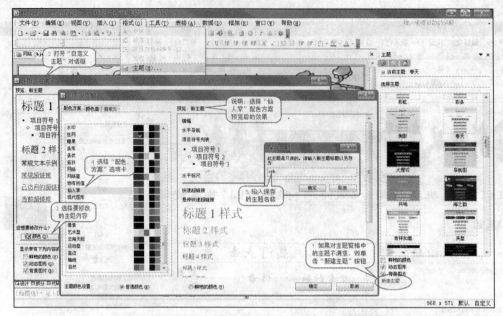

图 1.11-17　自定义 "cyh" 主题的 "配色方案"

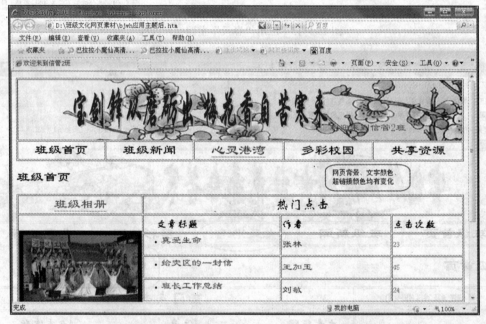

图 1.11-18　应用自定义 "cyh" 主题后的网页效果

▷▷ 任务2　制作 "我的家乡" 网页——框架网页的制作

【任务描述】

利用框架技术，制作 "我的家乡" 网页，效果如图 1.11-19 和图 1.11-20 所示。

图 1.11-19 "myhometown.htm"网页制作效果

图 1.11-20 "hmtndown.htm"网页过渡效果

 【任务要求】

1. 使用框架网页中的"标题"模板，新建网页并按要求制作网页。如图 1.11-19 所示，上框架的网页名称为"hmtnup.htm"，下框架的网页名为"hmtndown.htm"，整个网页名称为"myhometown.htm"。

2．"hmtnup.htm"网页制作效果要求，如图 1.11-19 所示：设置网页背景；在网页中插入一个 2 行 5 列的表格，表格无边框，并输入文字；设置上框架属性。

3．"hmtndown.htm"网页制作效果要求，如图 1.11-19 所示：参照效果图完成表格、文本、图片的编辑；在文字"甘海子风景区"前插入书签，书签名称为"甘海子"；把表格中文字"甘海子"下方的图片制作为"圆形热点"，链接到书签"甘海子"。

4．建立目标框架链接：文字"家乡旅游景点"链接到"hmtndown.htm"网页，设置目标框架为"main"；文字"家乡简介"链接到"jxjj.htm"网页，设置目标框架为"main"；文字"访客留言"链接到邮箱"fkliuyan123456@sohu.com"。

5．设置网页动态效果。设置"jxjj.htm"网页中标题为滚动字幕；设置"hmtndown.htm"网页过渡效果，如图 1.11-20 所示。

6．对"myhometown.htm"设置网页属性。

7．具体网页设置参照图 1.11-19 和图 1.11-20 完成。

【操作要点及提示】

该任务主要完成框架网页的制作。框架网页制作基本过程是：建立框架网页，保存框架网页，设置框架属性，建立框架网页链接。制作重点提示如下。

1．"框架网页"与"普通网页"外观的区别

"普通网页"只有一个网页，而"框架网页"是一种特殊的网页，它将浏览器窗口划分成功能独立的几个部分，每部分是一个框架，每个框架分别对应于一个独立网页，在一个窗口中可以同时看到由多个网页组成的信息界面，如图 1.11-21 所示。创建好"框架网页"后，在网页的"视图栏"中会增加一种"无框架"视图模式。

图 1.11-21　有上、下两个框架的网页

2．"框架网页"与"普通网页"保存的区别

保存"普通网页"是把网页直接保存为"*.html"文件即可；而保存"框架网页"必须把

"框架网页"中的每一个"框架"中的网页和"总框架"网页分别命名、分别保存。因此，保存"框架网页"时，保存网页个数＝框架个数＋1。

以任务要求 1 为例，共有两个框架，所以保存网页时，共保存了 3 个网页，如图 1.11-22 所示。上框架网页名称为"hmtnup.htm"，下框架网页名称为"hmtndown.htm"，总框架网页名称为"myhometown.htm"。

图 1.11-22　　"框架网页"的 3 个网页

3．"独立框架"和"总框架"的"框架属性"区别

如图 1.11-22 所示，因为"框架网页"有 3 个框架（上框架、下框架和总框架），所以要设置 3 个框架的"框架属性"，而上、下框架是"独立框架"，"总框架"是上、下框架的组合，所以上、下框架属性的设置和"总框架"不同。

上、下框架的"框架属性"有框架名称、框架大小，框架边距、框架的初始网页；而"总框架"是几个框架的组合，所以"总框架"没有名称、大小、初始网页等属性，但有"框架之间的间距"、"框架是否显示边框"属性。

！注意：

设置"框架属性"时，一定要注意是针对哪个框架进行，一定要选对框架，再进行设置。

以任务要求 2 为例，要求设置上框架的"框架属性"：框架高度为 136 像素，框架名称为"header"：先选择上框架，再按如图 1.11-23 所示"步骤 1"和"步骤 2"进行设置即可。

如图 1.11-23 中的"提示 1"和"提示 2"是上、下两个框架的"框架属性"对话框，而"提示 3"是在"框架属性"对话框中，单击"框架网页"按钮，打开"网页属性"对话框中的"框架"选项卡，设置"总框架"属性。

4．"独立框架"网页和"总框架"网页的"网页属性"区别

因为"框架网页"有多个网页，所以有多个"网页属性"。如本任务有上、下两个框架和"总框架"，所以有上框架网页、下框架网页和"总框架"网页 3 个网页，以及 3 个"网页属性"。

每个框架中网页的"网页属性"和"总框架"中网页的"网页属性"有所不同。

①"独立框架"中网页的"网页属性"：右击对应独立网页，在快捷菜单中选择"网页属性"命令，在打开的"网页属性"对话框中选择"格式"选项卡，可以设置网页背景、超链接颜色等，即有网页格式的设置。

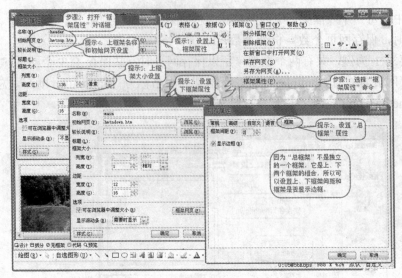

图 1.11-23 3 个框架的属性设置及对比

② "总框架" 网页的 "网页属性"：右击任意一个独立网页，在快捷菜单中选择 "框架属性"，在打开的 "框架属性" 对话框中单击 "框架网页" 按钮，打开 "网页属性" 对话框，"总框架" 网页是多个网页的组合，所以 "网页属性" 对话框中没有 "格式" 选项卡，也没有网页背景、背景颜色等网页格式的设置，但有 "框架" 选项卡，可以进行 "总框架" 属性设置。

⚠️ 提示：

因为 "框架网页" 有多个网页，所以有多个网页标题，浏览网页时显示是 "总框架" 网页的网页标题，网页标题在 "网页属性" 对话框的 "常规" 选项卡中进行设置。

以任务要求 6 为例，"独立框架" 网页和 "总框架" 网页的 "网页属性" 及其对比如图 1.11-24 所示。

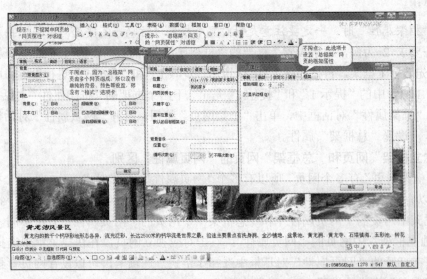

图 1.11-24 "独立框架" 网页和 "总框架" 网页的 "网页属性" 及其对比

5."框架网页"之间的链接问题

"框架网页"之间的链接，要先选择"目标框架"，再选择"目标网页"。浏览网页时，当单击某框架内网页中的超链接时，"目标网页"通常在另一框架（目标框架）中显示。"框架网页"之间的超链接关系，通常在使用"框架网页模板"创建"框架网页"时就已设置完成。如果要改变链接关系或建立框架之间的链接，先要设置"目标框架"，再选择网页链接。

以任务要求 4 为例，如图 1.11-25 所示，将上框架网页中的文字"家乡简介"链接到"jxjj.htm"网页，目标框架为"main"（即目标框架为"下框架"），具体操作：选择文字"家乡简介"，单击右键，打开快捷菜单，设置超链接。

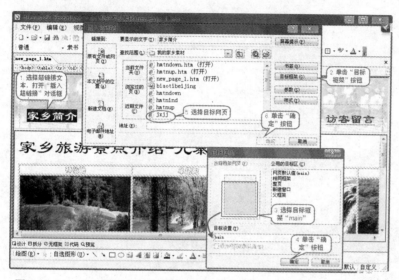

图 1.11-25　"上框架"链接到"jxjj.htm"网页在目标框架"main"显示

设置链接后，单击上框架网页中的文字"家乡简介"，则链接到"jxjj.htm"网页，该网页在目标框架"main"中显示，效果如图 1.11-26 所示。

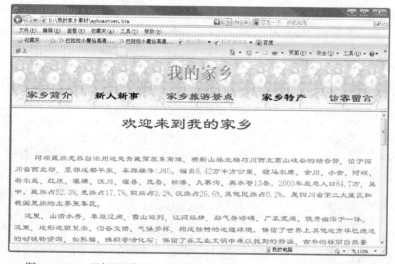

图 1.11-26　目标网页"jxjj.htm"在目标框架"main"中的显示效果

第 2 篇

综合应用

综合应用 1

使用 Windows 管理个人计算机

 【任务描述】

使用 Windows 管理"桌面"、文件/文件夹。

▷▷ 一、任务要求

1. 建立和管理文件/文件夹。在 D 盘新建如图 2.1-1 所示的文件/文件夹结构。

① 在"D:\cc"搜索文件"abc1.doc",查看该文件的所有信息:文件大小、名称(包括主名和扩展名)、所在位置、建立和修改日期等,再将其属性设置为"只读"、"隐藏"。

② 在"D:\cc"搜索"cc3"文件夹,并在"cc"文件夹下建立它的快捷方式,重命名为"我的文件夹"。

③ 设置所有隐藏文件/文件夹为显示方式。

④ 在"D:\cc"搜索第一个字符为"a"的所有文件,并将它们复制到"cc3"文件夹。

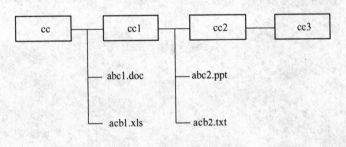

图 2.1-1　文件/文件夹结构

2. 排列"桌面"图标。将"桌面"上图标先按"大小"排列,观察排列结果;再按"修改时间"排列;比较两次排列的情况,然后再用拖动方式手动排列桌面上的图标。

3. 设置"任务栏"属性。先将"任务栏"调整为合适大小,再设置"任务栏"属性为"锁定任务栏"和"自动隐藏任务栏"。

4. 添加"输入法"并设置热键。添加"区位输入法",再将其删除,将"智能 ABC 输入法"热键设置为【Ctrl+Alt+O】。

▷▷ 二、任务综合应用分析及总结

本任务综合应用了 Windows 的以下功能。

1."桌面"环境定制功能

"桌面"环境的定制,可对"桌面"图标进行排列,设置"开始"菜单,调整任务栏,设置系统的日期和时间,设置"桌面"背景和屏幕保护程序等。

2."资源管理器"文件管理功能

使用"资源管理器"可新建文件/文件夹,搜索、复制、剪切和删除文件/文件夹,查看和设置"对象"属性,创建快捷方式等。

▷▷ 三、任务重点、难点解析

1. 手动排列"桌面"上的图标

排列 Windows "桌面"图标方式有多种。要改变排列方式,可以右击"桌面"空白处,在弹出的快捷菜单及其子菜单中,选择相应命令即可。如果要手动排列,取消"自动排列"命令前的"√",再拖动图标到指定位置即可,如图 2.1-2 所示。

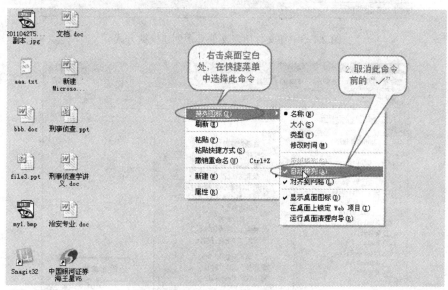

图 2.1-2　手动排列"桌面"上图标

2. 创建快捷方式的 3 种方法及比较

方法 1:在文件所在文件夹下创建文件/文件夹快捷方式,其优点是方便、快捷,操作方法如图 2.1-3 所示。如果所建"快捷方式"需要在另外文件夹下,可将建好的"快捷方式"移动到目标文件夹。

方法 2:用"发送法"或"右键拖动法"创建文件/文件夹快捷方式,这是在桌面创建快捷方式的常用方法,如图 2.1-4 和图 2.1-5 所示。

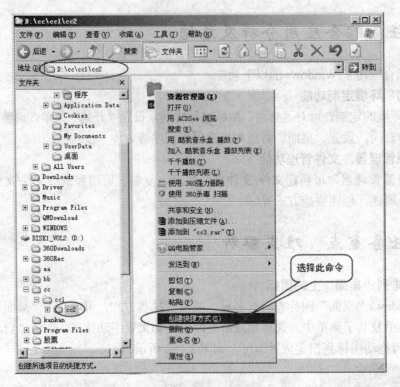

图 2.1-3　在文件所在文件夹下创建快捷方式

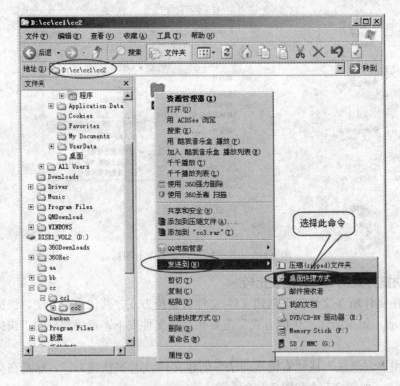

图 2.1-4　用"发送法"创建桌面快捷方式

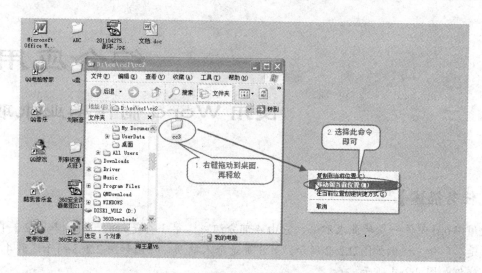

图 2.1-5 用"右键拖动法"创建桌面快捷方式

方法 3：在目标文件夹创建文件/文件夹快捷方式，这是最规范的一种创建快捷方式的方法，如图 2.1-6 所示。

以任务要求 1 中②为例，操作步骤如下。

① 在"搜索结果"窗口中用查看"详细信息"的方式找到"cc3"文件夹。

② 打开目标文件夹"cc"，右击空白处，在弹出的快捷菜单中选择"新建→快捷方式"命令。

③ 在弹出的"创建快捷方式"对话框中，单击"浏览"按钮找到目标文件"cc3"，按照向导一步一步操作即可。

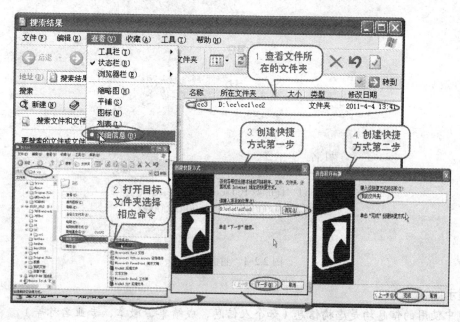

图 2.1-6 用向导创建"我的文件夹"快捷方式

综合应用 2

使用 Word 制作毕业求职书

【任务描述】

使用 Word 制作一份毕业求职书，它由 4 部分组成：第 1 页是封面，样例如图 2.2-1 所示；第 2 页是求职信，样例如图 2.2-2 所示；第 3 页是个人简历，样例如图 2.2-3 所示；第 4 页是成绩单，样例如图 2.2-4 所示。

江东工业职业技术学院

Jiangdong College of Industry and Technology

求

职

书

姓名：　王锋
专业：　计算机应用与维护
E-mail: fengw@163.com
电话：　1300000000　　0000-0000000

图 2.2-1　封面样例

❗ 提示：
样例中使用的信息均是虚构信息（如个人信息、成绩单、徽章、专业名称等）

求职信

尊敬的领导：

　　您好！

　　将你的目光停留在这里，你会聆听到一名 2009 届毕业生的心声。现在，正是我们 2009 届高校毕业生走向社会的时期。社会将以什么样的态度接纳我们？是宽容，还是严峻？我们将以什么样的姿态面向社会？是自信，还是怯懦？或许这个时期每个即将走向社会的年轻人都会彷徨，暂时失去航行的目标。这时你的出现将无疑是一盏黑夜的航灯，指引这群年轻人前进的方向。又以一个宽阔的胸襟，给予我们安全的保护。在大学学习期间，我重点锻炼了自己的各种能力，而学业作为提高能力的有力辅助，我也丝毫没有放松。我曾参加各种社会实践活动，担任了江东工业职业技术学院学生会主席，在任职期间，我组织了广大同学参加各种校内、外的活动，得到了广大同学和院领导的好评，我在思想上要求上进，积极向党组织靠拢，并于 2007 年 4 月加入了中国共产党。在实践中自己还有不足之处，感受到了知识的珍贵，它将激励我为将来的事业去学习、去奋斗、去拼搏。如果贵公司录用我，我将会尽最大努力为公司服务，实现个人与公司共同发展。

　　此致

敬礼！

求职人：王锋

2009 年 7 月

图 2.2-2　求职信（第 2 页）样例

明德　团结　自强

应聘职位	结合专业知识，发挥专业水平，愿从事 IT 行业的任意工作			
个人基本信息	姓　　名	王锋	性　　别	男 
	出生年月	1988 年 3 月	籍　　贯	江东干读
	毕业时间	2009 年 7 月	政治面貌	中共党员
	学　　历	专科	专　　业	计算机应用与维护
	联系电话	0000-88888888	通讯地址	江东省干读县胜利大街 99 号
	邮政编码	000000	毕业学校	江东工业职业技术学院
学习经历	2006 年 9 月－2009 年 6 月　江东工业职业技术学院计算机科学与技术专业 2000 年 9 月－2006 年 7 月　江东省干读县干读中学 1994 年 9 月－2000 年 7 月　江东省干读县中华街小学			
自我评价	本人具有比较强的专业理论知识，基础扎实且广泛，能在专业领域提出自己的独到见解，为人诚信开朗，勤奋务实，有较强的适应能力和协调能力，责任感强，热爱集体，助人为乐，能恪守以大局为重的原则，愿意服从集体利益的需要，具备奉献精神。			
获奖情况	2007-2008 学年	2007-2008 学年度全院"学生社团优秀会员"称号		
	2008 年度	江东工院"共青之家"大学生网页制作大赛中《圆梦文学网》荣获优胜奖		
英语水平	➢　能运用英语进行日常的口头交流 ➢　具有较强的听、说、写的能力 ➢　具有较强的阅读文章能力			
计算机水平	➢　可独立完成基于数据库的中小型动、静态网站的设计制作 ➢　熟悉 SQL Server 数据库操作和网络协议 TCP/IP ➢　熟练掌握 Windows 的基本操作，熟悉计算机网络 ➢　熟悉一些常用软件的应用，如 Office、Fireworks MX、Flash MX 等应用软件			
个人爱好	➢　打篮球　登山　　看书　听音乐　上网			

图 2.2-3　个人简历（第 3 页）样例

江东工业职业技术学院成绩表

系部：计算机技术系　　　专业：计算机应用与维护　　　学号：*000000000*　　　姓名：王锋

学制：三年　　　　学习形式：全日制　　　入学时间：*2006 年 9 月*

课程名称	成绩	课程名称	成绩	课程名称	成绩
邓小平理论	*100*	英语（3）	*88*	*Visual Basic* 程序设计	*90*
英语（4）	*88*	高等数学	*98*	数据库基础与应用	*87*
离散数学	*100*	*C++*语言程序设计	*82*	多媒体技术基础	*83*
计算机电路基础	*74*	大学数学	*81*	计算机网络	*72*
汇编程序设计语言	*78*	计算机入门与操作	*76*	数据结构	*74*
Office 办公软件	*99*	微机组装与维护	*66*	软件工程	*69*
WTO 概论	*99*	*Internet* 网络与技术	*96*	*Java* 语言程序设计	*80*
组网与网络管理技术	*90*	操作系统	*73*	毕业设计成绩	*90*

江东工业职业技术学院教务处

2009 年 3 月 20 日

图 2.2-4　成绩单（第 4 页）样例

▷▷ 一、任务要求

1.“求职书”页面设置

设置页面：纸张大小为 A4，上、下、左、右“页边距”均为 2.5 cm，纸张方向为“纵向”；为页面添加“背景”，填充效果为“渐变”中的“双色”，底纹样式为“中心辐射”，使用变形“第一种”。

2.制作封面

添加艺术字：“江东工业职业技术学院”，并设置格式选择“样式”为“第 1 行第 3 列”，并设置字体为华文行楷、36 磅，设置为“细上弯弧”形状，设置艺术字填充色为“绿色”、线条色为“红色”；输入相应内容，并设置自己喜欢字体、段落格式。最后效果如图 2.2-1 所示。

3.制作求职信

制作求职信如图 2.2-2 所示，输入内容并设置格式。

4.制作个人简历

① 制作表格：绘制一个 15 行 6 列的表格，如图 2.2-3 所示，合并单元格、调整行高、列宽，输入文字内容、插入照片，并设置合适的格式（“个人基本信息”单元格需要更改文字方向）。

② 设置边框和底纹：将表格外部框线设置为上细下粗的 1.5 磅双线，在不同的单元格区域添加不同颜色（包括不同灰度：外部单元格 25%和内部单元格 15%，白色）的底纹。

5. 使用"分节符"改变纸张方向

在求职书的第 4 页"成绩单"中，使用的纸张方向为"横向"、大小为 A4。

6. 制作成绩单

① 输入表头部分内容：如图 2.2-4 所示内容。

② 制作表格：插入一个 9 行 6 列的表格，调整行高、列宽，输入内容，第一行添加合适的底纹增强美观效果。

③ 制作徽章：插入艺术字和自选图形并组合。

● 绘制"徽章"圆形：选择"自选图形"中的圆形，设置红色线条色、无填充色。

● 在"徽章"图形中插入文字：插入艺术字"江东工业职业技术学院"，样式为"第 1 行第 3 列"，黑体，8 号字，线条色、填充色均为红色。将艺术字设置为"细上弯弧"的形状。

● 在"徽章"图形中插入其他图形对象（如五角星、文本框等）：将五角星调整大小后设置线条色、填充色均为红色；在文本框中，输入"教务处"，文本为红色，并设置文本框为无线条色、无填充色。

● 组合图形：将所有自选图形选中并组合，移动到落款和日期的文字上方。

制作完成后，将整个结果以文件名"大学毕业生就业求职书.doc"保存在"D:\Wordsx"文件夹中。

▷▷ 二、任务综合应用分析及总结

本任务通过制作毕业求职书，综合应用了 Word 的以下功能。

1. Word 的基本编辑和设置

这是所有 Word 中最基本和必须掌握的部分。内容包括输入文字、设置字符、段落格式、页面等。对于文档中有相同格式的文本，一定注意使用"格式刷"复制格式。

2. Word 中表格的制作及设置

在 Word 中可以制作简单表格，如插入表格、合并单元格、在表格中插入图片等。可以设置表格格式，如设置行高、列宽、边框和底纹、文字方向等。

3. 使用"分节符"在一个文档中应用多种格式

默认情况下，一个文档只有一种样式，如果在一个文档中要应用多种格式，可使用"分节符"。如在同一文档中，插入"分节符"，可设置不同的"页眉"、"页脚"内容和格式，不同的纸张方向和大小，也可以设置不同的"分栏"等。

4. "自选图形"的绘制及组合

用户可根据需要选用"自选图形"。绘制多个"自选图形"及分别设置格式后，应对这些图形进行"组合"，形成一个整体，以便于文档的格式设计。

▷▷ 三、任务重点、难点解析

1. 使用"格式刷"快速复制"格式"

文档中对于同一类内容，一般格式相同。如果对每处不同的文字或段落，重复设置同样格式，比较麻烦，此时应充分使用"格式刷"，完成对"格式"的快速复制。

以任务要求 4 中①为例，在文档中选中要复制的文本格式，双击"常用"工具栏上的"格式刷"按钮（取复制格式样式）；用"格式刷""刷"其余需要设置相同格式的文本，这样其余文本也被设置成了相同格式；最后单击"格式刷"按钮或按【Esc】键，取消"格式刷"复制状态。操作过程如图 2.2-5 所示。

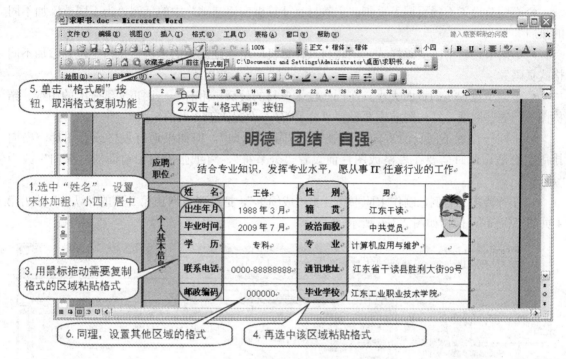

图 2.2-5　使用"格式刷"复制格式

2."分节符"应用详解

在同一文档中，如果要设置不同格式，可以使用"分节符"。

① "分节符"含义。所谓"节"是 Word 文档格式化的最大单位（或指一种排版格式的范围），"分节符"中存储了"节"的格式设置信息，一个"分节符"就是一个"节"的结束符号，该结束符号控制着它前面的格式，它之后又可以开始新的格式。

默认方式下，Word 将整个文档视为一"节"，若需在文档中采用不同格式，只需插入"分节符"将文档分成几个"节"，然后在每一"节"内，根据需要设置每"节"的格式。

② "分节符"包含"节"的格式设置元素。例如，页边距、页面方向、页眉和页脚、页码顺序及样式、分栏等。

③ 分节符类型共有 4 种："下一页"、"连续"、"偶数页"、"奇数页"。

● 下一页：插入一个"分节符"，新节从下一页开始。

！提示：

"分节符"中的"下一页"与"分页符"的区别在于前者分页又分节，后者仅仅起到分页的效果。

● 连续：新节与其前面一节同处于当前页中。

● 偶数页："分节符"后面的内容转入下一个偶数页。

● 奇数页:"分节符"后面的内容转入下一个奇数页。

④ 插入"分节符"步骤:单击文档中需要插入"分节符"位置,选择菜单"插入→分隔符"命令,打开"分隔符"对话框,选择"分节符类型"("下一页"、"连续"、"偶数页"、"奇数页")。

⑤ "分节符"应用示例。

● 不同节设置不同页眉、页脚。主教材《计算机应用基础》中的示例"为不同节添加不同的页眉"。

● 不同节设置不同页码样式。主教材《计算机应用基础》中的示例"在指定位置添加不同格式页码"。

● 不同节设置不同页面大小。在一些技术资料的最后,附有一些比正文纸张大的图纸、结构图等。这些图纸、结构图前需要设置"分节符",设置比正文大的纸张。

● 不同节设置不同页面方向。一般纸型选用"纵向",但如果遇有表格或者图片,横向排版更合适,此时需要在表格或图片前设置"分节符",将纸张方向由前面的"纵向"改为"横向"。

以任务要求 5 为例,制作求职书第 4 页"成绩单",把纸张方向由第 3 页的"纵向"改为第 4 页的"横向",操作如图 2.2-6 所示。

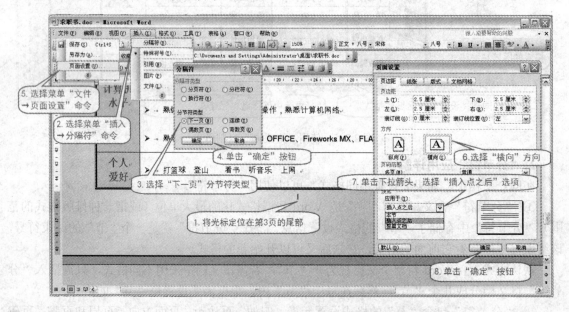

图 2.2-6 将第 4 页纸张方向改为"横向"的操作示意图

步骤 1:在第 3 页末尾插入"分节符",结束第 3 页格式,第 4 页格式从新"分节符"开始。将光标定位在第 3 页表格末尾,选择菜单"插入→分隔符"命令,打开"分节符"对话框,在"分节符类型"区域,选择"下一页"选项。

步骤 2:从插入新"分节符"开始,设置新"节"的格式(设置第 4 页纸张方向为"横向")。选择菜单"文件→页面设置"命令,打开"页面设置"对话框,在"方向"区域选择"横向",在"预览区域"的"应用于"下拉列表框中选择"插入点之后",单击"确定"按钮,这样第 3 页后面的第 4 页纸张方向变为"横向",效果如图 2.2-7 所示。

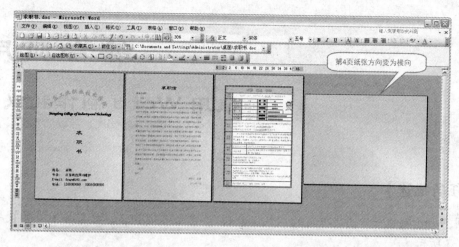

图 2.2-7　插入"分节符"后第 4 页纸张方向改为"横向"的效果图

综合应用 3

使用 Word 制作礼仪专刊

 【任务描述】

使用 Word 制作一份图文并茂的"礼仪专刊",它由 3 页组成。效果如图 2.3-1、图 2.3-2 和图 2.3-3 所示。

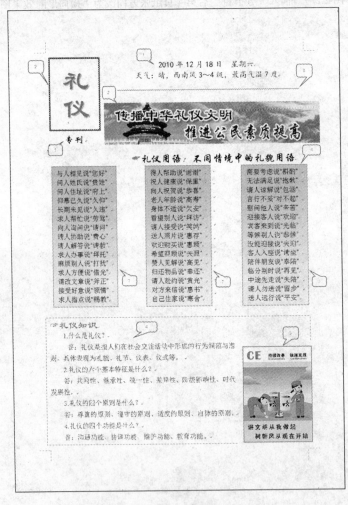

图 2.3-1　第 1 页效果图

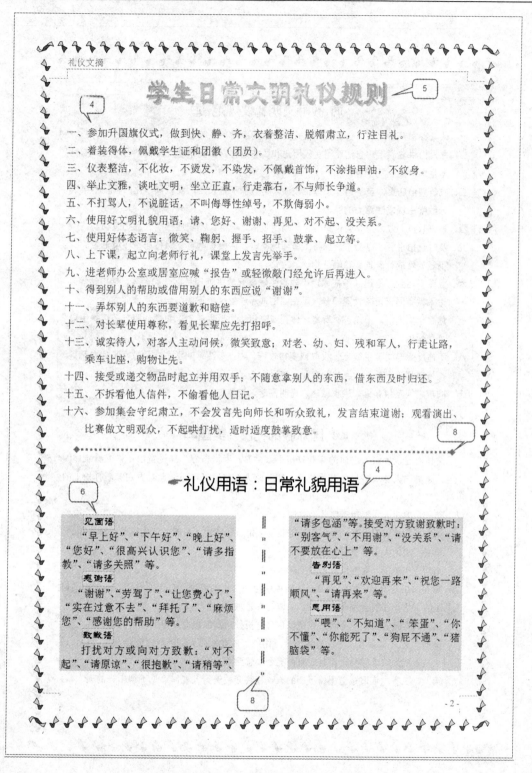

礼仪文摘

学生日常文明礼仪规则

一、参加升国旗仪式，做到快、静、齐，衣着整洁、脱帽肃立，行注目礼。

二、着装得体，佩戴学生证和团徽（团员）。

三、仪表整洁，不化妆，不烫发，不染发，不佩戴首饰，不涂指甲油，不纹身。

四、举止文雅，谈吐文明，坐立正直，行走靠右，不与师长争道。

五、不打骂人，不说脏话，不叫侮辱性绰号，不欺侮弱小。

六、使用好文明礼貌用语：请、您好、谢谢、再见、对不起、没关系。

七、使用好体态语言：微笑、鞠躬、握手、招手、鼓掌、起立等。

八、上下课，起立向老师行礼，课堂上发言先举手。

九、进老师办公室或居室应喊"报告"或轻微敲门经允许后再进入。

十、得到别人的帮助或借用别人的东西应说"谢谢"。

十一、弄坏别人的东西要道歉和赔偿。

十二、对长辈使用尊称，看见长辈应先打招呼。

十三、诚实待人，对客人主动问候，微笑致意；对老、幼、妇、残和军人，行走让路，
　　　乘车让座，购物让先。

十四、接受或递交物品时起立并用双手；不随意拿别人的东西，借东西及时归还。

十五、不拆看他人信件，不偷看他人日记。

十六、参加集会守纪肃立，不会发言先向师长和听众致礼，发言结束道谢；观看演出、
　　　比赛做文明观众，不起哄打扰，适时适度鼓掌致意。

礼仪用语：日常礼貌用语

见面语

"早上好"、"下午好"、"晚上好"、"您好"、"很高兴认识您"、"请多指教"、"请多关照"等。

感谢语

"谢谢"、"劳驾了"、"让您费心了"、"实在过意不去"、"拜托了"、"麻烦您"、"感谢您的帮助"等。

致歉语

打扰对方或向对方致歉："对不起"、"请原谅"、"很抱歉"、"请稍等"、

"请多包涵"等。接受对方致谢致歉时："别客气"、"不用谢"、"没关系"、"请不要放在心上"等。

告别语

"再见"、"欢迎再来"、"祝您一路顺风"、"请再来"等。

忌用语

"喂"、"不知道"、"笨蛋"、"你不懂"、"你能死了"、"狗屁不通"、"猪脑袋"等。

- 2 -

图 2.3-2　第 2 页效果图

㊣ 教师文明礼仪规范 ㊣

一、认真参加升旗仪式，自觉按照仪式要求做到严肃、规范。

二、在校内讲普通话，自觉使用礼貌用语和体态语言，做到谈吐文雅、举止端庄。接受学生问候要回礼示意。

三、衣着整洁庄重，自然得体。佩带校徽。男教师不蓄长发，女教师不化浓妆。不穿戴分散学生课堂注意力的服饰。

四、不在教室、办公室、会议室等工作场所吸烟、喧哗。不随地吐痰、乱扔废物。

五、及时收抬讲台、办公室，保持工作环境整洁。住校教师自觉保持居室环境卫生，不随处堆放、悬挂、晾晒杂物。

六、上课不迟到、早退、不拖课，不随意中途离开教室处理私事（如会客、接电话等），进入教室通讯设备设置静音，不在课上训斥学生；上下课与学生互致问候。

七、尊重学生人格，不挖苦、辱骂、体罚或变相体罚学生；不以罚款、驱赶等粗暴手段处罚学生。

八、不违反规定向学生或家长收取或变相收钱、物；不随意叫学生或学生家长代办私事。

九、接待或拜访家长，做到热情有礼、谦逊耐心，不耍态度，不训斥。

十、同事之间互相尊重，讲求谦让，光明磊落，坦诚交往。

 ß 国际服饰礼仪：美国 ∞

总体而言，美国人平时的穿着打扮不太讲究。崇尚自然，偏爱宽松，讲究着装体现个性，是美国人穿着打扮的基本特征。跟美国人打交道时，应注意对方在穿着打扮上的下列讲究，以免让对方产生不良印象。

第一、美国人非常注重服装的整洁。

第二、拜访美国人时，进了门一定要脱下帽子和外套，美国人认为这是一种礼貌。

第三、美国人十分重视着装细节。

第四、在美国，女性最好不要穿黑色皮裙。

第五、在美国，一位女士要是随随便便地在男士面前脱下自己的鞋子，或者撩动自己裙子的下摆，往往会令人产生成心引诱对方之嫌。

第六、穿睡衣、拖鞋会客，或是以这身打扮外出，都会被美国人视为失礼。

第七、美国人认为，出入公共场合时化艳妆，或是在大庭广众之前当众化妆补妆，不但会被人视为缺乏教养，而且还有可能令人感到"身份可疑"。

第八、在室内依旧戴着墨镜不摘的人，往往会被美国人视作"见不得阳光的人"。

图 2.3-3　第 3 页效果图

▷▷ 一、任务要求

1．页面设置。首先设置页面大小为 B5，设置合适的页边距；为页面添加艺术边框，起到美化页面的效果。

2．输入文字、插入文本框和图片，其效果如图 2.3-1、图 2.3-2 和图 2.3-3 所示。

① 图中标识为"1"处插入"竖排文本框"后，输入内容并设置格式。

② 图中标识为"2"处插入"横排文本框"后，输入内容并设置格式。

③ 图中标识为"3"处插入与主题相符的图片。

④ 图中标识为"4"处输入文本。

⑤ 图中标识为"5"处插入"艺术字"。

⑥ 图中标识为"6"处输入文本并进行分栏及设置。

⑦ 图中标识为"7"处插入"横排文本框"并建立链接，添加填充色。

⑧ 图中标识为"8"处插入"直线"，设置比较合适的样式。

3．为首页、奇偶页设置不同的页眉、页脚。

① 首页：不设置页眉、页脚。

② 偶数页：页眉为"礼仪文摘"，左对齐，页脚插入页码，右对齐。

③ 奇数页：页眉为"点滴积累"，右对齐，页脚插入页码，左对齐。

▷▷ 二、任务综合应用分析及总结

本任务是制作一份形式生动活泼的礼仪小报。使用了横排和竖排文本框，并设置边框和底纹，使版面富于变化；"艺术字"和图片与文字混排，给人赏心悦目的感觉。重点综合应用了 Word 以下功能。

1．"高级格式"的设置

Word 文档的"高级格式"设置内容包括分栏、分节、页眉页脚设置、页码的设置、目录索引等内容。

本任务练习了基本的字符格式、段落格式、页面格式设置外，还练习了"高级格式"设置，如分栏、首页和奇偶页的页眉页脚设置、对称页页码的设置等。

2．各种文本框的使用及设置

"文本框"使用灵活多变，是报纸编辑中用的最多的元素。本任务练习了插入不同方向的文本框，文本框之间建立链接，并设置不同的填充色、线条色。

3．多"对象"的灵活运用

本任务练习了多"对象"的插入及设置，如在同一文档中插入了图片、艺术字、直线等对象。设置对象格式时，双击"对象"，打开相应的"设置对象格式"对话框设置即可。尤其是对于"直线"对象，可设置不同的线条、箭头。

▷▷ 三、任务重点、难点解析

1．设置"首页"不显示"页面边框"

一份内容丰富的报纸能引起读者的兴趣，如果版面设计得新颖别致，更让人赏心悦目。为了达到这个效果，可以为版面加上"页面边框"，但一般情况下"首页"不加。

以任务要求 1 为例，设置"首页"不显示"页面边框"，其余页面设置"页面边框"，具体操作如图 2.3-4 所示，效果如图 2.3-5 所示。

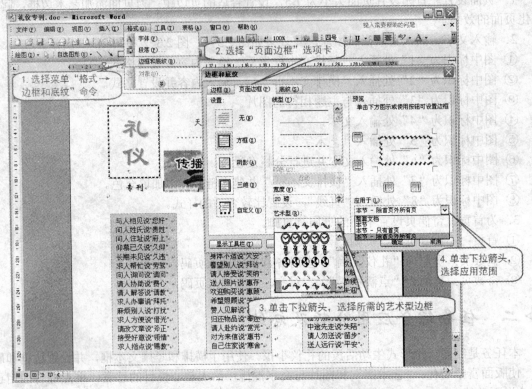

图 2.3-4　设置"页面边框"的操作示意图

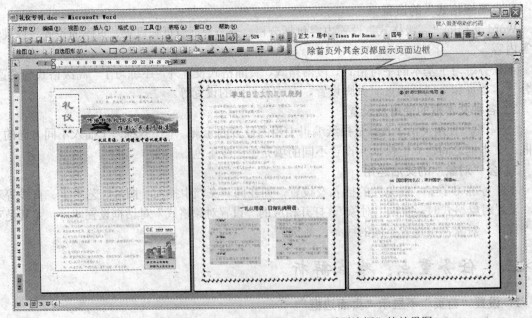

图 2.3-5　"首页"不显示其余页面都显示"页面边框"的效果图

2."文本框"使用详解

①　"文本框"的形状。根据"文本框"中的文字方向,"文本框"可分为"横排"和"竖排"两种。如任务要求 2 中的图中标识为"1"处是"竖排文本框",图中标识为"2"处是"横排文本框",这样使版面更显生动,富有变化。

②　"文本框"的链接。在报纸、杂志编辑时常用到"文本框"的链接。相互有"链接"关系的文本框,当第一个文本框内容已满,文字会自动跳转到下一个文本框,如果取消链接,则第二个文本框的内容都填充到第一个文本框中。

以任务要求 2 中⑦为例,创建 3 个文本框,并建立链接,根据内容多少及时调整文本框的大小,以便于排版。具体操作如图 2.3-6 所示。

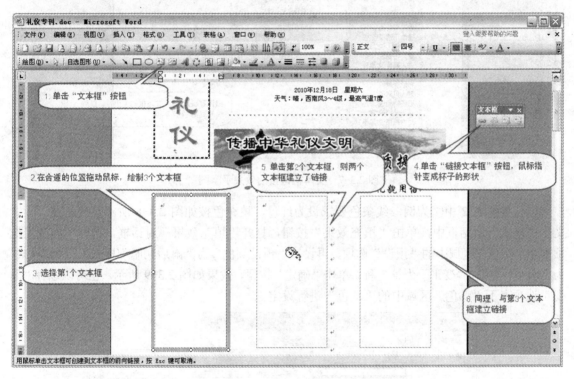

图 2.3-6　创建 3 个文本框链接的示意图

如图 2.3-6 所示,当第 1 个文本框中输入的内容超过它的大小时,文本会自动调整输入到第 2 个文本框中。如果文本框的内容超出两个文本框的大小时,文本会自动转到第 3 个文本框中,给文档的设计排版带来很大的方便,效果如图 2.3-7 所示。

③　文本框的线条色、填充色的运用。

● 在一些技术资料中,往往由自选图形组成的流程图、组织结构图、图片注释、试卷封头等都使用了文本框,并且根据需要通常设置成"无线条色"、"无填充色"。如本教材【基础实训 4】中的"任务 1"和"任务 2"中都使用了这种格式的文本框。

● 在报刊、杂志、广告、海报中,也经常使用文本框,给文本框设置一些漂亮的线条色和填充色,达到美观醒目的效果。

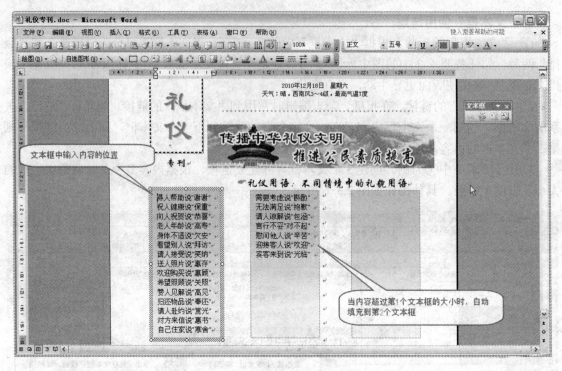

图 2.3-7 文本框链接的效果示意图

以任务要求 2 中⑦为例，线条色要求设为红色，填充色按如图 2.3-8 所示设置。在"设置文本框格式"对话框中，单击"填充效果"按钮，打开"填充效果"对话框，选择"渐变"选项卡下"颜色"区域中的"预设"选项，再设置"预设颜色"为"雨后初晴"样式，"底纹样式"为"水平"类型，"变形"为第一种，单击"确定"按钮，效果如图 2.3-9 所示。也可以选择"渐变"选项卡下"颜色"区域中的"双色"进行设定。

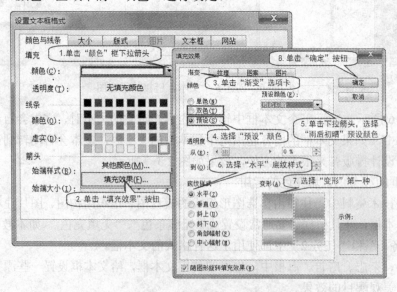

图 2.3-8 设置"文本框"的填充色

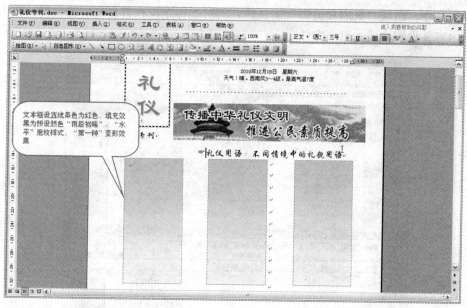

图 2.3-9　设置文本框的线条色、填充色的效果图

3．奇偶页页眉、页脚的不同设置

在论文、杂志、教材中，常见首页、奇偶页的页眉、页脚的内容格式不同，细微的变化也体现了作者的精心设计。

以任务要求 3 为例，设置首页、奇偶页的页眉和页脚具有不同内容。

① 设置首页、奇偶页的页眉和页脚不同的选项。如图 2.3-10 所示，选择菜单"文件→页面设置"命令，打开"页面设置"对话框，选择"版式"选项卡，在"页眉和页脚"区域选中"奇偶页不同"和"首页不同"两个复选框，单击"确定"按钮。

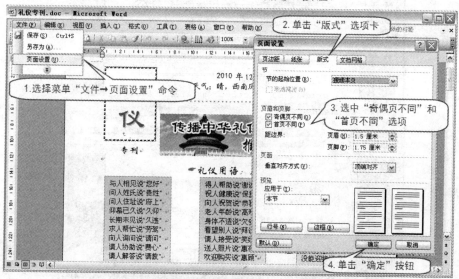

图 2.3-10　首页、奇偶页不同的设置

② 设置首页、奇偶页的页眉和页脚不同的内容。如图 2.3-11 所示，选择菜单"视图→页

眉和页脚"命令，出现"页眉和页脚"工具栏，同时光标定位在首页页眉的位置，按上述具体要求输入内容并设置格式，直至完成。

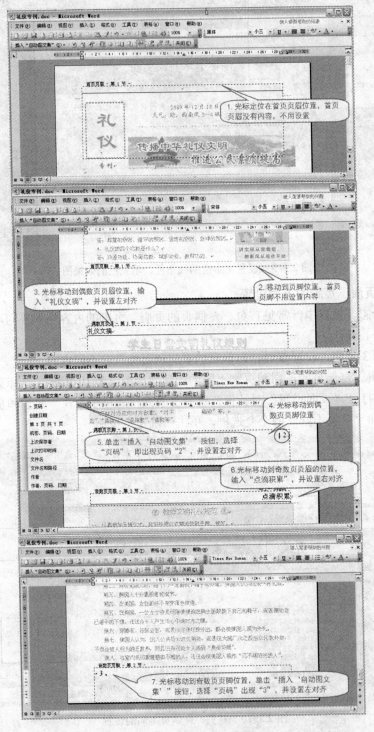

图 2.3-11　设置首页、奇偶页不同页眉和页脚的操作示意图

综合应用 4

使用 Word 制作准考证

【任务描述】

在实际工作中，学校经常会遇到批量制作成绩单、准考证、录取通知书的情况；在企业也需要给客户发送会议信函、新年贺卡的情况。在 Word 中使用“邮件合并”功能可以轻松、快捷地完成这些工作。

本任务使用 Word“邮件合并”的功能，用一份 Word 文档作为准考证内容的底稿，准考证中的“姓名”、“准考证号”、“报考等级”等信息“变量”自动更换，就可以制作多份准考证（如图 2.4-1 所示，只选择了前 4 个准考证）。

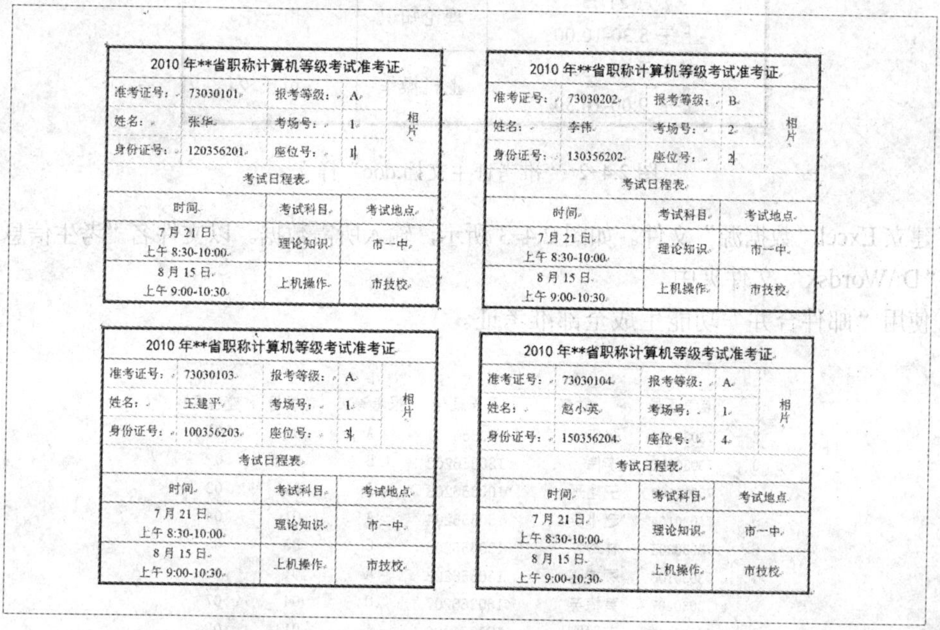

2010 年**省职称计算机等级考试准考证				
准考证号：	73030101	报考等级：	A	相片
姓名：	张华	考场号：	1	
身份证号：	120356201	座位号：	1	
考试日程表				
时间		考试科目	考试地点	
7 月 21 日 上午 8:30-10:00		理论知识	市一中	
8 月 15 日 上午 9:00-10:30		上机操作	市技校	

2010 年**省职称计算机等级考试准考证				
准考证号：	73030202	报考等级：	B	相片
姓名：	李伟	考场号：	2	
身份证号：	130356202	座位号：	2	
考试日程表				
时间		考试科目	考试地点	
7 月 21 日 上午 8:30-10:00		理论知识	市一中	
8 月 15 日 上午 9:00-10:30		上机操作	市技校	

2010 年**省职称计算机等级考试准考证				
准考证号：	73030103	报考等级：	A	相片
姓名：	王建平	考场号：	1	
身份证号：	100356203	座位号：	3	
考试日程表				
时间		考试科目	考试地点	
7 月 21 日 上午 8:30-10:00		理论知识	市一中	
8 月 15 日 上午 9:00-10:30		上机操作	市技校	

2010 年**省职称计算机等级考试准考证				
准考证号：	73030104	报考等级：	A	相片
姓名：	赵小英	考场号：	1	
身份证号：	150356204	座位号：	4	
考试日程表				
时间		考试科目	考试地点	
7 月 21 日 上午 8:30-10:00		理论知识	市一中	
8 月 15 日 上午 9:00-10:30		上机操作	市技校	

图 2.4-1 生成的准考证

一、任务要求

1. 建立“准考证底稿.doc”文件作为主文档，样文如图 2.4-2 所示。

① 页面设置：纸张大小为 A5，页边距上、下各 2cm，左、右各 2.5cm。

② 表格属性：制作一个 8 行 5 列的表格，设置行高：第一行 0.85cm，第二～六行 0.8cm，其余行 1cm；设置列宽：第 1、3 列 2.2cm，第 2 列 2.8cm，第 4、5 列分别为 1.3cm、1.6cm。

③ 表格的格式设置：按样图拆分、合并单元格；外部框线采用 1.5 磅双线（上细下粗）样式，内部细线采用 0.75 磅细实线（注意有些地方无边框线）。

④ 表格内文字格式：第 1 行文字黑体、四号，水平、垂直居中；第 2～4 行文字宋体、五号，左对齐；其余行文字宋体、五号，水平、垂直居中。

⑤ 最后以文件名“准考证主文档.doc”保存在“D:\Wordsx”文件夹中。

<table>
<tr><td colspan="5">2010 年**省职称计算机等级考试准考证</td></tr>
<tr><td>准考证号：</td><td></td><td>报考等级：</td><td></td><td rowspan="3">相片</td></tr>
<tr><td>姓名：</td><td></td><td>考场号：</td><td></td></tr>
<tr><td>身份证号：</td><td></td><td>座位号：</td><td></td></tr>
<tr><td colspan="5">考试日程表</td></tr>
<tr><td colspan="2">时间</td><td>考试科目</td><td colspan="2">考试地点</td></tr>
<tr><td colspan="2">7 月 21 日
上午 8:30-10:00</td><td>理论知识</td><td colspan="2">市一中</td></tr>
<tr><td colspan="2">8 月 15 日
上午 9:00-10:30</td><td>上机操作</td><td colspan="2">市技校</td></tr>
</table>

图 2.4-2 “准考证主文档.doc”样文

2．建立 Excel“数据源”文件。如图 2.4-3 所示，输入所需数据。以文件名“考生信息表.xls”保存在“D:\Wordsx”文件夹中。

3．使用“邮件合并”功能生成全部准考证。

	A	B	C	D	E	F
1	准考证号	姓名	身份证号	报考等级	考场号	座位号
2	73030101	张华	120356201	A	01	01
3	73030202	李伟	130356202	B	02	02
4	73030103	王建平	100356203	A	01	03
5	73030104	赵小英	150356204	A	01	04
6	73030305	林玲	130356205	C	03	05
7	73030106	顾凌强	150356206	A	01	06
8	73030407	黄梅英	160356207	C	04	07
9	73030108	宋毅刚	180356208	A	01	08
10	73030509	徐丽珍	120356209	C	05	09
11	73030110	张秀英	130356210	A	01	10
12	73030111	张委	110356211	A	01	11
13	73030520	王伟	100356212	C	05	20
14	73030601	曹建明	100356213	B	06	01
15	73030602	凌英	100356214	B	06	02
16	73040329	孙小玲	110356215	C	03	29

图 2.4-3 “考生信息表.xls”内容截图

▷▷ 二、任务综合应用分析及总结

本任务主要使用了"邮件合并"功能。

1. "邮件合并"功能

所谓"邮件合并"是用一份 Word 文档作为邮件文档（主文档），在"主文档"主要存放固定信息；再用一个"数据源"，数据可以来自 Word 及 Excel 的表格、Access 数据表等，存放变化内容；两者相结合（邮件合并），批量生成需要的邮件文档。

以本任务为例进行说明。

① 主文档："准考证底稿.doc"文件，文档的底稿，主要存放固定不变的信息，类似于"常量"作用。如"准考证"的标题、"考试日程表"等，都是每一张"准考证"中固定不变的内容。

② 数据源："考生信息表.xls"文件，存放变化的信息，类似一个"变量名"所对应的内容，是每一张"准考证"中一定变化的内容。

③ 合并文档：将主文档内容（常量）与数据源内容（变量）相结合。

2. "邮件合并"步骤

① 打开或新建主文档：设置页面大小、页边距；插入表格、编辑表格（拆分、合并单元格、设置行高列宽）、格式化表格（边框线的设置）；保存 Word 文件。

② 建立数据源：在工作表中录入数据。输入时应充分使用填充数据的技巧，快速准确地录入数据。

③ 在主文档中插入域：在要插入的"变量名"内容的位置插入数据源所对应的"变量名"内容，如在"姓名"（变量名）处插入"域"，即数据源的"姓名"内容（如"张三"、"李四"等）

④ 数据合并到主文档。将"域"中的数据合并到主文档。

▷▷ 三、任务重点、难点解析

1. 数据源"考生信息表.xls"文件内容的录入

个人证件信息的号码都有一定的规律。例如，第二代身份证号码中从第 7～14 位是个人的出生日期信息，准考证号中经常包含了"考场号"和"座位号"等，录入"考生信息表"数据时，要根据这些特点，注意使用公式或函数填充数据，达到录入数据快速、准确的目的。

以任务要求 2 为例，准考证号的第 5、6 位是"考场号"，可使用"MID()"函数快速填充；准考证号的最后两位，也就是从右数两位是"座位号"，使用"RIGHT()"函数快速填充，具体操作如图 2.4-4 所示。

2. 邮件合并的操作要点

① 打开"准考证主文档.doc"文件。显示"邮件合并"工具栏。选择菜单"视图→工具栏→邮件合并"命令，打开"邮件合并"工具栏，如图 2.4-5 所示。

② 打开数据源。具体操作如下。

步骤 1：选取数据源。如图 2.4-6 所示，单击"邮件合并"工具栏上的"打开数据源"按钮，打开"选取数据源"对话框。在"查找范围"下拉列表框中找到数据源文件"考生信息表.xls"，单击"打开"按钮。

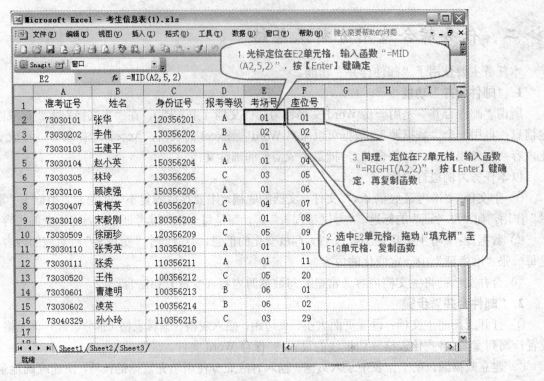

图 2.4-4 录入"考生信息表"数据使用函数

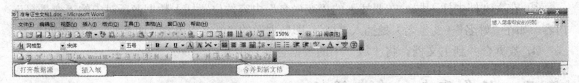

图 2.4-5 "邮件合并"工具栏

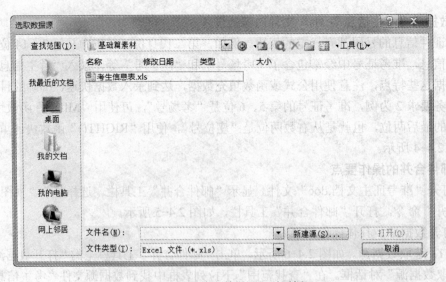

图 2.4-6 "选取数据源"对话框

步骤 2：选择工作表。如图 2.4-7 所示，打开"选择表格"对话框，在该对话框中选择"Sheet1"工作表后，单击"确定"按钮。

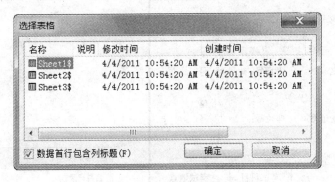

图 2.4-7 "选择表格"对话框

③ 插入域。具体操作如下。

步骤 1：如图 2.4-8 所示，将光标定位在要输入"准考证号"的单元格中，单击"邮件合并"工具栏上的"插入域"按钮，打开"插入合并域"对话框，如图 2.4-9 所示，在"域"列表框中选择"准考证号"，单击"插入"按钮，关闭对话框。

图 2.4-8 "准考证主文档.doc"截图   图 2.4-9 "插入合并域"对话框

步骤 2：再将光标定位在要输入"姓名"的单元格中，按上述插入"准考证号"的步骤操作，依次将"姓名"、"身份证号"、"报考等级"、"考场号"、"座位号"插入到相应位置，结果如图 2.4-10 所示。

步骤 3：选中插入的域，设置格式。

④ 数据合并到主文档。单击"邮件合并"工具栏上的"合并到新文档"按钮，打开"合并到新文档"对话框，如图 2.4-11 所示，选择"全部"合并记录，单击"确定"按钮，生成全部的准考证。

2010 年**省职称计算机等级考试准考证			
准考证号：	《准考证号》	报考等级：	《报考等级》
姓名：	《姓名》	考场号：	《考场号》
身份证号：	《身份证号》	座位号：	《座位号》

相片

考试日程表		
时间	考试科目	考试地点
7 月 21 日 上午 8:30-10:00	理论知识	市一中
8 月 15 日 上午 9:00-10:30	上机操作	市技校

图 2.4-10　插入域

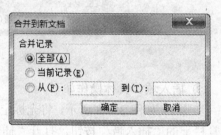

图 2.4-11　"合并到新文档"对话框

综合应用 5

使用 Excel 处理 "个人收入支出表"

【任务描述】

对如图 2.5-1 所示的 "个人收入支出表.xls" 进行支出分析。分析完成后，结果以原文件名保存。

	A	B	C	D	E	F	G	H	I	J	K	L	M
1	序号	房租	物业费	电费	水费	天然气费	电话费	网费	汽油	生活费	其它		
2	1	1000	20	101.2	28.6	18.4	58.5	45	300	500	3000		
3	2	1000	20	99.6	30.6	24.5	48.3	45	250	800	1300		
4	3	1000	20	120.6	26.9	19.5	50.9	45	200	500	50		
5	4	1000	20	110	28.9	22	60.5	45	400	500	100		
6	5	1000	20	126	36	18.5	68	45	350	500	60		
7	6	1000	20	115.6	32.6	21.5	36.4	45	260	500	60		
8	7	1200	20	95.6	24.6	20	81.2	45	150	600	30		
9	8	1200	20	100.6	30	18	76.5	45	300	600	260		
10	9	1200	20	186.9	15.6	19.5	56.9	45	200	600	300		
11	10	1200	20	200	20.6	20	80.3	45	280	600	1200		
12	11	1200	20	89.9	18.6	18.5	49.8	45	450	600	380		
13	12	1200	20	97.8	24.2	22	74.6	45	400	600	200		
14													

Sheet1 / Sheet2 / Sheet3 /

选定目标区域，然后按 ENTER 或选择 "粘贴"

图 2.5-1　未加工的 "个人收入支出表"

▷▷ 一、任务要求

1. 编辑及格式化工作表。在 "Sheet1" 工作表中进行如下操作。

① 在第一行前面插入两行，并设置行高：第一行行高 35 磅、第二行行高 30 磅，其余行高 16 磅。

② 合并及居中 "A1：M1" 单元格，输入文本 "个人收入支出表"，隶书、24 磅、蓝色、垂直靠上。

③ 在 L3、M3 单元格中分别输入 "月支出"、"月结余"。

④ 合并 "C2：E2" 单元格，在 C2 单元格输入 "每月收入均为"、在 F2 单元格输入 "3500"，宋体、16 磅，加粗，水平、垂直均居中。

⑤ 设置 A 列～M 列为最适合的列宽。

按以上要求处理后的 "个人收入支出表"，如图 2.5-2 所示。

2. 使用快速填充法和计算方法填充数据。继续对 "Sheet1" 工作表（如图 2.5-2 所示）进行操作。

① 将第 1 列的 "序号" 改为 "年月"；并将该列数据从 "2010 年 1 月" 开始填充至 "2010

年 12 月",格式设置为"日期"型,水平居中,设置列宽为"最适合的列宽"。

图 2.5-2 任务要求 1 编辑及格式化后的"个人收入支出表"

② 公式计算"月支出"、"月结余"列,其中"月支出"等于每月各项开销之和;月结余=
月收入-月支出。

按以上要求进行处理后的"个人收入支出表",如图 2.5-3 所示。

图 2.5-3 任务要求 2 填充数据后的"个人收入支出表"

3. 复制、重命名、删除工作表。将编辑好的"Sheet1"工作表内容复制到"Sheet2"中;"Sheet1"
工作表重命名为"收支表","Sheet2"工作表重命名为"支出分析表",删除"Sheet3"工作表。

4. 选择不同数据区域建立图表。

① 根据上面建立的"收支表"工作表中的数据,建立图表,具体要求如下。

• 分类轴:年月;数值轴:月支出。

• 图表类型:簇状柱形图。

• 图表标题:2010 年月支出图表,无图例。

• 作为新工作表插入,工作表名字为"月支出图表"。

• 编辑图表工作表:图表标题为楷体_GB2312、红色、16 磅。

完成以上要求后得到的"月支出图表",如图 2.5-4 所示。

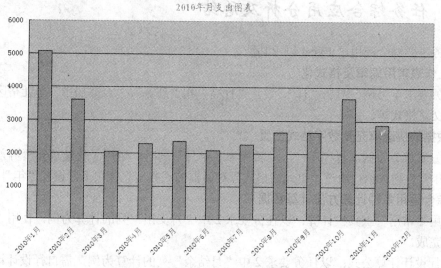

图 2.5-4　任务要求 4"月支出图表"效果图

② 根据上面建立的"支出分析表"工作表中的数据,求出全年各项支出之和并建立图表,具体要求如下。

- 求出全年各项支出之和,放在"B16:K16"区域。
- 以饼图反映全年各项支出所占百分比。
- 图表标题:2010 年个人支出结构分析图,显示类别名称、百分比、引导线。
- 作为新工作表插入,工作表名字为"支出结构图表"。
- 编辑图表工作表:图表标题为楷体_GB2312、红色、16 磅。

完成以上要求后得到的"支出结构图表",如图 2.5-5 所示。

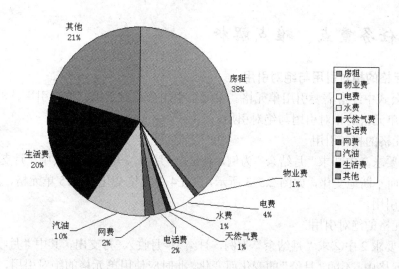

图 2.5-5　任务要求 4"支出结构图表"效果图

▷▷ 二、任务综合应用分析及总结

本任务主要综合应用了 Excel 以下功能。

1. 工作表常用编辑及格式化

以任务要求 1 为例，增加"行"、设置"行高"和"列宽"，"合并居中"单元格区域，设置单元格中文字格式等。

2. 数据的快速填充及数字格式设置

以任务要求 2 为例，将"序号"列转换为"年月"列时，运用了快速填充"等差序列"方法填充"年月"列数据；通过"单元格格式"对话框的"数字"选项卡，设置"年月"列格式。

3. 综合运用多种计算方法计算数据

● 使用"常用"工具栏计算：以任务要求 2 中"月支出"列的计算为例，使用"常用"工具栏即可完成。

● 自行设计计算公式：以任务要求 2 中"月结余"列的计算为例，需自行设计计算公式。尤其在计算"月结余"时，涉及单元格的相对引用与绝对引用。

> ！提示：
> 单元格的绝对引用是本任务的难点。

4. 工作表的基本操作

以任务要求 3 为例，涉及工作表的复制、重命名、删除操作。

5. 选择不同数据区域建立图表

以任务要求 4 "月支出图表"、"支出结构图表"两个图表的建立为例，说明了建立图表时，必须根据对图表的不同要求，恰当地选取建立图表的数据区域，而不能一概选中工作表中的所有数据。

> ！提示：
> "恰当地选取建立图表的数据区域"是本任务的重点，也是难点。

▷▷ 三、任务重点、难点解析

1. 单元格的相对引用与绝对引用

Excel 公式中经常需要引用单元格。单元格引用分相对引用、绝对引用、混合引用 3 种。本任务涉及单元格的相对引用与绝对引用。

① 单元格的相对引用

以任务要求 2 中②求"月结余"为例，月结余=月收入-月支出，其中"月支出"需要随"月份"的变化而不断地变化，如图 2.5-3 所示，从 L4 单元格变化到 L15 单元格，因此，应使用单元格的相对引用。

② 单元格的绝对引用

以任务要求 2 中②求"月结余"为例，月结余=月收入-月支出，其中"月收入"是固定值，放在 F2 单元格中，不随"月份"的变化而变化，此时应使用单元格的绝对引用，即使用"$F$2"。具体如图 2.5-6 所示。

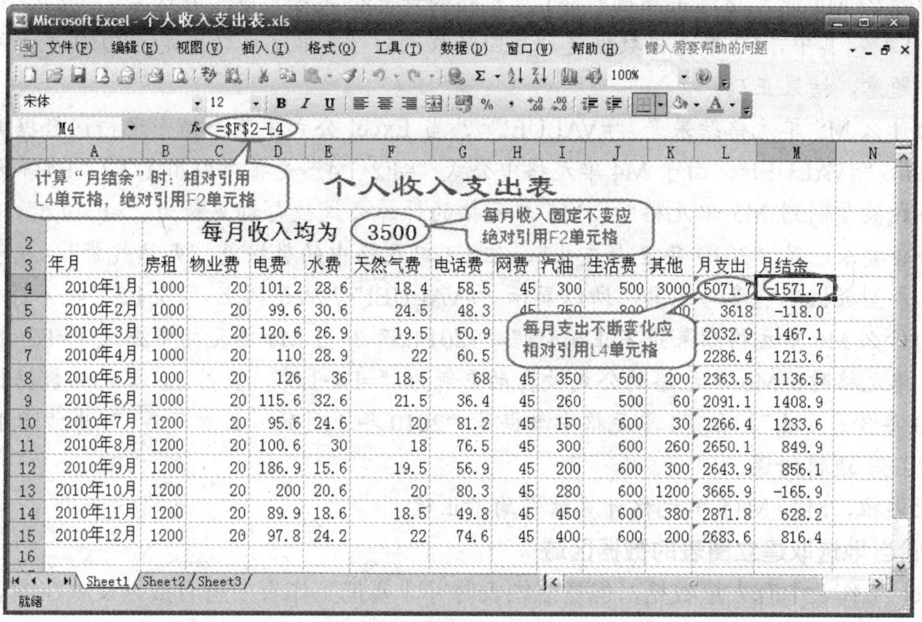

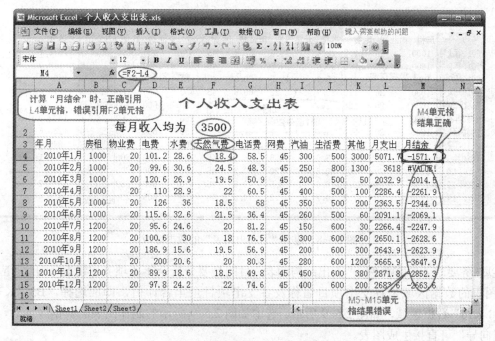

图 2.5-6　单元格的相对引用与绝对引用示意图

说明：

计算 "月结余" 时，若相对引用 F2 单元格，结果如图 2.5-7 所示。其中，M4 单元格计算结果正确，但将 M4 单元格计算公式复制到该列后续单元格（M5~M15）后，计算结果却是错误的，原因如下。

图 2.5-7　相对引用 F2 单元格造成的错误

● 为什么 M4 单元格结果正确？M4 单元格的计算公式含义是：月结余=月收入-月支出，即 "=F2-L4"。其中，F2 单元格数据是 "月固定收入"，L4 单元格数据是 "2010 年 1 月支出"，恰好符合题意，结果正确。

● 为什么 M5 单元格结果是 "#VALUE!"？当 Excel 公式中某个值出现错误数据类型时，系统会显示 "#VALUE!"。由于 M4 单元格中公式 "=F2-L4" 是相对引用了 F2、L4 单元格，因此，该公式被复制到 M5 单元格时，M5 单元格的计算公式被自动更新为 "=F3-L5"，L5 单元格引用符合要求，是 "2010 年 2 月支出"，但 F3 单元格中的数据是 "天然气费"，属于文本型数据，文本型数据不能参与运算，所以显示 "#VALUE!"。从逻辑上 "F3-L5" 也不符合题意。

● 为什么 M6 单元格结果是不正确数据 "-2014.5"？当 M4 单元格中公式 "=F2-L4" 被复制到 M6 单元格时，M6 单元格的公式被自动更新为 "=F4-L6"，虽然 L6 单元格数据符合要求是 "2010 年 3 月支出"，但 F4 单元格中数据是 "2010 年 1 月的 '天然气费'" 为 "18.4"，与题意大相径庭，逻辑错误。

以此类推，M7~ M15 单元格计算结果均不正确。

2. 恰当地选取建立图表的数据区域

Excel 工作表中有大量数据，但建立图表时并非要把工作表中所有数据反映在图表中，因此，必须恰当地选取需要在图表中反映的数据区域。

以任务要求 4 中①为例，"月支出图表" 目的是反映各月支出情况，因此，应选择建立图表数据区域是 "年月"（"A3～A15" 列）数据、"月支出"（"L3～L15" 列）数据，如图 2.5-8 所示。选中如图 2.5-8 所示的制作图表的数据区域后，启动 "图表向导" 可直接生成图表。

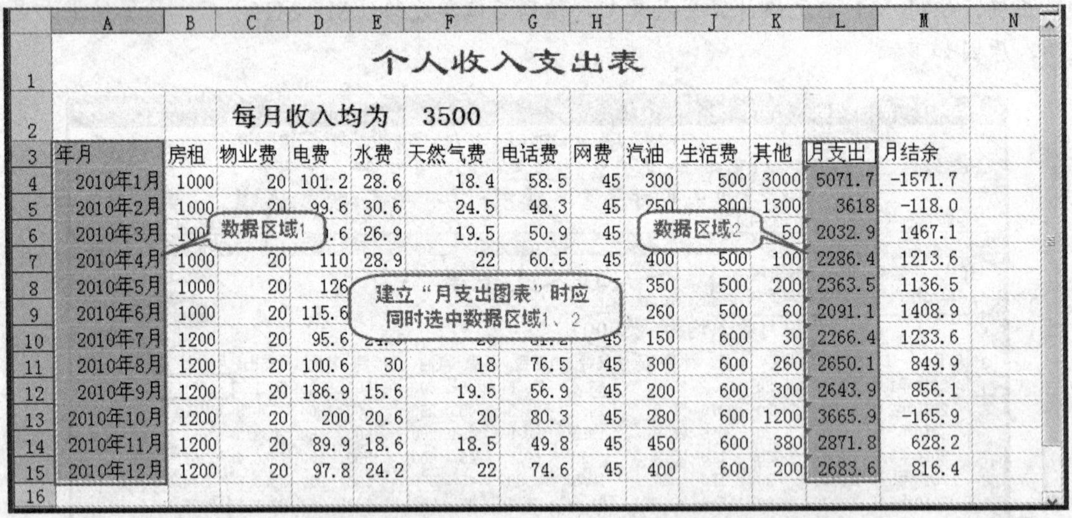

图 2.5-8　建立 "月支出图表" 的数据区域

以任务要求 4 中②为例，"支出结构图表" 目的是要分析全年各项支出情况，因此，应选择建立图表的数据区域是各支出项目名称及各支出项目全年合计值，即应选择 "B3：K3" 及 "B16：K16" 数据区域，如图 2.5-9 所示。选中如图 2.5-9 所示的制作图表的数据区域后，启动 "图表向导" 可直接生成图表。

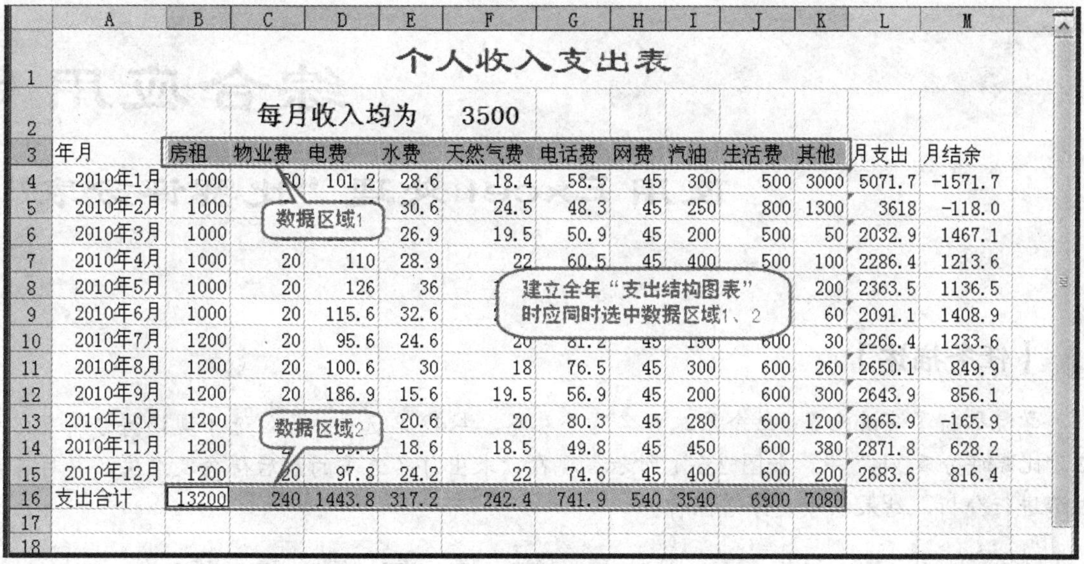

个人收入支出表

每月收入均为　3500

年月	房租	物业费	电费	水费	天然气费	电话费	网费	汽油	生活费	其他	月支出	月结余
2010年1月	1000	20	101.2	28.6	18.4	58.5	45	300	500	3000	5071.7	-1571.7
2010年2月	1000	[illegible]	[illegible]	30.6	24.5	48.3	45	250	800	1300	3618	-118.0
2010年3月	1000	[illegible]	[illegible]	26.9	19.5	50.9	45	200	500	50	2032.9	1467.1
2010年4月	1000	20	110	28.9	22	60.5	45	400	500	100	2286.4	1213.6
2010年5月	1000	20	126	36	[illegible]	[illegible]	[illegible]	[illegible]	[illegible]	200	2363.5	1136.5
2010年6月	1000	20	115.6	32.6	[illegible]	[illegible]	[illegible]	[illegible]	[illegible]	60	2091.1	1408.9
2010年7月	1200	20	95.6	24.6	20	81.2	45	150	600	30	2266.4	1233.6
2010年8月	1200	20	100.6	30	18	76.5	45	300	600	260	2650.1	849.9
2010年9月	1200	20	186.9	15.6	19.5	56.9	45	200	600	300	2643.9	856.1
2010年10月	1200	20	[illegible]	20.6	20	80.3	45	280	600	1200	3665.9	-165.9
2010年11月	1200	[illegible]	[illegible]	18.6	18.5	49.8	45	450	600	380	2871.8	628.2
2010年12月	1200	20	97.8	24.2	22	74.6	45	400	600	200	2683.6	816.4
支出合计	13200	240	1443.8	317.2	242.4	741.9	540	3540	6900	7080		

图 2.5-9　建立全年“支出结构图表”的数据区域

综合应用 6

使用 Excel 处理 "比赛评分表"

【任务描述】

学院举行了演讲比赛，每个系派 6 名选手参赛，共 42 名选手。各位选手现场得分情况记录在 "比赛评分表.xls" 中，如图 2.6-1 所示。现在欲求出每名选手的最后得分及名次，并对各系成绩进行分析，结果以原文件名保存。

	A	B	C	D	E	F	G	H	I	J	K	L	M	N	O
1	选手编号	系列	姓名	评委1	评委2	评委3	评委4	评委5	评委6	评委7	评委8	评委9	评委10		
2		自动化系	王海飞	61	65	63	66	60	61	62	92	79	88		
3		经济系	张晓辉	62	62	59	59	60	61	62	89	69	83		
4		机电系	王斌	63	59	58	59	60	61	62	83	88	87		
5		经济系	马丽娟	63	65	67	69	68	66	65	77	75	92		
6		计算机系	田敬	65	61	62	63	62	61	62	82	90	80		
7		计算机系	孙佳	75	74	73	73	76	77	74	81	89	77		
8		材料系	康忠	76	74	75	72	72	73	75	87	84	83		
9		机电系	闫换	78	81	85	87	90	90	75	80	91	81		
10		建筑系	刘鑫	78	75	74	73	75	73	75	68	93	92		

图 2.6-1　未加工的 "比赛评分表"（部分内容）

▷▷ 一、任务要求

1. 编辑及格式化工作表

在 "Sheet1" 工作表中进行如下操作。

① 在第一行前插入 1 行，行高 30 磅，并在 A1 单元格输入标题："演讲比赛成绩登统"，隶书、20 磅、蓝色、垂直居中，A1～O1 单元格跨列居中。

② 在 N2 单元格输入 "最后得分"、在 O2 单元格中输入 "名次"。

③ 设置 D 列～O 列为最适合的列宽。

完成以上处理后的 "比赛评分表"，如图 2.6-2 所示。

	A	B	C	D	E	F	G	H	I	J	K	L	M	N	O
1						演讲比赛成绩登统									
2	选手编号	系列	姓名	评委1	评委2	评委3	评委4	评委5	评委6	评委7	评委8	评委9	评委10	最后得分	名次
3		自动化系	王海飞	61	65	63	66	60	61	62	92	79	88		
4		经济系	张晓辉	62	62	59	59	60	61	62	89	69	83		
5		机电系	王斌	63	59	58	59	60	61	62	83	88	87		
6		经济系	马丽娟	63	65	67	69	68	66	65	77	75	92		
7		计算机系	田敬	65	61	62	63	62	61	62	82	90	80		
8		计算机系	孙佳	75	74	73	73	76	77	74	81	89	77		
9		材料系	康忠	76	74	75	72	72	73	75	87	84	83		
10		机电系	闫换	78	81	85	87	90	90	75	80	91	81		

图 2.6-2　任务要求 1 编辑及格式化后的 "比赛评分表"

2．使用多种快速方法及使用公式与函数填充数据

① 填充"选手编号"列，依次为文本型"001"～"042"。

② 公式计算"最后得分"列："最后得分"为"10 位评委打分之和"再去掉一个"最高分"和一个"最低分"。

③ 根据"最后得分"列的数据，利用 RANK 函数计算出各参赛选手的"名次"。

完成以上处理后的"比赛评分表"，如图 2.6-3 所示。

	A	B	C	D	E	F	G	H	I	J	K	L	M	N	O
1							演讲比赛成绩登统								
2	选手编号	系别	姓名	评委1	评委2	评委3	评委4	评委5	评委6	评委7	评委8	评委9	评委10	最后得分	名次
3	001	自动化系	王海飞	61	65	63	66	60	61	62	92	79	88	545	39
4	002	经济系	张晓辉	62	62	59	59	60	61	62	89	69	83	518	42
5	003	机电系	王斌	63	59	58	59	60	61	62	83	88	87	534	41
6	004	经济系	马丽娟	63	65	67	69	68	66	65	77	75	92	552	38
7	005	计算机系	田敬	65	61	62	63	62	61	62	82	90	80	537	40
8	006	计算机系	孙佳	75	74	73	76	76	77	74	81	89	77	607	35
9	007	材料系	康忠	76	74	75	72	72	73	75	87	84	83	612	34
10	008	机电系	闫换	78	81	85	77	90	75	80	91	81	81	672	28

图 2.6-3　任务要求 2 填充数据后的"比赛评分表"

3．建立工作表副表

分别在"Sheet2"、"Sheet3"、"Sheet4"工作表中建立"Sheet1"副本。

4．排序、筛选及分类汇总工作表数据

① 对"Sheet2"工作表中的数据按"系别"升序、"最后得分"降序排序。排序结果如图 2.6-4 所示。

	A	B	C	D	E	F	G	H	I	J	K	L	M	N	O
1							演讲比赛成绩登统								
2	选手编号	系别	姓名	评委1	评委2	评委3	评委4	评委5	评委6	评委7	评委8	评委9	评委10	最后得分	名次
3	040	材料系	孙丽情	96	95	94	91	92	91	96	85	86	91	736	1
4	026	材料系	白江涯	89	87	88	89	90	90	92	86	85	82	704	13
5	018	材料系	周静元	86	87	89	89	90	91	90	88	83	84	703	14
6	022	材料系	田鹏	88	85	84	86	88	90	90	84	87	89	697	20
7	015	材料系	张晓丽	81	81	84	87	90	89	89	89	82	85	686	26
8	007	材料系	康忠	76	74	75	72	72	73	75	87	84	83	612	34
9	016	机电系	张丽娜	85	87	79	91	93	95	97	79	79	79	701	16
10	033	机电系	赵娜	92	89	86	92	86	92	85	85	89	85	688	25
11	025	机电系	李丽	89	87	85	85	79	90	91	80	90	83	683	27
12	008	机电系	闫换	78	81	85	77	90	75	80	91	81	81	672	28

图 2.6-4　任务要求 4 按"系别"升序、"最后得分"降序排序

② 自动筛选"Sheet3"工作表中"最后得分"前 10 名的学生记录。筛选结果如图 2.6-5 所示。

	A	B	C	D	E	F	G	H	I	J	K	L	M	N	O
1							演讲比赛成绩登统								
2	选手编号	系别	姓名	评委	评委	评委	评委	评委	评委	评委	评委	评委1	最后得分	名次
21	019	自动化系	孟梦	86	87	88	89	90	91	92	95	95	91	723	5
22	020	计算机系	费佣项	86	87	88	89	90	91	92	85	93	89	712	10
23	021	建筑系	肖超	87	92	92	94	94	93	96	70	89	78	719	6
34	032	经济系	王占丽	90	95	94	96	95	95	96	78	73	68	716	8
38	036	自动化系	孙瑜	92	90	94	93	95	90	94	77	90	77	735	2
40	038	经济系	武彩霞	92	92	92	91	91	91	90	75	79	88	716	8
41	039	经济系	秦伟乐	92	89	91	92	90	90	88	87	85	87	719	6
42	040	材料系	孙丽情	96	95	94	91	92	91	96	85	86	91	736	1
43	041	建筑系	吴菲	96	95	94	93	93	95	97	69	71	76	733	3
44	042	计算机系	刘静坤	96	95	94	93	92	91	90	84	92	86	733	3
45															

图 2.6-5　任务要求 4 自动筛选"最后得分"前 10 名的学生记录结果图

③ 利用 "Sheet4" 工作表中的数据，按 "系别" 分类汇总 "最后得分" 的平均值。分类汇总结果 2 级显示如图 2.6-6 所示。

1 2 3		A	B	C	D	E	F	G	H	I	J	K	L	M	N	O
	1								演讲比赛成绩登统							
	2	选手编号	系别	姓名	评委1	评委2	评委3	评委4	评委5	评委6	评委7	评委8	评委9	评委10	最后得分	名次
+	9		材料系 平均值												689.66667	
+	16		机电系 平均值												644.66667	
+	23		计算机系 平均值												656.16667	
+	30		建筑系 平均值												671	
+	43		经济系 平均值												669.5	
+	50		自动化系 平均值												684.83333	
-	51		总计平均值												669.33333	
	52															

图 2.6-6　任务要求 4 按 "系别" 分类汇总 "最后得分" 的平均值效果图

5．在分类汇总结果基础上建立图表

根据 "Sheet4" 工作表中的分类汇总结果（各系 "最后得分" 的平均值），建立图表工作表，要求如下。

- 分类轴："系别"；数值轴："最后得分" 的平均值。
- 图表类型：三维簇状柱形图。
- 图表标题：各系比赛成绩对比图，隶书、20 磅、红色。
- 图例：靠上。
- 数值轴及分类轴文字格式：宋体、12 磅、蓝色。

完成以上要求后得到的图表，如图 2.6-7 所示。

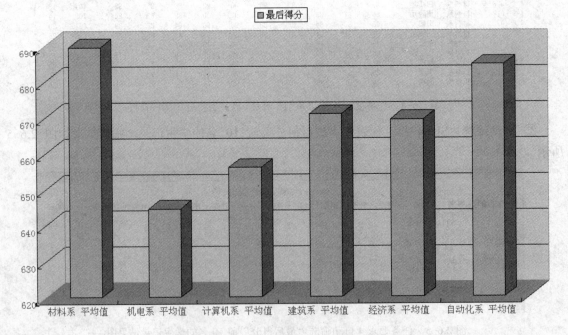

图 2.6-7　任务要求 5 "各系比赛成绩对比" 效果图

▷▷ 二、任务综合应用分析及总结

本任务综合应用了 Excel 以下主要功能。

1. "文本型" 数据输入方法

以任务要求 2 为例，填充 "选手编号" 为 "001" ～ "042"，属于文本型数据的输入。该步骤关键点是前导 "0" 的输入。

2. 公式与多个函数的综合使用

以任务要求 2 为例，计算 "最后得分" 时，涉及在一个公式中综合使用了 SUM、MAX、MIN 3 个函数；计算参赛选手名次时，使用了 RANK 函数。

❗提示：

公式与函数的使用为本任务的重点和难点。

3. 数据排序和筛选及汇总操作

以任务要求 4 为例，涉及使用菜单命令进行多关键字排序：按 "系别" 升序、"最后得分" 降序排序；在筛选 "Sheet3" 工作表中 "最后得分" 前 10 名的学生记录时，涉及自动筛选操作；任务要求 4 中还涉及通过分类汇总，求出各系 "最后得分" 的平均值的操作。这些都是常用的数据管理与分析操作。

4. 根据分类汇总结果建立图表

以任务要求 5 为例，涉及根据分类汇总结果建立图表，通过该图表的建立进一步加深对 "恰当地选取建立图表的数据区域" 的理解。

▷▷ 三、任务重点、难点解析

1. 文本型数字及输入方法

① "文本" 型数字：Excel 数字分 "常规" 数字、"文本" 型数字两种。

Excel 输入数字后默认类型为 "常规"、在单元格中右对齐（若输入了前导 "0" 并 "确认" 后，不显示前导 "0"）。"常规" 数字表示一般 "数值"，可参与运算，如图 2.6-8 所示。

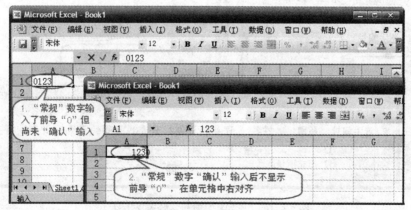

图 2.6-8　"常规" 数字不显示前导 "0"

　　有些情况如电话号码、邮政编码、编号等，虽然也用到了数字，但这些数字不涉及计算问题，其性质与"文本"更接近，这样的"数字"在 Excel 中作为"文本"型数字处理。"文本"型数字输入后按输入原样显示、在单元格中左对齐（若输入了前导"0"并"确认"后，Excel 将前导"0"作为一般"文本"型字符处理，因此将原样显示前导"0"），如图 2.6-9 所示。

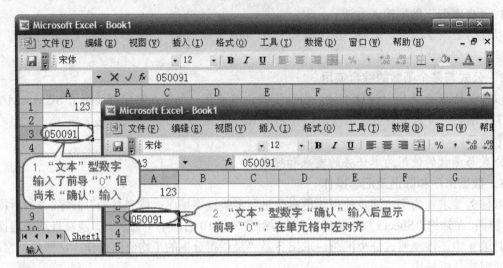

图 2.6-9　"文本型"数字原样显示前导"0"

　　如任务要求 2 中①"选手编号"列数据"001"～"042"就属于"文本"型数字。

　　②"文本"型数字输入方法：以任务要求 2 中①"选手编号"列数据的输入为例，具体如下。

　　方法 1：先将 A3 单元格设置为"文本"型，再在 A3 单元格中直接输入"001"，并拖动 A3 单元格的填充柄快速填充该列数据至"042"，如图 2.6-10 所示。

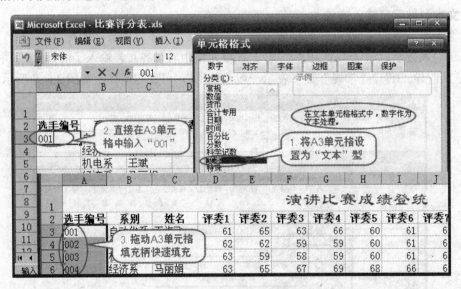

图 2.6-10　"文本"型数字输入之方法 1

　　方法 2：先在 A3 单元格中输入一个英文单撇号（'），再输入数字 "001"，并拖动 A3 单元格的填充柄快速填充该列数据至 "042"，如图 2.6-11 所示。

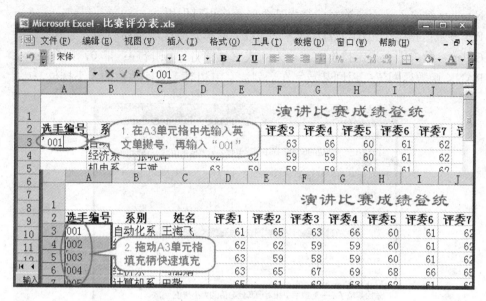

图 2.6-11　"文本"型数字输入之方法 2

2．多函数的综合使用

　　以任务要求 2 中②用公式计算 "最后得分" 列为例，已知 "最后得分" 为 "10 位评委打分之和" 再去掉一个 "最高分" 和一个 "最低分"。

　　该项计算涉及在一个公式中使用多个函数。使用多个函数公式时，先按常规方法调用第 1 个函数，其余函数再在编辑栏补齐，如图 2.6-12 所示。

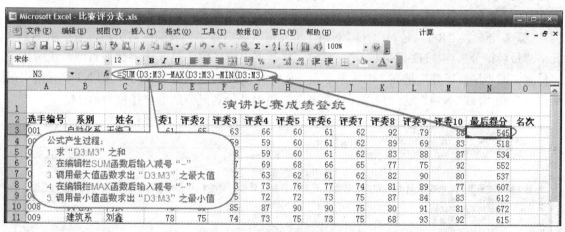

图 2.6-12　比赛 "最后得分" 计算公式编辑方法示意图

3．RANK 函数及使用

　　以任务要求 2 中③为例，根据 "最后得分" 列数据，计算出各参赛选手 "名次"，需使用 RANK 函数。

① RANK 函数简介。如图 2.6-13 所示，RANK 函数属于"统计"类函数，其调用格式是 RANK(Number, Ref, Order)，该函数有 3 个参数及 1 个返回值。

- Number 参数：是一个数字，常为某个单元格相对引用。
- Ref 参数：指某个范围，常为包含一列数字的单元格区域绝对引用。
- Order 参数：用于指定排位方式。为 0 或空（省略），则降序；非 0，则升序。
- RANK 函数返回值：返回某数字在一列数字中相对于其他数值的大小排位。

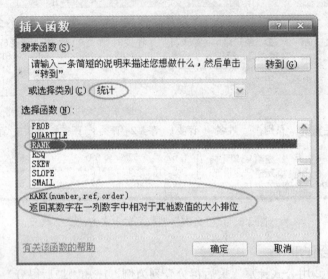

图 2.6-13　RANK 函数的所属类别及功能

② RANK 函数使用。本例 RANK 函数使用如图 2.6-14 所示，在 O3 单元格设计公式 "=RANK(N3,$N$3:$N$44)"。

其中，RANK 函数中第 1 个参数 "Number" 是参赛选手的 "最后得分"（N3 单元格相对引用）；第 2 个参数 "Ref" 是对 "N3：N44" 单元格区域中数字列表的绝对引用，表示求 N3 单元格 "最后得分" 在 "N3：N44" 这一列单元格数据中的排位；第 3 个参数被省略，说明按降序排列，即 "最后得分" 越高，名次越靠前。RANK 函数的返回值为 "34"，即 N3 单元格 "最后得分" 在 "N3：N44" 这一列单元格数据中按照由高分到低分的顺序排位为第 34。

O3		f_x	=RANK(N3,$N$3:$N$44)												
	A	B	C	D	E	F	G	H	I	J	K	L	M	N	O
1							演讲比赛成绩登统								
2	选手编号	系别	姓名	评委1	评委2	评委3	评委4	评委5	评委6	评委7	评委8	评委9	评委10	最后得分	名次
3	007	材料系	康忠	76	74	75	72	72	73	75	87	84	83	612	34
4	015	材料系	张晓丽	81	81	84	87	90	89	89	89	82	85	686	26
5	018	材料系	周静元	86	87	89	89	90	91	90	88	83	84	703	14
6	022	材料系	田鹏	88	85	84	86	88	90	90	84	87	89	697	20
7	026	材料系	白江涯	89	87	88	89	90	90	92				704	13
8	040	材料系	孙丽倩	96	95	94	91	92	91	96				736	1
9	003	机电系	王斌	63	59	58	59	60	61	62				534	41
10	008	机电系	闫换	78	81	85	87	90	90	75	80	91	81	672	28

"最后得分"最高的，"名次"为1

图 2.6-14　RANK 函数计算比赛"名次"

综合应用 7

使用 PowerPoint 制作产品发布宣传片

【任务描述】

利用 PowerPoint 强大功能，制作富有动感和交互效果的产品发布内容。"产品发布宣传片"样文，如图 2.7-1 所示。

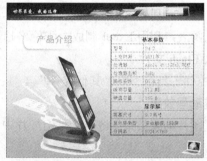
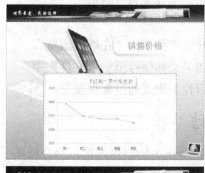
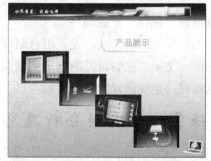
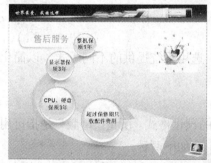

图 2.7-1 "产品发布宣传片"样文

▷▷ 一、任务要求

1. 应用"幻灯片母版"进行如下设置

① 应用"幻灯片母版"设置第 2～6 张幻灯片的背景：如图 2.7-1 所示，背景为白灰双色填充效果、水平底纹样式、变形 1，顶端插入一张图片，添加如图所示的文字，右下角使用小图片，动作设置为超链接到第 1 张幻灯片。

② 应用"标题母版"设置第 1 张标题幻灯片的不同背景：如图 2.7-1 所示，要求同上，但无动作设置。

2. 应用"超链接"设置不同内容

① 应用"超链接"形成目录：第 1 张幻灯片中文本超链接至所指幻灯片。

② 应用"超链接"插入视频文件：第 6 张幻灯片中图片超链接一个视频文件。

3. 插入表格与图表

① 插入表格：利用一个 12 行 2 列的表格，在第 2 张幻灯片中录入产品参数。

② 插入图表：利用 Excel 制成一张价格趋势表，在第 3 张幻灯片中插入折线型图表。

4. 插入 Flash 文件

利用"控件工具箱"中"其他控件"工具：在第 5 张幻灯片中插入一个 Flash 文件。

5. 设置动画效果

① 设置图片动画效果：将第 4 张幻灯片中的产品图片，添加不同的"进入"、"强调"动画效果。

② 设置幻灯片切换效果：设置所有幻灯片的切换效果为"随机"。

6. 设置放映、保存、发送邮件

① 设置幻灯片的放映方式：设置所有幻灯片放映类型为"在展台浏览"。

② 保存演示文稿：把编辑好的演示文稿及相关文件保存至一个文件夹中。

③ 发送邮件：把编辑好的演示文稿，以"附件"形式通过邮件发送。

▷▷ 二、任务综合应用分析及总结

本任务通过"产品发布宣传片"（如图 2.7-1 所示）的制作过程，综合应用了 PowerPoint 的多种功能。

1. 新幻灯片的插入与版式选择

插入新幻灯片时，应根据幻灯片内容需要，选用系统提供的不同版式，以简化幻灯片大量格式设置工作。

2. "幻灯片母版"的应用

"幻灯片母版"用于设置文稿中每张幻灯片的预设格式。所谓"母版"是指可用于多张幻灯片的统一设置，快速有效。常用"幻灯片母版"有如下两种。

① 标题母版。控制演示文稿的第一张幻灯片。"标题幻灯片"相当于封面，因此需单独设计。

② 幻灯片母版。控制除"标题幻灯片"外的演示文稿中所有幻灯片的格式。如对所有幻灯片统一设置的字体格式、文字位置、项目符号、段落格式、配色方案、背景图形等。

3. 幻灯片动画效果应用

① 幻灯片中对象动画效果的设置。每一个对象可添加多个不同种类的动画，配合对象的位置摆放、效果选项设置，以及动画的播放顺序排列组合后，可产生多种动画效果。

② 幻灯片切换动画效果的设置。后一张幻灯片代替前一张幻灯片时，可设置幻灯片相互切换所需的动画效果。

4. "嵌入式"和"链接式"多媒体文件插入方式

插入音频和视频文件，可用嵌入或链接方式。

① "嵌入式"插入方式。直接使用"插入"菜单，插入音频或视频文件，所插入的文件为嵌入方式，特点是文件小、格式类型受限多。

② "链接式"插入方式。使用"超链接"可链接任意音频或视频文件，所插入的文件为链接方式，特点是文件大、格式类型受限少。

5. Flash 文件的插入方法

Flash 文件是比较流行的一类动态文件，在幻灯片中不能直接插入，需要利用"控件工具箱"中"其他控件"工具，在幻灯片中插入一个 Flash 文件。该方法在幻灯片放映时，好似其中的一部分，效果较好。

6. 演示文稿保存后的打印、放映和发送

编辑文件时应随时保存文件，避免编辑内容丢失；文件编辑完成后，保存文件时可根据需要打包或存盘。根据需要可选择不同的输出方式，如打印幻灯片或打印大纲，设置不同的放映方式进行播放，发送给邮件收件人。

▷▷ 三、任务重点、难点解析

1. 使用"幻灯片母版"应用注意事项

① 幻灯片设置顺序。制作演示文稿时，应首先在"幻灯片母版"视图下设计"母版"，来满足大多数具有相同内容要求基于"母版"设计的幻灯片；再在"普通"视图下，编辑添加每张幻灯片的具体内容。

② 使用"幻灯片母版"。PowerPoint 演示文稿中，需要在多数幻灯片中添加相同内容时，应使用"幻灯片母版"，即选择菜单"视图→母版→幻灯片母版"命令进行设置。

以任务要求 1 中①为例，第 2~6 张幻灯片相同的背景内容，应使用"幻灯片母版"，具体操作如图 2.7-2 所示。

③ 使用"标题母版"。PowerPoint 演示文稿中，"标题幻灯片"相当于幻灯片的封面，应单独设计。

设计"标题母版"：选择菜单"视图→母版→幻灯片母版"命令，在"幻灯片母版"视图下，选择菜单"插入→新标题母版"命令进行设置。以任务要求 1 中②为例，第 1 张幻灯片背景的设置，操作如图 2.7-3 所示。

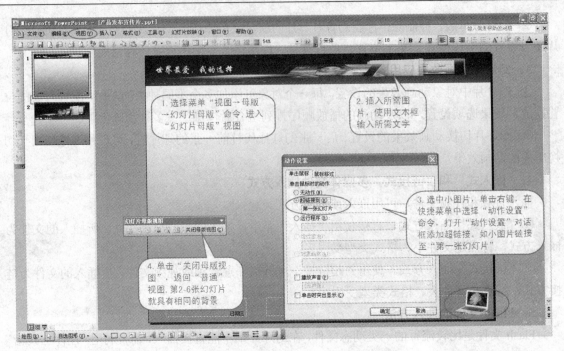

图 2.7-2　设置"幻灯片母版"

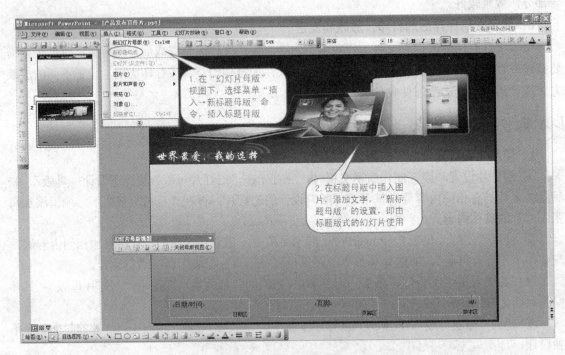

图 2.7-3　设置"标题母版"

④ 应用"母版"。"母版"设置完成后，在"普通"视图下基于"母版"的幻灯片应用结果，如图 2.7-4 所示。从图中可看出，"标题版式"的第 1 张幻灯片具有"标题母版"所设置的背景，

其他非"标题版式"的第 2～6 张幻灯片具有和"幻灯片母版"相同的"标题"图、灰色底图及设置超链接的"小图片"。

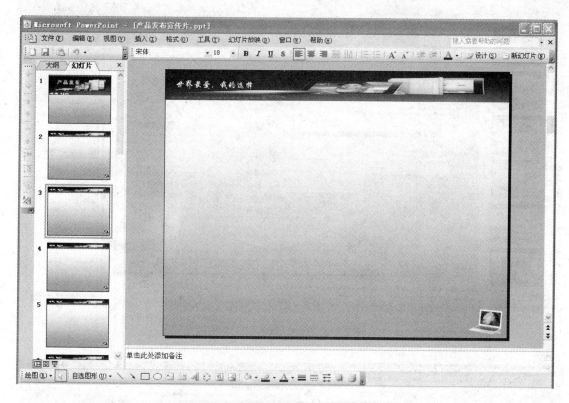

图 2.7-4　"母版"应用在所有幻灯片的效果

⑤ 修改"母版"。"幻灯片母版"中编辑的幻灯片内容，在"普通"视图正常编辑下是不能修改的，要修改"母版"，应返回"幻灯片母版"视图下，编辑修改"幻灯片母版"和"标题母版"。

2．插入 Flash 文件方法详解

使用"控件工具箱"中"其他控件"工具在幻灯片中插入一个 Flash 文件，放映时可在幻灯片中播放。

以任务要求 4 为例，在第 5 张幻灯片中添加"sz.swf"文件，操作如图 2.7-5 所示。

① 把 Flash 文件（扩展名为".swf"）重命名为英文名称，与演示文稿放在同一个文件夹中。

② 打开"控件工具箱"工具栏，单击"其他控件"按钮。

③ 插入"Shockwave Flash Object"控件，右击控件，打开"属性"对话框。

④ 在"属性"对话框"Movie"选项中输入 Flash 文件全名"sz.swf"。

⑤ 设置完成后，放映时可在幻灯片中设置区域播放，如图 2.7-6 所示。

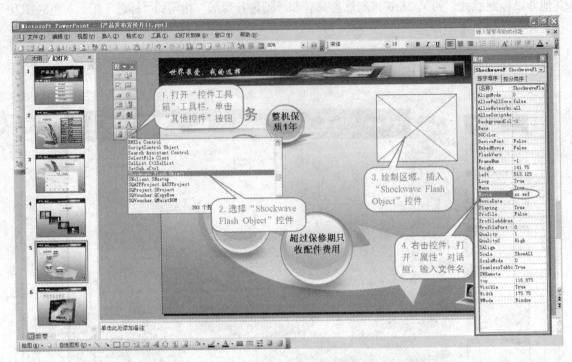

图 2.7-5 插入 Flash 文件过程

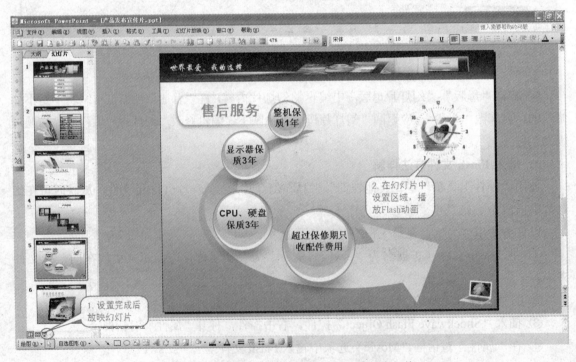

图 2.7-6 插入的 Flash 文件和幻灯片恰似为一体

3. 插入视频文件时应注意的问题

① PowerPoint 演示文稿中插入视频文件方式主要有"链接对象"和"嵌入对象"两种。

● 链接对象："链接对象"是在单独的"源文件"中创建并存储的，然后它被链接到"目标文件"。因为"源文件"和"目标文件"两个文件链接在一起，因此，如果对"源文件"或"目标文件"进行更改，所做"更改"将在"源文件"和"目标文件"同时显示。

插入方法：选中链接对象，选择菜单"插入→超链接"命令，链接至视频文件，播放时打开新的播放器窗口放映。

以任务要求 2 中②为例，插入"超链接对象"，放映效果如图 2.7-7 所示。

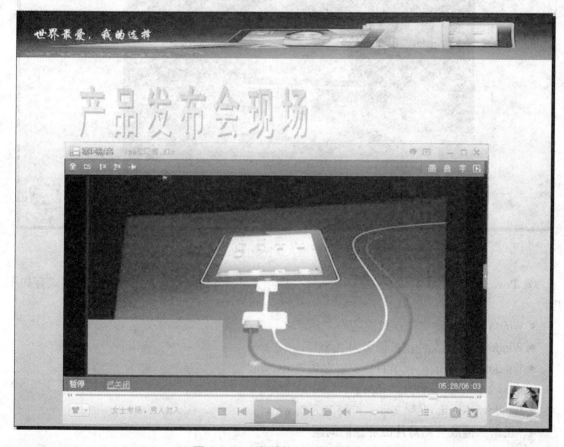

图 2.7-7　"超链接"视频播放效果

● 嵌入对象："嵌入对象"也是在单独的"源文件"中创建，但是被插入"目标文件"，成为"目标文件"的一部分。因此，在"源文件"做更改，所做"更改"不会在"目标文件"显示，同理，在"目标文件"做更改，所做"更改"不会在"源文件"显示。

插入方法：选择菜单"插入→影片和声音→文件中的影片"命令，选择视频文件，播放时在幻灯片中放映。

以任务要求 2 中②为例，插入"嵌入对象"，放映效果如图 2.7-8 所示。

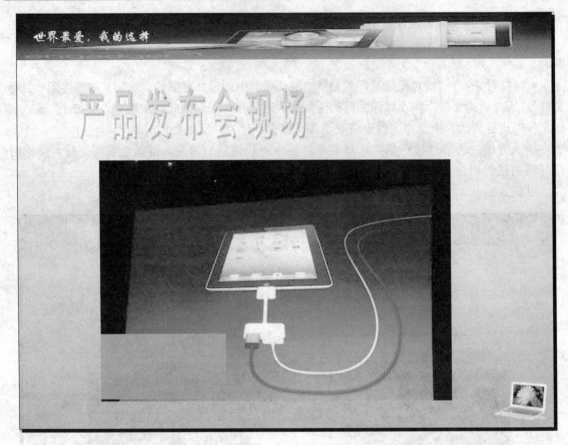

图 2.7-8　"插入"视频播放效果

　　② PowerPoint 演示文稿中插入"嵌入式"视频文件时，应注意支持的视频文件格式有如下几种。

- Windows Media 文件：扩展名为".asf"。
- Windows 视频文件：扩展名为".avi"。
- Windows 录制的电视节目：扩展名为".dvr-ms"。
- 电影文件：扩展名为".mpeg"。
- Windows Media 视频文件：扩展名为".wmv"。

4．正常"播放"幻灯片应注意的问题

　　① 演示文稿的一般保存。如果要"播放"演示文稿的计算机，安装了 PowerPoint 程序或演示文稿播放器，只需把演示文稿和所包含的相关文件（包括链接的文件和插入的对象）一同保存至一个文件夹中，即可在其他计算机上直接进行播放。如任务要求 6 中②所要求。

　　② 演示文稿的打包。如果要"播放"演示文稿的计算机，没有安装 PowerPoint 程序或演示文稿播放器；或者演示文稿中所链接的文件以及所使用的"TrueType"字体，在计算机上不存在，为保证该演示文稿能在计算机上正常播放，应将演示文稿与该演示文稿所涉及的有关文件，一起"打包"（打包后的文件容量较大），存放到移动磁盘中，或通过电子邮件发送至对方计算机，在计算机上"解包"后进行播放。如任务要求 6 中③所要求。

综合应用 8

Internet 综合应用

 【任务描述】

使用 IE6.0 浏览器上网搜集资料，按照任务要求整理成 Word 文档，使用 WebMail 邮箱撰写邮件，并将此 Word 文档作为"附件"进行发送。

▷▷ 一、任务要求

1. 搜索与下载网页

① 使用 IE6.0 浏览器，打开搜索引擎百度首页（http://www.baidu.com），以"常用浏览器介绍"为主题，搜索相关资料。

② 下载与主题相关的图片和文字，整理成一篇图文混排的 Word 文档，并命名为"常用浏览器用法比较.doc"。

2. 注册和使用 WebMail 邮箱

① 注册一个免费的 WebMail 邮箱。

② 登录邮箱，撰写一封邮件，将文档"常用浏览器的用法比较.doc"添加为附件，发送邮件。

③ 启动邮箱 POP 协议，以便用户能够借助邮件客户端收发邮件。

▷▷ 二、任务综合应用分析及总结

1. 网页的搜索与浏览

以任务要求 1 为例，选择适当关键字，使用搜索引擎进行搜索，并最终形成 Word 文档。

2. WebMail 邮箱使用

以任务要求 2 为例，注册、使用 WebMail 邮箱，启动 POP 协议，发送、接收邮件。

▷▷ 三、任务重点、难点解析

1. 网页文字复制技巧

以任务要求 1 中①为例，要求围绕"常用浏览器介绍"主题进行搜索，搜索到网页后，通常采用"复制"、"粘贴"方法，将网页中的文字保存到 Word 文档中，实际应用中，还可使用以下技巧。

① 如果网页支持"复制"操作，则直接使用"复制"和"粘贴"操作。

以任务要求 1 中②为例，完成搜索以后，打开搜索到的网页，将所需文字进行"复制"，再

"粘贴"到 Word 中，操作过程如图 2.8-1 所示。

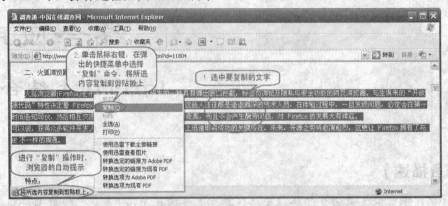

图 2.8-1 直接"复制"、"粘贴"网页文字

！提示：

"粘贴"文字到 Word 时，如果直接选择菜单"编辑→粘贴"命令，则"粘贴"内容除文本外，含网页格式，即含网页中的表格、边框、字体、段落设置等，容量会较大，不利于 Word 排版，常常还会造成一段时间的系统"假死"。

② 网页如果被禁止"复制"，表现形式通常是不能选中网页上的文字，此时，有 3 种方式可供选择复制网页上的文字。

方式 1：禁用全部脚本。

以任务要求 1 中②为例，如果搜索结果中的网页嵌入了 JavaScript 脚本语言，可以通过菜单"工具→Internet 选项"命令设置"禁用全部脚本"，具体过程如图 2.8-2 所示，设置完成后，按【F5】键刷新网页。此时，即可复制网页上的文字。

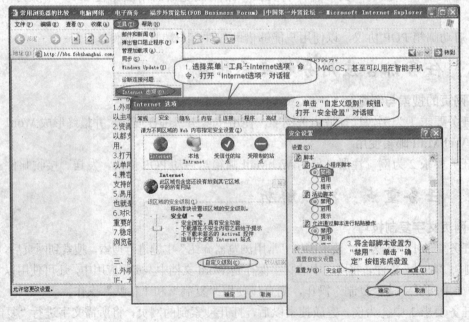

图 2.8-2 "禁用全部脚本"的设置

方式 2：使用菜单命令复制"源文件"内容。

以任务要求 1 中②为例，打开要复制的网页，选择菜单"查看→源文件"命令，在打开的显示"源文件"的记事本窗口中，选择所需要的文字进行复制，如图 2.8-3 所示。

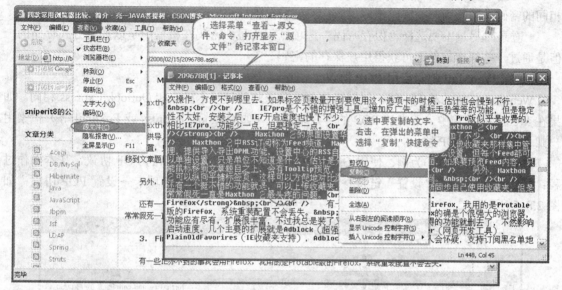

图 2.8-3 复制"源文件"中所需内容

方式 3：借助网页编辑工具，打开"源文件"复制内容。

以任务要求 1 中②为例，利用网页编辑软件 Word，打开显示有网页内容的编辑器窗口，选择复制所需文字，如图 2.8-4 所示。

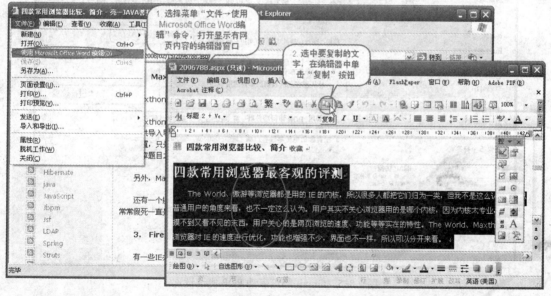

图 2.8-4 利用 Word 打开网页复制文字

2. 使用 WebMail 邮箱密码应注意的事项

以任务要求 2 中①为例，注册过程中密码设置应注意以下事项。

● 设置密码时，尽量避免使用有意义的英文单词、姓名缩写、生日、电话号码等容易泄露的字符，最好采用字母与数字混合的密码。

● 尽量不同场合使用不同密码。如 E-mail、QQ 以及一些网站的会员登录等，要避免使用相同的密码，防止因一个密码泄露导致所有资料外泄。

● 登录时尽量不要选择"保存密码"选项。因为虽然密码在机器中是以加密方式存储的，但是通过一些黑客软件即可获得用户保存的密码。

3. 在 WebMail 邮箱启用 POP 协议

WebMail 邮箱的基本操作，如撰写邮件、发送邮件等基本操作和 Outlook Express 相同。如果在 WebMail 邮箱中，要支持 POP 的客户端软件（如 Outlook Express 或 Foxmail 等）检索用户邮件，要启用 POP 协议。

以任务要求 2 中③为例，使用 Gmail 邮箱，启动 WebMail 邮箱的 POP 协议，基本操作过程：登录邮箱→单击"设置"链接→选择"转发和 POP/IMAP"选项卡→设置 POP 协议，如图 2.8-5 所示。

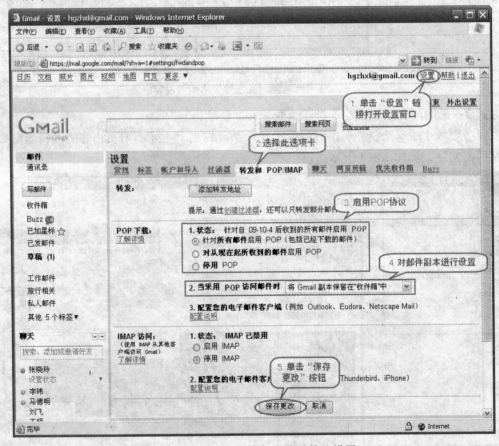

图 2.8-5 Gmail 邮箱启动 POP 协议设置

！注意：

不同的 WebMail 邮箱，启用 POP 协议的过程不尽相同，用户可通过查阅要启用 POP 协议的 WebMail 邮箱的帮助说明进行设置。

综合应用 9

使用 FrontPage 制作 "文学欣赏" 网页

【任务描述】

使用 "框架网页" 模板中的 "横幅和目录" 新建网页并保存网页。在 3 个框架中新建网页，上框架网页名称为 "uptitle.htm"，左框架网页名称为 "left.htm"，右框架网页名称为 "right.htm"，整个网页名称为 "wxxs.htm"。

▷▷ 一、任务要求

1. 编辑上框架网页 "uptitle.htm"

插入滚动字幕 "欢迎来到文学天地"；设置字幕属性：速度延迟 150、数量 10，表现方式：滚动条，设置背景音乐，如图 2.9-1 所示。

图 2.9-1 "wxxs.htm" 网页效果图

2．编辑左框架网页"left.htm"

插入一个 6 行 1 列的表格，并输入相应文本，设置文本格式；设置网页属性：网页标题为"文学导航"，插入网页背景图片，设置超链接颜色为蓝色，当前超链接颜色为紫色，已访问的超链接颜色为绿色，如图 2.9-1 所示。

3．编辑右框架网页"right.htm"

按图 2.9-1 所示输入所有文本，并设置相应格式；插入表格并对单元格进行设置：在第 3 行插入一个 2 行 2 列的表格，第 2 列单元格插入图片，并调整图片为合适的大小；设置网页的过渡效果："事件"设置为"进入网页"，"周期"为"2 秒"，"过渡效果"为"圆形放射"。效果如图 2.9-2 所示。

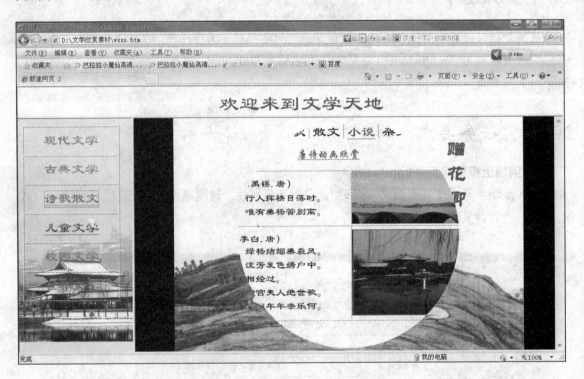

图 2.9-2 设置"网页过渡"效果图

4．编辑预备网页

编辑"etwx.htm"，网页中插入图片"xiaox.jpg"，如图 2.9-3 所示；编辑"dh.htm"，在网页中插入 Flash 动画，保存文件。

5．建立超链接

目标框架设置为"main"（即"右框架"中显示超链接内容）。如图 2.9-2 所示，将"left.htm"网页中"儿童文学"链接到"etwx.htm"，链接后的效果如图所示 2.9-4 所示。将"right.htm"网页中"唐诗动画欣赏"链接到"dh.htm"，链接后的效果如图 2.9-5 所示。

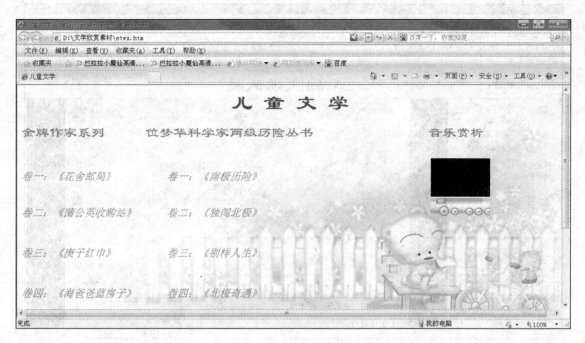

图 2.9-3　"etwx.htm"网页效果图

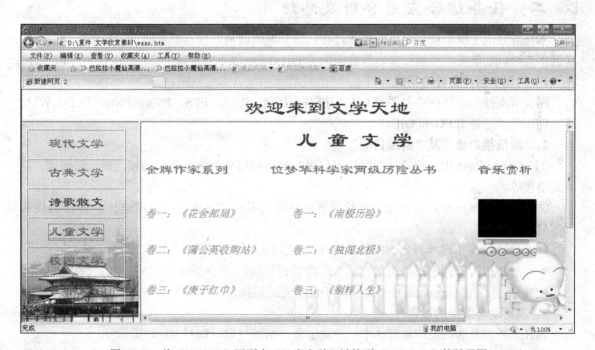

图 2.9-4　将"left.htm"网页中"儿童文学"链接到"etwx.htm"的效果图

图 2.9-5 将 "right.htm" 网页中 "更多动画欣赏" 链接到 "dh.htm" 的效果图

▷▷ 二、任务综合应用分析及总结

本任务完成了整个框架网页的制作过程：建立框架网页，保存框架网页，设置框架属性，设置框架网页超链接，其他设置。综合应用了 FrontPage 以下功能。

1．网页中图片文件的格式

网页所支持的图片格式主要有 GIF、JPEG、TGA、RAS、EPS、PCX、PNG、PCD、WMF 等，使用最多的是 JPEG 和 GIF。

2．"超链接对象" 及 "链接目标"

① 在 FrontPage 中，超链接对象根据使用对象不同可分为：文本超链接，图片超链接，热点超链接等。

② 在 FrontPage 中，超链接目标按照链接路径的不同，可分为：内部链接，外部链接和书签链接。

- 内部链接：指向本网站的网页或文件的超链接。
- 外部链接：指向网站外部的网页或文件的超链接。
- 书签链接：指向和超链接对象在同一网页的超链接。

3．网页动态效果的设置

本任务所涉及的动态效果有 3 个：滚动字幕、网页过渡、DHTML 效果设置。

① 滚动字幕：滚动字幕是流动文字，可使网页更美观、具有动感。设置方法为：选择菜单 "插入→Web 组件" 命令，在打开的 "插入 Web 组件" 对话框中选择 "字幕"。

② 网页过渡：是指当访问者进入或离开网页时，页面呈现的不同的刷新效果，比如卷动、

百叶窗等。实现网页过渡特效，可以增加网页的动感，但会减慢浏览速度，所以应适当使用。设置方法：选择菜单"格式→网页过渡"命令。

③ 设置 DHTML 效果：DHTML 又称动态超文本标识语言，使用它可以在网页中产生动画效果，即设置一个触发事件，产生与访问者互动的网页。FrontPage 中的触发事件有单击、双击、鼠标悬停、网页加载等。设置方法：选择菜单"视图→工具栏→DHTML"命令。

▷▷ 三、任务重点、难点解析

1．图片的绝对定位

所谓图片的绝对定位是使网页元素精确地定位在页面的指定位置，绝对定位后，则绝对定位的元素不再随着网页中其他元素的移动而改变位置。在 FrontPage 中，经常使用"绝对定位"定位图片。绝对定位的两种方法如下。

方法 1：以网页的左上角为参考点，采用"XY 坐标"把一个网页元素放置在指定位置。

方法 2：使用图片工具栏中的"绝对定位"按钮，直接拖动图片到指定位置即可。

图片绝对定位的作用：可以将图片精确定位到网页中的任何位置，使之不会随着光标位置的移动而改变位置；可以在图片上输入文字。

以任务要求 4 为例，如图 2.9-6 所示，使用方法 1 在"etwx.htm"网页中对"xiaox.jpg"图片进行绝对定位。图片绝对定位后，输入文字后的效果如图 2.9-7 所示。

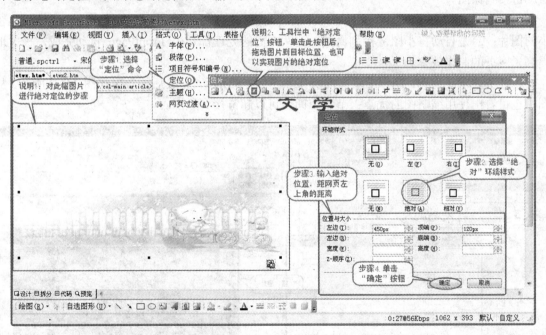

图 2.9-6　"etwx.htm"网页中对图片进行绝对定位的设置

2．"自动缩略图"制作及使用

"自动缩略图"用于在浏览器中打开带图片的网页时加快显示速度。制作"自动缩略图"时，先将图片重新取样，减小图片尺寸，并将图片保存，并建立和原图的超链接。处理后，当打开浏览器时，先显示缩略图，由用户决定是否需要浏览原图，如果需要，则单击缩略图便可

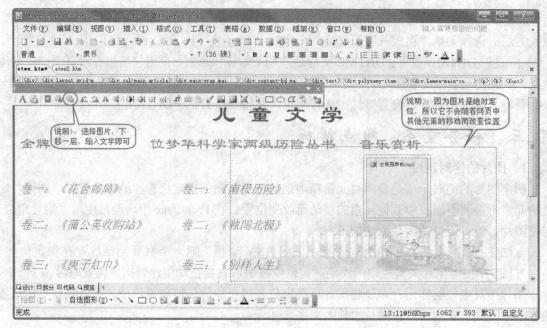

图 2.9-7 "etwx.htm" 网页中图片绝对定位后输入文字后的效果

自动链接到原图。

　　"自动缩略图"技术对图片进行了两方面的处理：一是将比较大的原图另存为一幅体积比较小的图片；二是自动将小图链接到原图。这两方面的处理都是由 FrontPage 自动完成，极大地提高了网页的制作效率。

　　以任务要求 3 为例，制作缩略图的操作如图 2.9-8 所示，完成后的效果如图 2.9-9 所示。从图中也可看出使用缩略图的优点：节省空间、可以超链接到原图。

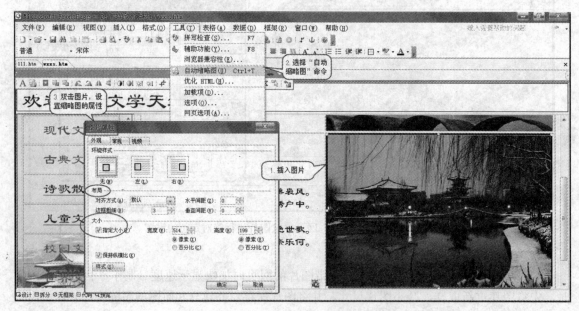

图 2.9-8　将图片制作为"自动缩略图"的过程

图 2.9-9　缩略图在网页中的显示及缩略图和原图超链接后的效果

3. 不同声音文件类型的处理方法

在 FrontPage 中，使用声音文件有以下两种方法。

方法 1：在"网页属性"对话框的"背景音乐"中设置。该方法支持声音文件类型有"*.rm"、"*.wzv"、"*.mid"、"*.ram"。

方法 2：插入 Web 组件高级控件。如果声音文件不是"背景音乐"所支持类型范围，可以使用该方法。该方法是选择菜单"插入→Web 组件"命令，在打开的对话框中选择"高级控件"组件类型，再选择需要的声音文件即可。

以任务要求 5 为例，操作如图 2.9-10 所示。

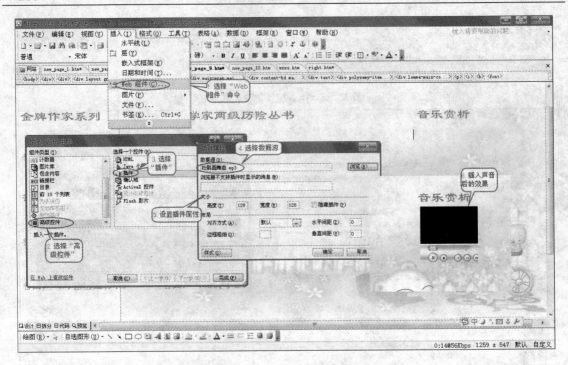

图 2.9-10 插入 "Web 组件" 中的声音文件

第 3 篇

练习与测试

练习与测试 1

计算机基础知识习题

一、填空题

1. 根据计算机使用的电信号来分类，电子计算机分为数字计算机和模拟计算机，其中，数字计算机是以＿＿＿＿＿＿＿＿为处理对象。

2. 第一台电子计算机 ENIAC 每秒钟运算速度为＿＿＿＿＿＿＿＿。

3. 冯·诺依曼提出的计算机体系结构中硬件由＿＿＿＿＿＿＿＿部分组成。

4. 科学家＿＿＿＿＿＿＿＿奠定了现代计算机的结构理论。

5. 计算机的基本理论"存储程序"是由＿＿＿＿＿＿＿＿提出来的。

6. 电气与电子工程师协会（IEEE）将计算机划分为＿＿＿＿＿＿＿＿类。

7. 计算机将程序和数据同时存放在机器的＿＿＿＿＿＿＿＿中。

8. 大规模和超大规模集成电路是第＿＿＿＿＿＿＿＿代计算机所主要使用的逻辑元器件。

9. 1983 年，我国第一台亿次巨型电子计算机诞生了，它的名称是＿＿＿＿＿＿＿＿。

10. ＿＿＿＿＿＿＿＿是计算机最原始的应用领域，也是计算机最重要的应用之一。

11. CAI 的中文含义是＿＿＿＿＿＿＿＿。

12. 计算机应用经历了三个主要阶段，这三个阶段是超、大、中、小型计算机阶段，微型计算机阶段和＿＿＿＿＿＿＿＿。

13. 微型计算机属于＿＿＿＿＿＿＿＿计算机。

14. 微型计算机的基本构成有两个特点：一是采用微处理器，二是采用＿＿＿＿＿＿＿＿。

15. 当前计算机正朝两极方向发展，即＿＿＿＿＿＿＿＿和＿＿＿＿＿＿＿＿。

16. 在微型计算机系统组成中，我们把微处理器 CPU、只读存储器 ROM 和随机存储器 RAM 3 部分统称为＿＿＿＿＿＿＿＿。

17. 未来计算机发展的总趋势是＿＿＿＿＿＿＿＿。

18. 任何进位计数制都有的两要素是＿＿＿＿＿＿＿＿和＿＿＿＿＿＿＿＿。

19. 数制是＿＿＿＿＿＿＿＿。

20. 计算机中的数据是指＿＿＿＿＿＿＿＿。

21. 十进制数 0.653 1 转换为二进制数为＿＿＿＿＿＿＿＿。

22. 执行逻辑"或"运算 01010100∨10010011，其运算结果是＿＿＿＿＿＿＿＿。

23. 执行逻辑"非"运算 10110101，其运算结果是＿＿＿＿＿＿＿＿。

24. 执行逻辑"与"运算 10101110∧10110001，其运算结果是＿＿＿＿＿＿＿＿。

25. 执行二进制算术运算 01010100 +10010011，其运算结果是_____。

26. 执行八进制算术运算 15×12，其运算结果是_____。

27. 执行十六进制算术运算 32-2B，其运算结果是_____。

28. 1KB=_____ B。

29. 二进制数 1100100 对应的十进制数是_____。

30. 将十六进制数 BF 转换成十进制数是_____。

31. 将二进制数 101101.1011 转换成十六进制数是_____。

32. 十进制小数 0.625 转换成十六进制小数是_____。

33. 将八进制数 56 转换成二进制数是_____。

34. 将十六进制数 3AD 转换成八进制数_____。

35. 一个字节的二进制位数为_____。

36. 将十进制数 100 转换成二进制数是_____。

37. 将十进制数 100 转换成八进制数是_____。

38. 将十进制数 100 转换成十六进制数是_____。

39. 我国的国家标准 GB2312 用_____位二进制数来表示一个字符。

40. 101101B 表示一个_____进制数。

41. 1G 表示 2 的_____次方。

42. 十六进制数 100000 相当 2 的_____次方。

43. 在计算机中所有的数值采用二进制的_____表示。

44. 已知小写英文字母 m 的 ASCII 码值是十六进制数 6D，则字母 q 的十六进制 ASCII 码值是_____。

45. 十六进制数-61 的二进制原码是_____。

46. 八进制数-57 的二进制反码是_____。

47. ASCII 码在计算机中用_____ byte 存放。

48. GB2312-80 码在计算机中用_____ byte 存放。

49. 用快捷键切换中英文输入方法时按_____键。

50. 计算机软件系统应包括_____和_____。

51. 一个完整的计算机系统包括_____和_____两大部分。

52. 将高级语言翻译成机器语言的方式有两种，_____和_____。

53. 将高级语言程序翻译成等价的机器语言程序，需要使用_____软件。

54. 编译程序将高级语言程序翻译成与之等价的机器语言，前者称为源程序，后者称为_____。

55. 用户用计算机高级语言编写的程序，通常称为_____。

56. 软件工程是指_____和_____的工程学科。

57. 软件危机是指_____。

58. 目前使用最广泛的软件工程方法分别是_____和_____。

59. 系统引导型病毒寄生在_____。

60. 计算机主机一般包括_____和_____。

61. 一般情况下，"裸机"是指＿＿＿＿＿＿＿＿。

62. 计算机硬件包括运算器、控制器、＿＿＿＿＿＿＿＿、输入设备和输出设备。

63. 微型计算机硬件系统中最核心的部件是＿＿＿＿＿＿＿＿。

64. 微型计算机的运算器、控制器集成在一块芯片上，总称是＿＿＿＿＿＿＿＿。

65. I/O 设备的含义是＿＿＿＿＿＿＿＿。

66. 计算机辅助设计的英文缩写是＿＿＿＿＿＿＿＿。

67. 计算机启动时所要执行的基本指令信息存放在＿＿＿＿＿＿＿＿中。

68. 计算机中，用来表示存储容量大小的最基本单位是＿＿＿＿＿＿＿＿。

69. 在计算机中，一个字节是由＿＿＿＿＿＿＿＿位二进制码表示的。

70. 键盘上的＿＿＿＿＿＿＿＿键是控制键盘输入大小写切换的。

71. 键盘上的＿＿＿＿＿＿＿＿键用于删除光标后面的字符。

72. 键盘上的＿＿＿＿＿＿＿＿键用于删除光标前面的字符。

73. 用于插入/改写编辑方式切换的键是＿＿＿＿＿＿＿＿。

74. MIPS 是表示计算机＿＿＿＿＿＿＿＿性能的单位。

75. 将二进制数 01000111 转换为十进制数是＿＿＿＿＿＿＿＿。

二、单选题

1. 下列关于世界上第一台电子计算机 ENIAC 的叙述中，不正确的是（　　　）。
   A. ENIAC 是 1946 年在美国诞生的
   B. 它主要采用电子管和继电器
   C. 它是首次采用存储程序和程序控制使计算机自动工作
   D. 它主要用于弹道计算

2. 世界上第一台计算机产生于（　　　）。
   A. 宾夕法尼亚大学　　　　　　　　B. 麻省理工学院
   C. 哈佛大学　　　　　　　　　　　D. 加州大学洛杉矶分校

3. 冯·诺依曼计算机工作原理的核心是（　　）和程序控制。
   A. 顺序存储　　B. 存储程序　　C. 集中存储　　D. 运算存储分离

4. 计算机中的指令和数据采用（　　　）存储。
   A. 十进制　　　B. 八进制　　　C. 二进制　　　D. 十六进制

5. 第二代计算机的内存储器为（　　　）。
   A. 水银延迟线或电子射线管　　　　B. 磁芯存储器
   C. 半导体存储器　　　　　　　　　D. 高集成度的半导体存储器

6. 第三代计算机的运算速度为每秒（　　　）。
   A. 数千次至几万次　　　　　　　　B. 几百万次至几万亿次
   C. 几十次至几百万　　　　　　　　D. 百万次至几百万次

7. 第四代计算机不具有的特点是（　　　）。
   A. 编程使用面向对象程序设计语言
   B. 发展计算机网络

C. 内存储器采用集成度越来越高的半导体存储器

D. 使用中小规模集成电路

8. 第 2 代计算机采用（　　）作为其基本逻辑部件。

A. 磁芯　　　　　B. 微芯片　　　　　C. 半导体存储器　　　　　D. 晶体管

9. 第 3 代计算机采用（　　）作为主存储器。

A. 磁芯　　　　　B. 微芯片　　　　　C. 半导体存储器　　　　　D. 晶体管

10. 我国的计算机的研究始于（　　）。

A. 20 世纪 50 年代　　　　　　　　B. 21 世纪 50 年代

C. 18 世纪 50 年代　　　　　　　　D. 19 世纪 50 年代

11. 我国研制的第一台计算机用（　　）命名。

A. 联想　　　　　B. 奔腾　　　　　C. 银河　　　　　D. 方正

12. 服务器（　　）。

A. 不是计算机　　　　　　　　　　B. 是为个人服务的计算机

C. 是为多用户服务的计算机　　　　D. 是便携式计算机的别名

13. 对于嵌入式计算机正确的说法是（　　）。

A. 用户可以随意修改其程序　　　　B. 冰箱中的微电脑是嵌入式计算机的应用

C. 嵌入式计算机属于通用计算机　　D. 嵌入式计算机只能用于控制设备中

14. （　　）赋予计算机综合处理声音、图像、动画、文字、视频和音频信号的功能，是 20 世纪 90 年代计算机的时代特征。

A. 计算机网络技术　　　　　　　　B. 虚拟现实技术

C. 多媒体技术　　　　　　　　　　D. 面向对象技术

15. 计算机存储程序的思想是（　　）提出的。

A. 图灵　　　　　B. 布尔　　　　　C. 冯·诺依曼　　　　　D. 帕斯卡

16. 计算机被分为：大型机、中型机、小型机、微型机等类型，是根据计算机的（　　）来划分的。

A. 运算速度　　　B. 体积大小　　　C. 重量　　　　　D. 耗电量

17. 下列说法正确的是（　　）。

A. 第三代计算机采用电子管作为逻辑开关元件

B. 1958—1964 年期间生产的计算机被称为第二代产品

C. 现在的计算机采用晶体管作为逻辑开关元件

D. 计算机将取代人脑

18. 在计算机的众多特点中，其最主要的特点是（　　）。

A. 计算速度快　　　　　　　　　　B. 存储程序与自动控制

C. 应用广泛　　　　　　　　　　　D. 计算精度高

19. 某单位自行开发的工资管理系统，按计算机应用的类型划分，它属于（　　）。

A. 科学计算　　　B. 辅助设计　　　C. 数据处理　　　D. 实时控制

20. 计算机应用最广泛的应用领域是（　　）。

A. 数值计算　　　B. 数据处理　　　C. 过程控制　　　D. 人工智能

21. 下列4条叙述中，有错误的一条是（　　）。
    A. 以科学技术领域中的问题为主的数值计算称为科学计算
    B. 计算机应用可分为数值应用和非数值应用两类
    C. 计算机各部件之间有两股信息流，即数据流和控制流
    D. 对信息（即各种形式的数据）进行收集、储存、加工与传输等一系列活动的总称为实时控制

22. 金卡工程是我国正在建设的一项重大计算机应用工程项目，它属于下列哪一类应用
（　　）。
    A. 科学计算　　　　B. 数据处理　　　　C. 实时控制　　　　D. 计算机辅助设计

23. 目前计算机逻辑器件主要使用（　　）。
    A. 磁芯　　　　　　B. 磁鼓　　　　　　C. 磁盘　　　　　　D. 大规模集成电路

24. 微处理器把运算器和（　　）集成在一块很小的硅片上，是一个独立的部件。
    A. 控制器　　　　　B. 内存储器　　　　C. 输入设备　　　　D. 输出设备

25. 微型计算机使用的主要逻辑部件是（　　）。
    A. 电子管　　　　　　　　　　　　　　B. 晶体管
    C. 固体组件　　　　　　　　　　　　　D. 大规模和超大规模集成电路

26. 微型计算机的系统总线是CPU与其他部件之间传送（　　）信息的公共通道。
    A. 输入、输出、运算　　　　　　　　　B. 输入、输出、控制
    C. 程序、数据、运算　　　　　　　　　D. 数据、地址、控制

27. CPU与其他部件之间传送数据是通过（　　）实现的。
    A. 数据总线　　　　　　　　　　　　　B. 地址总线
    C. 控制总线　　　　　　　　　　　　　D. 数据、地址和控制总线三者

28. 下列不属于信息的基本属性是（　　）。
    A. 隐藏性　　　　　　B. 共享性　　　　　C. 传输性　　　　　D. 可压缩性

29. 在计算机内部，一切信息的存取、处理和传送的形式是（　　）。
    A. ASCII码　　　　　B. BCD码　　　　　C. 二进制　　　　　D. 十六进制

30. 信息处理包括（　　）。
    A. 数据采集　　　　　B. 数据传输　　　　C. 数据检索　　　　D. 上述3项内容

31. 如果一个存储单元能存放一个字节，那么一个32 KB的存储器共有（　　）个存储单元。
    A. 32 000　　　　　　B. 32 768　　　　　C. 32 767　　　　　D. 65 536

32. 计算机中的逻辑运算一般用（　　）表示逻辑真。
    A. yes　　　　　　　B. 1　　　　　　　C. 0　　　　　　　D. n

33. 计算机能处理的最小数据单位是（　　）。
    A. ASCII码字符　　　B. byte　　　　　　C. Word　　　　　　D. bit

34. bit的意思（　　）。
    A. 0～7　　　　　　B. 0～f　　　　　　C. 0～9　　　　　　D. 1或0

35. 字节是计算机中（　　）信息单位。

A. 基本 B. 最小 C. 最大 D. 不是

36. 十进制的整数化为二进制整数的方法是（   ）。

A. 乘 2 取整法 B. 除 2 取整法 C. 乘 2 取余法 D. 除 2 取余法

37. 下列各种进制的数中，最大的数是（   ）。

A. 二进制数 101001 B. 八进制数 52C

C. 十六进制数 2B D. 十进制数 44

38. 将十进制数 119.275 转换成二进制数约为（   ）。

A. 1110111.011 B. 1110111.01 C. 1110111.11 D. 1110111.10

39. 按对应的 ASCII 码比较，下列正确的是（   ）。

A. "A" 比 "B" 大 B. "f" 比 "Q" 大

C. 空格比逗号大 D. "H" 比 "R" 大

40. 下列一组数据中的最大数是（   ）。

A. (227)O B. (1EF)H C. (101001)B D. (789)D

41. 以下关于字符之间大小关系的说法中，正确的是（   ）。

A. 字符与数值不同，不能规定大小关系 B. "E" 比 "5" 大

C. "Z" 比 "x" 大 D. "!" 比空格小

42. 关于 ASCII 的大小关系，下列说法正确的是（   ）。

A. a>A>9 B. A<a<空格符 C. C>b>9 D. Z<A<空格符

43. 下列正确的是（   ）。

A. 把十进制数 321 转换成二进制数是 101100001

B. 把 100H 表示成二进制数是 101000000

C. 把 400H 表示成二进制数是 1000000001

D. 把 1234H 表示成十进制数是 4 660

44. 在计算机中 1byte 无符号整数的取值范围是（   ）。

A. 0~256 B. 0~255 C. -128~128 D. -127~127

45. 在计算机中 1byte 有符号整数的取值范围是（   ）。

A. -128~127 B. -127~128 C. -127~127 D. -128~128

46. 在计算机中，应用最普遍的字符编码是（   ）。

A. 原码 B. 反码 C. ASCII 码 D. 汉字编码

47. 下列四条叙述中，正确的是（   ）。

A. 二进制正数的补码等于原码本身 B. 二进制负数的补码等于原码本身

C. 二进制负数的反码等于原码本身 D. 上述均不正确

48. 下列字符中，ASCII 码值最小的是（   ）。

A. R B. ; C. a D. 空格

49. 在 R 进制数中，能使用的最大数字符号是（   ）。

A. 9 B. R C. 0 D. R-1

50. 下列八进制数中哪个不正确（   ）。

A. 281 B. 35 C. -2 D. -45

51. ASCII 码是（　　　）缩写。

    A．汉字标准信息交换代码　　　　　　　B．世界标准信息交换代码

    C．英国标准信息交换代码　　　　　　　D．美国标准信息交换代码

52. 下列说法正确的是（　　　）。

    A．计算机不做减法运算　　　　　　　　B．计算机中的数值转换成反码再运算

    C．计算机只能处理数值　　　　　　　　D．计算机将数值转换成原码再计算

53. 在计算机中，汉字采用（　　　）存放。

    A．输入码　　　　B．字型码　　　　　　C．机内码　　　　　D．输出码

54. 输出汉字字形的清晰度与（　　　）有关。

    A．不同的字体　　B．汉字的笔画　　　　C．汉字点阵的规模　　D．汉字的大小

55. 对于各种多媒体信息，（　　　）。

    A．计算机只能直接识别图像信息　　　　B．计算机只能直接识别音频信息

    C．不需转换直接就能识别　　　　　　　D．必须转换成二进制数才能识别

56. 使用无汉字库的打印机打印汉字时，计算机输出的汉字编码必须是（　　　）。

    A．ASCII 码　　B．汉字交换码　　　　C．汉字点阵信息　　D．汉字内码

57. 下列叙述中，正确的是（　　　）。

    A．键盘上的【F1】～【F12】功能键，在不同的软件下其作用是一样的

    B．计算机内部，数据采用二进制表示，而程序则用字符表示

    C．计算机汉字字模的作用是供屏幕显示和打印输出

    D．微型计算机主机箱内的所有部件均由大规模、超大规模集成电路构成

58. 常用的汉字输入法属于（　　　）。

    A．国标码　　　　B．输入码　　　　　　C．机内码　　　　　D．上述均不是

59. 计算机中的数据可分为两种类型：数字和字符，它们最终都转化为二进制才能继续存储和处理。对于人们习惯使用的十进制，通常用（　　　）进行转换。

    A．ASCII 码　　B．扩展 ASCII 码　　C．扩展 BCD 码　　D．BCD 码

60. 计算机中的数据可分为两种类型：数字和字符，它们最终都转化为二进制才能继续存储和处理。对于字符编码通常用（　　　）。

    A．ASCII 码　　B．扩展 ASCII 码　　C．扩展 BCD 码　　D．BCD 码

61. 系统软件中最重要的是（　　　）。

    A．解释程序　　　B．操作系统　　　　　C．数据库管理系统　D．工具软件

62. 应用软件是指（　　　）。

    A．游戏软件

    B．Windows XP

    C．信息管理软件

    D．用户编写或帮助用户完成具体工作的各种软件

63. Windows 2000、Windows XP 都是（　　　）。

    A．最新程序　　　B．应用软件　　　　　C．工具软件　　　　D．操作系统

64. 操作系统是（　　　）之间的接口。

　　A．用户和计算机　　　B．用户和控制对象　　C．硬盘和内存　　D．键盘和用户

65．计算机能直接执行（　　）。

　　A．高级语言编写的源程序　　　　　　　B．机器语言程序

　　C．英语程序　　　　　　　　　　　　　D．十进制程序

66．银行的储蓄程序属于（　　）。

　　A．表格处理软件　　　B．系统软件　　　C．应用软件　　D．文字处理软件

67．Oracle 是（　　）。

　　A．实时控制软件　　　　　　　　　　　B．数据库处理软件

　　C．图形处理软件　　　　　　　　　　　D．表格处理软件

68．AutoCAD 是（　　）软件。

　　A．计算机辅助教育　　　　　　　　　　B．计算机辅助设计

　　C．计算机辅助测试　　　　　　　　　　D．计算机辅助管理

69．计算机软件一般指（　　）。

　　A．程序　　　　　　　　　　　　　　　B．数据

　　C．有关文档资料　　　　　　　　　　　D．上述三项

70．为解决各类应用问题而编写的程序，例如人事管理系统，称为（　　）。

　　A．系统软件　　　　B．支撑软件　　　C．应用软件　　D．服务性程序

71．内层软件向外层软件提供服务，外层软件在内层软件支持下才能运行，表现了软件系统（　　）。

　　A．层次关系　　　　B．模块性　　　　C．基础性　　　D．通用性

72．（　　）语言是用助记符代替操作码、地址符号代替操作数的面向机器的语言。

　　A．汇编　　　　　　B．FORTRAN　　　C．机器　　　　D．高级

73．关于计算机语言的描述，正确的是（　　）。

　　A．高级语言程序可以直接运行　　　　B．汇编语言比机器语言执行速度快

　　C．机器语言的语句全部由 0 和 1 组成　　D．计算机语言越高级越难以阅读和修改

74．关于计算机语言的描述，正确的是（　　）。

　　A．机器语言因为是面向机器的低级语言，所以执行速度慢

　　B．机器语言的语句全部由 0 和 1 组成，指令代码短，执行速度快

　　C．汇编语言已将机器语言符号化，所以它与机器无关

　　D．汇编语言比机器语言执行速度快

75．关于计算机语言的描述，正确的是（　　）。

　　A．翻译高级语言源程序时，解释方式和编译方式并无太大差别

　　B．用高级语言编写的程序其代码效率比汇编语言编写的程序要高

　　C．源程序与目标程序是互相依赖的

　　D．对于编译类计算机语言，源程序不能被执行，必须产生目标程序才能被执行

76．Visual Basic 语言是（　　）。

　　A．操作系统　　　　B．机器语言　　　C．高级语言　　D．汇编语言

77．下列选项中，（　　）是计算机高级语言。

A．Windows   B．Dos   C．Visual Basic   D．Word

78．下列（   ）具备软件的特征。

    A．软件生产主要是体力劳动   B．软件产品有生命周期

    C．软件是一种物资产品   D．软件成本比硬件成本低

79．对计算机软件正确的态度是（   ）。

    A．计算机软件不需要维护   B．计算机软件只要能复制到就不必购买

    C．计算机软件不必备份   D．受法律保护的计算机软件不能随便复制

80．计算机病毒是可以使整个计算机瘫痪，危害极大的（   ）。

    A．一种芯片   B．一段特制程序

    C．一种生物病毒   D．一条命令

81．计算机病毒的传播途径可以是（   ）。

    A．空气   B．计算机网络   C．键盘   D．打印机

82．反病毒软件是一种（   ）。

    A．操作系统   B．语言处理程序

    C．应用软件   D．高级语言的源程序

83．反病毒软件（   ）。

    A．只能检测清除已知病毒   B．可以让计算机用户永无后顾之忧

    C．自身不可能感染计算机病毒   D．可以检测清除所有病毒

84．在下列途径中，计算机病毒传播得最快的是（   ）。

    A．通过光盘   B．通过键盘   C．通过电子邮件   D．通过盗版软件

85．一般情况下，计算机病毒会造成（   ）。

    A．用户患病   B．CPU 的破坏

    C．硬件故障   D．程序和数据被破坏

86．若 U 盘上染有病毒，为了防止该病毒传染计算机系统，正确的措施是（   ）。

    A．删除该 U 盘上所有程序   B．给该 U 盘加上写保护

    C．将 U 盘放一段时间后再使用   D．将该软盘重新格式化

87．计算机病毒的主要特点是（   ）。

    A．传播性、破坏性   B．传染性、破坏性

    C．排它性、可读性   D．隐蔽性、排它性

88．目前网络病毒中影响最大的主要有（   ）。

    A．特洛伊木马病毒   B．生物病毒   C．文件病毒   D．空气病毒

89．在 ASCII 码表中，按照 ASCII 码值从小到大排列顺序是（   ）。

    A．数字、英文大写字母、英文小写字母

    B．数字、英文小写字母、英文大写字母

    C．英文大写字母、英文小写字母、数字

    D．英文小写字母、英文大写字母、数字

90．计算机病毒清除是指从（   ）。

    A．去医院看医生   B．请专业人员清洁设备

C. 安装监控器监视计算机 　　　　D. 从内存、磁盘和文件中清除掉病毒程序

91. 选择杀毒软件时要关注（　　）因素。

　　A. 价格　　　　B. 软件大小　　　　C. 包装　　　　D. 能够查杀的病毒种类

92. 计算机安全包括（　　）。

　　A. 系统资源安全　　　　　　　　　B. 信息资源安全

　　C. 系统资源安全和信息资源安全　　D. 防盗

93. 编写和故意传播计算机病毒，会根据国家（　　）法相应条例，按计算机犯罪进行处罚。

　　A. 民　　　　B. 刑　　　　C. 治安管理　　　　D. 保护

94. （　　）不属于计算机信息安全的范畴。

　　A. 实体安全　　　　B. 运行安全　　　　C. 人员安全　　　　D. 知识产权

95. 下列关于计算机病毒描述错误的是（　　）。

　　A. 病毒是一种人为编制的程序

　　B. 病毒可能破坏计算机硬件

　　C. 病毒相对于杀毒软件永远是超前的

　　D. 格式化操作也不能彻底清除软盘中的病毒

96. 信息系统的安全目标主要体现为（　　）。

　　A. 信息保护和系统保护　　　　　　B. 软件保护

　　C. 硬件保护　　　　　　　　　　　D. 网络保护

97. 信息系统的安全主要考虑（　　）方面的安全。

　　A. 环境　　　　B. 软件　　　　C. 硬件　　　　D. 上述所有

98. 使计算机病毒传播范围最广的媒介是（　　）。

　　A. 硬磁盘　　　　B. 软磁盘　　　　C. 内部存储器　　　　D. 互联网

99. 多数情况下由计算机病毒程序引起的问题属于（　　）故障。

　　A. 硬件　　　　B. 软件　　　　C. 操作　　　　D. 上述均不是

100. 打印机是一种（　　）。

　　A. 输出设备　　　　B. 输入设备　　　　C. 存储器　　　　D. 运算器

101. 存储一个国标码需要（　　）字节。

　　A. 1　　　　B. 2　　　　C. 3　　　　D. 4

102. 64 位计算机中的 64 位指的是（　　）。

　　A. 机器字长　　　　B. CPU 速度　　　　C. 计算机品牌　　　　D. 存储容量

103. 计算机显示器的性能参数中，1 024×768 表示（　　）。

　　A. 显示器大小　　　　　　　　　　B. 显示字符的行列数

　　C. 显示器的分辨率　　　　　　　　D. 显示器的颜色最大值

104. 下列叙述中，错误的是（　　）。

　　A. 把数据从内存传输到硬盘叫写盘

　　B. 把源程序转换为目标程序的过程叫编译

　　C. 应用软件需要操作系统的支持才能工作

　　D. 计算机内部使用十六进制数表示数据和指令

105. 一台完整的计算机系统由（　　）组成。

    A. 系统软件和应用软件   B. 计算机硬件系统和软件系统

    C. 主机、键盘、显示器   D. 主机及其外部设备

106. 下列设备可以将照片输入到计算机上的是（　　）。

    A. 键盘   B. 数字化仪   C. 绘图仪   D. 扫描仪

107. 下列设备中既属于输入设备又属于输出设备的是（　　）。

    A. 鼠标   B. 显示器   C. 硬盘   D. 扫描仪

108. 根据传输的信号不同系统总线分为（　　）。

    A. 地址总线   B. 数据总线   C. 控制总线   D. 以上三者

109. CPU 直接访问的存储器是（　　）。

    A. 软盘   B. 硬盘   C. 只读存储器   D. 随机存取存储器

110. 我们通常所说的内存条指的是（　　）条。

    A. ROM   B. EPROM   C. RAM   D. Flash Memory

111. 下列存储器中存取周期最短的是（　　）。

    A. 硬盘   B. 内存储器   C. 光盘   D. 软盘

112. 配置高速缓冲存储器（Cache）是为了解决（　　）。

    A. 内存和外存之间速度不匹配的问题

    B. CPU 和外存之间速度不匹配的问题

    C. CPU 和内存之间速度不匹配的问题

    D. 主机和其他外围设备之间速度不匹配的问题

113. 1 GB 等于（　　）。

    A. 1 024 B   B. 1 024 KB   C. 1 024 MB   D. 1 024 bit

114. 计算机键盘上的【Shift】键称为（　　）。

    A. 控制键   B. 上档键   C. 退格键   D. 换行键

115. 计算机键盘上的【Esc】键的功能一般是（　　）。

    A. 确认   B. 取消   C. 控制   D. 删除

116. 下列选项中，（　　）是计算机高级语言。

    A. Windows   B. Dos   C. Visual Basic   D. Word

117. 直接运行在裸机上的最基本的系统软件是（　　）。

    A. Word   B. Flash   C. 操作系统   D. 驱动程序

118. 计算机按其性能可以分为 5 大类，即巨型机、大型机、小型机、微型机和（　　）。

    A. 工作站   B. 超小型机   C. 网络机   D. 以上都不是

119. 把高级语言编写的源程序转换为目标程序要经过（　　）。

    A. 编辑   B. 编译   C. 解释   D. 汇编

120. 计算机可以直接执行的程序是（　　）。

    A. 高级语言程序   B. 汇编语言程序

    C. 机器语言程序   D. 低级语言程序

121. 用户用计算机高级语言编写的程序，通常称为（　　）。

    A．汇编程序　　　　B．目标程序　　　　C．源程序　　　　D．二进制代码程序

122．CPU、存储器、I/O 设备是通过什么连接起来的（　　）。

    A．接口　　　　　　B．总线　　　　　　C．控制线　　　　D．系统文件

123．关于计算机语言的描述，正确的是（　　）。

    A．高级语言程序可以直接运行

    B．汇编语言比机器语言执行速度快

    C．机器语言的语句全部由 0 和 1 组成

    D．计算机语言越高级越难以阅读和修改

124．一般情况下调整显示器的（　　），可减少显示器屏幕图像的闪烁或抖动。

    A．显示分辨率　　　B．屏幕尺寸　　　　C．灰度和颜色　　D．刷新频率

125．常用打印机中，印字质量最好的打印机是（　　）。

    A．激光打印机　　　B．针式打印机　　　C．喷墨打印机　　D．热敏打印机

126．计算机执行程序时，在（　　）的控制下，逐条从内存中取出指令、分析指令、执行指令。

    A．运算器　　　　　B．控制器　　　　　C．存储器　　　　D．I/O 设备

127．内存空间是由许多存储单元构成的，每个存储单元都有一个唯一的编号，这个编号称为内存（　　）。

    A．地址　　　　　　B．空间　　　　　　C．单元　　　　　D．编号

128．USB 是 Universal Serial Bus 的英文缩写，中文名称为"通用串行总线"。一个 USB 接口可以支持（　　）设备。

    A．一种　　　　　　B．两种　　　　　　C．多种　　　　　D．以上三者

129．硬盘工作时应特别注意避免（　　）。

    A．噪声　　　　　　B．日光　　　　　　C．潮湿　　　　　D．震动

130．把十进制数 127 转换为二进制数是（　　）。

    A．10000000　　　B．01111111　　　C．11111111　　D．11111110

三、参考答案

（一）填空题

1．数字量　　2．5 000 次　　3．5　　4．冯·诺依曼　　5．冯·诺依曼　　6．6

7．存储器　　8．4　　9．银河　　10．数值计算　　11．计算机辅助教学

12．计算机网络阶段　　13．第四代　　14．总线系统　　15．微型机；巨型机

16．主机　　17．智能化　　18．数码的个数、进位基数　　19．表示数目的方法

20．一组可以记录、可以识别的记号或符号　　21．0.101001　　22．11010111

23．01001010　　24．10100000　　25．11100111　　26．202　　27．7　　28．1024

29．100　　30．191　　31．2D.B　　32．0.A　　33．00101110　　34．1655

35．8　　36．1100100　　37．144　　38．64　　39．16　　40．二　　41．30

42．20　　43．补码　　44．71　　45．10111101　　46．11010000　　47．1　　48．2

49．【Ctrl+空格】　　50．系统软件；应用软件　　51．硬件；软件　　52．解释；编译

53．编译程序　　54．目标程序　　55．源程序　　56．计算机软件开发；维护

57．在计算机软件的开发和维护过程中所遇到的一系列严重问题

58．传统方法、面向对象方法　　59．CPU 中　　60．CPU、内存

61．没有安装任何软件的计算机　　62．存储器　　63．CPU　　64．CPU

65．输入/输出设备　　66．CAD　　67．BIOS　　68．字节　　69．8

70．【NumLock】　　71．【Delete】　　72．【BackSpace】　　73．【Insert】

74．运算速度　　75．71

（二）单选题

1．C	2．A	3．B	4．C	5．B	6．D	7．D	8．D	9．C	10．A
11．C	12．C	13．B	14．C	15．C	16．A	17．B	18．B	19．C	20．B
21．D	22．B	23．D	24．A	25．D	26．D	27．A	28．A	29．C	30．D
31．B	32．B	33．D	34．D	35．A	36．D	37．A	38．B	39．B	40．D
41．B	42．A	43．D	44．B	45．A	46．C	47．A	48．D	49．D	50．A
51．D	52．A	53．C	54．C	55．C	56．C	57．C	58．B	59．D	60．B
61．B	62．D	63．D	64．A	65．B	66．C	67．B	68．C	69．D	70．C
71．A	72．A	73．C	74．B	75．D	76．C	77．C	78．B	79．D	80．B
81．B	82．C	83．A	84．C	85．B	86．D	87．A	88．A	89．A	90．D
91．D	92．C	93．B	94．C	95．B	96．C	97．D	98．C	99．B	100．A
101．B	102．A	103．C	104．D	105．B	106．C	107．B	108．C	109．D	110．C
111．B	112．C	113．C	114．B	115．B	116．C	117．B	118．A	119．B	120．C
121．C	122．B	123．C	124．D	125．A	126．B	127．A	128．C	129．D	130．B

练习与测试 2

Windows 操作系统习题

一、填空题

1. 在 Windows 中，显示在窗口最顶部的称为_____。

2. "开始"菜单中的"文档"选项中列出了最近使用过的文档清单，其数目最多可达_____个。

3. Windows 中，"粘贴"的快捷键是_____。

4. Windows 资源管理器操作中，当打开一个子目录后，全部选中其中内容的快捷键是_____。

5. 在 Windows 中，将中文输入方式切换到英文方式，应同时按_____键。

6. 在 Windows 中，快捷方式的扩展名为_____。

7. 在 Windows 资源管理器中，单击第一个文件名后，按住_____键，再单击最后一个文件，可选定一组连续的文件。

8. 在 Windows 资源管理器中，单击第一个文件名后，按住_____键，再单击另外一个文件，可选定一组不连续的文件。

9. 在 Windows 中，切换不同的汉字输入法，应同时按下_____键。

10. 在 Windows 中，单击资源管理器中的_____菜单项，可显示提供给用户使用的各种帮助命令。

二、单选题

1. Windows 是一种（   ）。
   A. 操作系统　　　　B. 字处理系统　　　　C. 电子表格系统　　　D. 应用软件

2. 在 Windows 中，从 Windows 窗口方式切换到 MS-DOS 方式以后，再返回到 Windows 窗口方式下，应该输入（   ）命令后按【Enter】键。
   A. Esc　　　　　　B. Exit　　　　　　C. Cls　　　　　　D. Windows

3. 在 Windows 中，将某一程序项移动到一打开的文件夹中，应（   ）。
   A. 单击鼠标左键　　　　　　　　B. 双击鼠标左键
   C. 拖曳　　　　　　　　　　　　D. 单击或双击鼠标右键

4. 在 Windows 中，不能通过使用（   ）的缩放方法将窗口放到最大。
   A. 控制按钮　　　B. 标题栏　　　　　C. "最大化"按钮　　D. 边框

5. 在 Windows 中，快速按下并释放鼠标左键的操作称为（　　　）。

　　A. 单击　　　　　　B. 双击　　　　　　　C. 拖曳　　　　　　D. 启动

6. 在 Windows 中，（　　　）颜色的变化可区分活动窗口和非活动窗口。

　　A. 标题栏　　　　　B. 信息栏　　　　　　C. 菜单栏　　　　　D. 工具栏

7. 在 Windows 中，（　　　）部分用来显示应用程序名、文档名、目录名、组名或其他数据文件名。

　　A. 标题栏　　　　　B. 信息栏　　　　　　C. 菜单栏　　　　　D. 工具栏

8. 关闭"资源管理器"，可以选用（　　　）。

　　A. 单击"资源管理器"窗口右上角的"×"按钮

　　B. 单击"资源管理器"窗口左上角的图标，然后在弹出菜单中选择"关闭"命令

　　C. 单击"资源管理器"的"文件"菜单，并选择"关闭"命令

　　D. 以上三种方法都正确

9. 把 Windows 的窗口和对话框作一比较，窗口可以移动和改变大小，而对话框（　　　）。

　　A. 既不能移动，也不能改变大小　　　　　B. 仅可以移动，不能改变大小

　　C. 仅可以改变大小，不能移动　　　　　　D. 既可移动，也能改变大小

10. 在 Windows 中，允许同时打开（　　　）应用程序窗口。

　　A. 一个　　　　　　B. 两个　　　　　　　C. 多个　　　　　　D. 十个

11. 在 Windows 中，利用 Windows 的（　　　），可以建立、编辑文档。

　　A. 剪贴板　　　　　B. 记事本　　　　　　C. 资源管理器　　　D. 控制面板

12. 在 Windows 中，回收站是（　　　）。

　　A. 内存中的一块区域　　　　　　　　　　B. 硬盘上的一块区域

　　C. 软盘上的一块区域　　　　　　　　　　D. 高速缓存中的一块区域

13. Windows "任务栏"上的内容为（　　　）。

　　A. 当前窗口的图标　　　　　　　　　　　B. 已经启动并在执行的程序名

　　C. 所有运行程序的程序按钮　　　　　　　D. 已经打开的文件名

14. 如果在 Windows 的资源管理器底部没有状态栏，那么要增加状态栏的操作是（　　　）。

　　A. 选择菜单"编辑→状态栏"命令

　　B. 选择菜单"查看→状态栏"命令

　　C. 选择菜单"工具→状态栏"命令

　　D. 选择菜单"文件→状态栏"命令

15. Windows 中将信息传送到剪贴板不正确的方法是（　　　）。

　　A. 选择"复制"命令把选定的对象送到剪贴板

　　B. 选择"剪切"命令把选定的对象送到剪贴板

　　C. 按【Ctrl+V】键把选定的对象送到剪贴板

　　D. 按【Alt+PrintScreen】键把当前窗口送到剪贴板

16. 在 Windows 的回收站中，可以恢复（　　　）。

　　A. 从硬盘中删除的文件或文件夹　　　　　B. 从软盘中删除的文件或文件夹

　　C. 剪切掉的文档　　　　　　　　　　　　D. 从光盘中删除的文件或文件夹

17. 在 Windows 中，按下（　　）键并拖曳某一文件夹到另一文件夹中，可完成对该程序项的复制操作。

　　A.【Alt】　　　　B.【Shift】　　　　C.【空格】　　　　D.【Ctrl】

18. 在 Windows 中，按住鼠标左键同时移动鼠标的操作称为（　　）。

　　A. 单击　　　　　B. 双击　　　　　　C. 拖曳　　　　　　D. 启动

19. 在 Windows 中，（　　）窗口的大小不可改变。

　　A. 应用程序　　　B. 文档　　　　　　C. 对话框　　　　　D. 活动

20. 在 Windows 中，连续两次快速按下鼠标左键的操作称为（　　）。

　　A. 单击　　　　　B. 双击　　　　　　C. 拖曳　　　　　　D. 启动

21. Windows 提供了一种 DOS 下所没有的（　　）技术，以方便进行应用程序间信息的复制或移动等信息交换。

　　A. 编辑　　　　　B. 拷贝　　　　　　C. 剪贴板　　　　　D. 磁盘操作

22. 在 Windows 中，利用鼠标拖曳（　　）的操作，可缩放窗口大小。

　　A. 控制框　　　　B. 对话框　　　　　C. 滚动框　　　　　D. 边框

23. 当单击 Windows 的“任务栏”的“开始”按钮时，“开始”菜单会显示出来，下面选项中通常会出现的是（　　）。

　　A. 程序、收藏夹、启动、设置、查找、帮助、注销、关闭系统

　　B. 程序、收藏夹、文档、设置、查找、帮助、注销、资源管理器、关闭系统

　　C. 程序、收藏夹、文档、设置、查找、帮助、运行、关闭系统

　　D. 程序、收藏夹、文档、设置、查找、帮助、注销、关闭计算机

24. 关于“开始”菜单，说法正确的是（　　）。

　　A. “开始”菜单的内容是固定不变的

　　B. 可以在“开始”菜单的“程序”中添加应用程序，但不可以在“程序”菜单中添加

　　C. “开始”菜单和“程序”里面都可以添加应用程序

　　D. 以上说法都不正确

25. 在 Windows 中，当程序因某种原因陷入死循环，下列哪一个方法能较好地结束该程序（　　）。

　　A. 按【Ctrl+Alt+Del】键，然后选择“结束任务”结束该程序的运行

　　B. 按【Ctrl+Del】键，然后选择“结束任务”结束该程序的运行

　　C. 按【Alt+Del】键，然后选择“结束任务”结束该程序的运行

　　D. 直接重启计算机结束该程序的运行

26. 当系统硬件发生故障或更换硬件设备时，为了避免系统意外崩溃应采用的启动方式为（　　）。

　　A. 通常模式　　　　　　　　　　B. 登录模式

　　C. 安全模式　　　　　　　　　　D. 命令提示模式

27. Windows 的“桌面”指的是（　　）。

　　A. 某个窗口　　　　　　　　　　B. 整个屏幕

　　C. 某一个应用程序　　　　　　　D. 一个活动窗口

28. 在 Windows 中在"键盘属性"对话框的"速度"选项卡中可以进行的设置为（   ）。
    A. 重复延迟、重复率、光标闪烁频率
    B. 重复延迟、重复率、光标闪烁频率、击键频率
    C. 重复的延迟时间、重复速度、光标闪烁速度
    D. 延迟时间、重复率、光标闪烁频率

29. Windows 中，对于"任务栏"的描述不正确的是（   ）。
    A. Windows 允许添加工具栏到任务栏
    B. 利用"任务栏属性"对话框的"任务栏选项"选项卡提供的"总在最前"选项可以选择是否允许其他窗口覆盖"任务栏"
    C. 当"任务栏"是"自动隐藏"的属性时，正在行动其他程序时，"任务栏"不能显示
    D. "任务栏"的大小是可以改变的

30. 在 Windows 中，下列说法正确的是（   ）。
    A. 单击"开始"按钮，显示"开始"菜单，删除"收藏夹"选项
    B. 通过菜单"开始→设置→任务栏和高级菜单→开始菜单程序"中的"清除"命令，可以清除菜单"开始→文档"中的内容
    C. 只能通过"任务栏属性"对话框修改"开始"菜单程序
    D. 菜单"开始→文档"中的内容是最近使用的若干个文件，因此"文档"内的内容，计算机自动更新，不能被清空

31. 在 Windows 中关于"开始"菜单，下面说法正确的是（   ）。
    A. "开始"菜单中的所有内容都是计算机自己自动设定的，用户不能修改其中的内容
    B. "开始"菜单中的所有选项都可以移动和重新组织
    C. "开始"菜单绝大部分都是可以定制的，但出现在菜单第一级的大多数选项不能被移动或重新组织，例如："关闭"，"注销"等
    D. 给"开始→程序"菜单添加以及组织菜单项都只能从"文件夹"窗口拖入文件。

32. 在 Windows 资源管理器中，按（   ）键可删除文件。
    A. 【F7】   B. 【F8】   C. 【Esc】   D. 【Delete】

33. 在 Windows 资源管理器中，改变文件属性应选择"文件"菜单项中的（   ）命令。
    A. 运行   B. 搜索   C. 属性   D. 选定文件

34. 在 Windows 资源管理器中，"编辑"菜单项中的"剪切"命令（   ）。
    A. 只能剪切文件夹   B. 只能剪切文件
    C. 可以剪切文件或文件夹   D. 无论怎样都不能剪切系统文件

35. 在 Windows 资源管理器中，创建新的子目录，应选择（   ）菜单项中的"新建"下的"文件夹"命令。
    A. "文件"   B. "编辑"   C. "工具"   D. "查看"

36. 在 Windows 资源管理器中，当删除一个或一组目录时，该目录或该目录组下的（   ）将被删除。
    A. 文件   B. 所有子目录

    C. 所有子目录及其所有文件　　　　D. 所有子目录下的所有文件（不含子目录）

37. 在 Windows 中，选定某一文件夹，选择执行"文件"菜单项的"删除"命令，则（　　　）。

    A. 只删除文件夹而不删除其内的程序项

    B. 删除文件夹内的某一程序项

    C. 删除文件夹内的所有程序项而不删除文件夹

    D. 删除文件夹及其所有程序项

38. 在 Windows 资源管理器中，若想格式化一张磁盘，应（　　　）。

    A. 在"文件"菜单项中，选择"格式化"命令

    B. 在资源管理器中根本就没有办法格式化磁盘

    C. 右键单击磁盘图标，在弹出的快捷菜单中选择"格式化"命令

    D. 在"编辑"菜单项中选择"格式化磁盘"命令

39. 在 Windows 中在使用"资源管理器"时，激活工具栏的步骤是（　　　）。

    A. "资源管理器→查看→工具栏"

    B. "资源管理器→工具→工具栏"

    C. "资源管理器→编辑→工具栏"

    D. "资源管理器→文件→工具栏"

40. 在 Windows 的资源管理器中，（　　　）显示当前目录窗口被选磁盘的可用空间和总容量、信息、当前被选目录中的文件总数和所占用的空间等信息。

    A. 标题栏　　　　　　B. 菜单栏　　　　　C. 状态栏　　　　　　D. 工具栏

41. 在 Windows 的资源管理器中，选择执行"文件"菜单项中的（　　　）命令，可删除文件夹或程序项。

    A. "新建"　　　　　B. "复制"　　　C. "移动"　　　　D. "删除"

42. 在 Windows 资源管理器中，选定文件或目录后，拖曳到指定位置，可完成对文件或子目录的（　　　）操作。

    A. 复制　　　　　　　B. 移动或复制　　C. 重命名　　　　D. 删除

43. 在 Windows 中下面关于打印机说法错误的是（　　　）。

    A. 每一台安装在系统中的打印机都在 Windows 的"打印机"文件夹中有一个记录

    B. 任何一台计算机都只能安装一台打印机

    C. 一台计算机上可以安装多台打印机

    D. 要查看已经安装的打印机，可以通过选择菜单"开始→设置→打印机"命令，打开打印机文件夹

44. 在 Windows 中安装一台打印机，不正确的是（　　　）。

    A. 通过"我的电脑"→"打印机"打开打印机文件夹，双击"添加打印机"图标，添加网络或本地打印机

    B. 通过菜单"开始→设置→打印机"命令打开打印机文件夹，双击"添加打印机"图标，添加打印机

    C. 在安装打印机的过程中，最好不要使用厂商提供的打印驱动程序，因为 Windows 系统自带所有的打印机驱动程序

    D. 一台计算机可以安装网络打印机和本地打印机

45. 在 Windows 中下面说法正确的是（　　　）。

    A. 每台计算机可以有多个默认打印机

    B. 如果一台计算机安装了两台打印机，这两台打印机都可以不是默认打印机

    C. 如果一台计算机已经安装了打印机，则必有一个也仅仅有一个默认打印机

    D. 默认打印机是系统自动产生的，用户不用更改

46. 在 Windows 中 MIDI 是（　　　）。

    A. 一种特殊的音频数据类型　　　　B. 以特定格式存储图像的文件类型

    C. 一种特定类型的窗口　　　　　　D. 控制 Windows 播放 VCD 的驱动程序

三、参考答案

（一）填空题

1. 标题栏　　　　　2. 15　　　　　3.【Ctrl+V】　　　4.【Ctrl+A】

5.【Ctrl+空格】　　6. .lnk　　　　　7.【Shift】　　　　8.【Ctrl】

9.【Ctrl+Shift】　　10. 帮助

（二）单选题

1. A	2. B	3. C	4. D	5. A	6. A	7. A	8. D	9. B	10. C
11. B	12. B	13. B	14. B	15. C	16. A	17. D	18. C	19. C	20. B
21. C	22. D	23. C	24. C	25. A	26. C	27. B	28. A	29. C	30. C
31. C	32. D	33. C	34. C	35. A	36. C	37. D	38. C	39. A	40. C
41. D	42. B	43. B	44. C	45. C	46. A				

练习与测试 3

Word 文字处理习题

一、填空题

1. 在 Word 文档中将光标移到本行行首的快捷键是_____。

2. 在 Word 操作过程中能够显示总页数、节号、页号、页数等信息的是_____。

3. 在 Word 中，"页码"格式是在_____对话框中设置。

4. 在 Word 的绘图工具栏上选定矩形工具，按住_____按钮可绘制正方形。

5. 如果同时保存所有打开的文档，可以按下_____键，然后选择"文件"菜单上的"全部保存"命令，Word 将同时保存所有打开的文档和模板。

6. 在 Word 的编辑状态下，可以同时显示水平标尺和垂直标尺的视图模式是_____。

7. 在 Word 中按_____键可将光标快速移至文档的开端。

8. Word 中当用户在输入文字时，在_____模式下，随着输入新的文字，后面原有的文字将会被覆盖。

9. Word 中按住_____键的同时拖动选定的内容到新位置可以快速完成复制操作。

10. 在 Word 中设置字符的字体、字形、字号及字符颜色、效果等，应该选择"格式"菜单中的_____进行设置。

二、单选题

1. Word 可以打开的文件类型为下面的（　　）。
   A. EXE   B. COM   C. TXT   D. BIN

2. 在 Word 窗口的编辑区，闪烁的一条竖线表示（　　）。
   A. 鼠标图标   B. 光标位置   C. 拼写错误   D. 按钮位置

3. 在 Word 菜单命令右边有"…"符号，表示（　　）。
   A. 该命令不能执行   B. 单击该命令后，会弹出一个对话框
   C. 该命令已执行   D. 该命令后有级联菜单

4. 在 Word 中，如果要选取某一个自然段落，可将鼠标指针移到该段落区域内（　　）。
   A. 单击   B. 双击   C. 三击鼠标左键   D. 右击

5. 在 Word 操作时，需要删除一个字，当光标在该字的前面，应按（　　）。

A．【Delete】键　　　　B．【空格】键　　C．【Backspace】键　　　　D．【Enter】键

6．在 Word 中，下列（　　　）内容在普通视图下可看到。

A．文字　　　　　　　B．页脚　　　　　C．自选图形　　　　　　D．页眉

7．在 Word 中，下列关于文档窗口的说法中正确的是（　　　）。

A．只能打开一个文档窗口

B．可以同时打开多个文档窗口，被打开的窗口都是活动窗口

C．可以同时打开多个文档窗口，但其中只有一个是活动窗口

D．可以同时打开多个文档窗口，但在屏幕上只能见到一个文档的窗口。

8．在 Word 中默认的图文环绕方式是（　　　）。

A．四周型　　　　　　B．嵌入型　　　　C．上下型环绕　　　　　D．紧密型环绕

9．在 Word 的编辑状态，要想为当前文档中的文字设定上标、下标效果，应当使用"格式"菜单中的（　　　）。

A．"字体"命令　　　　　　　　　　B．"段落"命令

C．"分栏"命令　　　　　　　　　　D．"样式"命令

10．在 Word 中，"文件"下拉菜单底部所显示的文件名是（　　　）。

A．正在使用的文件名　　　　　　　B．正打印的文件名

C．扩展名为.Doc　　　　　　　　　D．最近被 Word 处理过的文件名

11．Word 具有分栏的功能，下列关于分栏的说法中正确的是（　　　）。

A．最多可以设 4 栏　　　　　　　　B．各栏的栏宽必须相等

C．各栏的宽度可以不同　　　　　　D．各栏之间的间距是固定的

12．在 Word 环境下，不可以在同一行中设定为（　　　）。

A．单倍行距　　　　B．双倍行距　　　C．1.5 倍行距　　　D．单、双混合行距

13．在 Word 中对某些已正确存盘的文件，在打开文件的列表框中却不显示，原因可能是（　　　）。

A．文件被隐藏　　　　　　　　　　B．文件类型选择不对

C．文件夹的位置不对　　　　　　　D．以上三种情况均正确

14．在 Word 中可以像在资源管理器中那样复制和移动文件。只要在"打开"对话框中选定要复制和移动的文件后，使用（　　　）。

A．工具栏上的"复制"、"剪切"和"粘贴"按钮进行操作

B．菜单条上的"复制"、"剪切"和"粘贴"命令进行操作

C．快捷菜单中的"复制"、"剪切"和"粘贴"命令进行操作

D．以上三种操作都不行

15．以下有关 Word 页面显示的说法不正确的有（　　　）。

A．在打印预览状态仍然能进行插入表格等编辑工作

B．在打印预览状态可以查看标尺

C．多页显示只能在打印预览状态中实现

D．在页面视图中可以拖动标尺改变边距

16．有关 Word "首字下沉"命令正确的说法是（　　　）。

　　　A．只能悬挂下沉　　　　　　　　　　B．可以下沉三行字的位置

　　　C．只能下沉三行　　　　　　　　　　D．以上都正确

17．在 Word 编辑状态下，打开了 MyDoC.doc 文档，若要把编辑后的文档以文件名"W1.htm"存盘，可以执行"文件"菜单中的（　　）命令。

　　　A．"保存"　　　　B．"另存为"　　　　C．"全部保存"　　　　D．"另存为 HTML"

18．在 Word 中进行"段落设置"，如果设置"右缩进 1cm"，则其含义是（　　）。

　　　A．对应段落的首行右缩进 1cm

　　　B．对应段落除首行外，其余行都右缩进 1cm

　　　C．对应段落的所有行在右页边距 1cm 处对齐

　　　D．对应段落的所有行都右缩进 1cm

19．在 Word 的编辑状态，文档窗口显示出水平标尺，拖动水平标尺上沿的"首行缩进"滑块，则（　　）。

　　　A．文档中各段落的首行起始位置都重新确定

　　　B．文档中被选择的各段落首行起始位置都重新确定

　　　C．文档中各行的起始位置都重新确定

　　　D．插入点所在行的起始位置被重新确定

20．在 Word 中的"制表位"是用于（　　）。

　　　A．制作表格　　　B．光标定位　　　　C．设定左缩进　　　　D．设定右缩进

21．如果想在 Word 的窗口中显示"常用"工具栏，应当使用的菜单是（　　）。

　　　A．"视图"菜单　　　　　　　　　　　B．"工具"菜单

　　　C．"格式"菜单　　　　　　　　　　　D．"窗口"菜单

22．Word 使用模板创建文档的过程是，选择菜单（　　）命令，然后选择模板名。

　　　A．"文件→打开"　　　　　　　　　　B．"工具→选项"

　　　C．"格式→样式"　　　　　　　　　　D．"文件→新建"

23．新建一个 Word 文档，默认的段落样式为（　　）。

　　　A．正文　　　　　　B．普通　　　　　　C．目录　　　　　　D．标题

24．Word 插入点是指（　　）。

　　　A．当前光标的位置　　　　　　　　　　B．出现在页面的左上角

　　　C．文字等对象的插入位置　　　　　　　D．在编辑区中的任意一个点

25．当用户输入错误的或系统不能识别的文字时，Word 会在文字下面以（　　）标注。

　　　A．红色直线　　　B．红色波浪线　　　C．绿色直线　　　　D．绿色波浪线

26．当用户输入的文字可能出现（　　）时，Word 会用绿色波浪线在文字下面标注。

　　　A．错误文字　　　B．不可识别的文字　　C．语法错误　　　　D．中英文互混

27．在 Word 中进行文字校对时正确的操作是（　　）。

　　　A．选择菜单"工具→选项"命令　　　　B．选择菜单"格式→字体"命令

　　　C．选择菜单"格式→样式"命令　　　　D．选择菜单"工具→拼写和语法"命令

28．在 Word 中不能关闭文档的操作是（　　）。

　　　A．选择菜单"文件→关闭"命令　　　　B．选择窗口的"关闭"按钮

　　C. 选择菜单"文件→另存为"命令　　　　D. 选择菜单"文件→退出"命令

29. Word"窗口"菜单底部显示的文件名所对应的文件是（　　）。

　　A. 曾经被操作过的文件　　　　　　　　B. 当前打开的所有文件

　　C. 最近被操作过的文件　　　　　　　　D. 扩展名为".doc"的所有文件

30. 在 Word 中选择菜单（　　）命令，可将当前视图切换成文档结构图浏览方式。

　　A. "视图→页眉和页脚"　　　　　　　　B. "视图→页面"

　　C. "视图→文档结构图"　　　　　　　　D. "视图→显示比例"

31. 在 Word 中选择菜单（　　）命令，可将视图模式切换成 Web 版式视图。

　　A. "文件→页面设置"　　　　　　　　　B. "文件→版本"

　　C. "文件→另存为 Web 页"　　　　　　D. "文件→Web 页预览"

32. 在 Word 中更改文字方向菜单命令的作用范围是（　　）：

　　A. 光标所在处　　　　B. 整篇文档　　　　C. 所选文字　　　　D. 整段文章

33. 在 Word 中，下列按键不能移动光标的是（　　）。

　　A.【Ctrl+Home】　　B.【↑】　　　　C.【Ctrl+A】　　　　D.【PageUp】

34. 在 Word 中当用户需要选定任意数量的文本时，可以按下鼠标从所要选择的文本上拖过；另一种方法是在所要选择文本的起始处单击，然后按下（　　）键，在所要选择文本的结尾处再次单击。

　　A.【Shift】　　　　B.【Ctrl】　　　　C.【Alt】　　　　　D.【Tab】

35. Word 中下列操作不能实现复制的是（　　）。

　　A. 先选定文本，按【Ctrl+C】键后，再到插入点按【Ctrl+V】键

　　B. 选定文本，选择菜单"编辑→复制"命令后，将光标移动到插入点，单击工具栏上的"粘贴"按钮

　　C. 选定文本，按住【Ctrl】键，同时按住鼠标左键，将光标移到插入点

　　D. 选定文本，按住鼠标左键，移到插入点

36. 以下哪些选项不属于 Word 段落对话框中所提供的功能（　　）。

　　A. "缩进"用于设置段落缩进

　　B. "间距"用于设置每一句的距离

　　C. "特殊格式"用于设置段落特殊缩进格式

　　D. "行距"用于设置本段落内的行间距

37. Word 文字的阴影、空心、阳文、阴文格式中，（　　）和（　　）可以双选，（　　）和（　　）只可单选。

　　A. 阴影，空心；阳文，阴文　　　　　　B. 阴影，阳文；空心，阴文

　　C. 空心，阳文；阴影，阴文　　　　　　D. 以上都不对

38. 在 Word 中不能实现选中整篇文档的操作是（　　）。

　　A. 按【Ctrl+A】键　　　　　　　　　　B. 选择菜单"编辑→全选"命令

　　C. 按【Alt+A】键　　　　　　　　　　D. 在选择区三击鼠标左键

39. 关于 Word 文字的动态效果下列说法正确的是（　　）。

　　A. 动态效果只能在屏幕上显示，其文字可以打印出来，但动态效果无法打印，而且

　　　　每次只能应用一种动态效果

B．动态效果只能在屏幕上显示，其文字可以打印出来，但动态效果无法打印，而且
　　每次可以应用多种动态效果

C．动态效果只能在屏幕上显示，其文字和动态效果可以打印出来，但每次只能应用
　　一种动态效果

D．动态效果只能在屏幕上显示，其文字和动态效果可以打印出来，而且每次可以应
　　用多种动态效果

三、参考答案

（一）填空题

1．【Home】　　2．状态栏　　　　3．页码格式　　4．【Shift】　　5．【Shift】

6．页面视图　　7．【Ctrl+Home】　8．改写　　　　9．【Ctrl】　　　10．字体

（二）单选题

1. C	2. B	3. B	4. C	5. A	6. A	7. C	8. B	9. A	10. D
11. C	12. D	13. D	14. C	15. C	16. B	17. B	18. D	19. B	20. B
21. A	22. D	23. A	24. A	25. B	26. D	27. D	28. C	29. B	30. C
31. C	32. B	33. C	34. A	35. D	36. B	37. A	38. C	39. A	

练习与测试 4

Excel 电子表格习题

一、填空题

1. Excel 是属于_____软件中的一部分。

2. Excel 的三个主要功能是：_____、图表、数据库。

3. 退出 Excel 软件的方法正确的是_____。

4. Excel 应用程序窗口最下面一行称作状态栏，当输入数据时，状态栏显示_____。

5. 一个 Excel 文档对应一个_____。

6. Excel 环境中，用来储存并处理工作表数据的文件，称为_____。

7. Excel 工作簿文件的默认扩展名是_____。

8. 首次进入 Excel 打开的第一个工作簿的名称默认为_____。

9. 在 Excel 中我们直接处理的对象称为工作表,若干工作表的集合称为_____。

10. Excel 的一个工作簿文件中最多可以包含_____个工作表。

11. 在 Excel 工作簿中同时选择多个不相邻的工作表，可以按住_____键的同时依次单击各个工作表的标签。

12. 在 Excel 中电子表格是一种_____维的表格。

13. Excel 工作表中的行和列数最多可有_____。

14. Excel 工作表的最左上角的单元格的地址是_____。

15. 在 Excel 单元格内输入计算公式时，应在表达式前加一前缀字符_____。

16. 在 Excel 单元格内输入计算公式后按【Enter】键,单元格内显示的是_____。

17. 在单元格中输入数字字符串 050091（邮政编码）时，应输入_____。

18. Excel 中的工作表是由行、列组成的表格，表中的每一格叫_____。

19. 在 Excel 中将单元格变为活动单元格的操作是_____。

20. 在 Excel 中活动单元格是指_____的单元格。

21. 在 Excel 中按【Ctrl+End】键，光标移到_____。

22. 若在 Excel 的 A1 单元中输入 "=7+8"，则显示结果为_____。

23. 若在 Excel 的 A1 单元中输入 "=1>=2"，则显示结果为_____。

24. 在 Excel 的"常用"工具栏中，"Σ"按钮的功能是＿＿＿＿＿＿＿＿＿。

25. 在 Excel 中，当某单元格中的数据被显示为充满整个单元格的一串"#####"时，说明＿＿＿＿＿＿＿。

二、单选题

1. 在 Excel 中图表中的大多数图表项（　　）。
   A. 固定不动　　　　　　　　　　B. 不能被移动或调整大小
   C. 可被移动或调整大小　　　　　D. 可被移动，但不能调整大小
2. 在 Excel 中删除工作表中对图表有链接的数据时，图表中将（　　）。
   A. 自动删除相应的数据点　　　　B. 必须用编辑删除相应的数据点
   C. 不会发生变化　　　　　　　　D. 被复制
3. 在 Excel 中数据标示被分组成数据系列，然后每个数据系列由（　　）颜色或图案（或两者）来区分。
   A. 任意　　　　B. 两个　　　　　C. 三个　　　　　D. 唯一的
4. 在工作表中选定生成图表用的数据区域后，不能用（　　）插入图表。
   A. 单击工具栏的"图表向导"工具按钮
   B. 选择快捷菜单中的"插入…"命令
   C. 选择菜单"插入→图表"命令
   D. 按 F11 功能键
5. 利用 Excel，不能用（　　）的方法建立图表。
   A. 在工作表中插入或嵌入图表　　B. 添加图表工作表
   C. 从非相邻选定区域建立图表　　D. 建立数据库
6. 在工作表中插入图表最主要的作用是（　　）。
   A. 更精确地表示数据　　　　　　B. 使工作表显得更美观
   C. 更直观地表示数据　　　　　　D. 减少文件占用的磁盘空间
7. Excel 广泛应用于（　　）。
   A. 统计分析、财务管理分析、股票分析和经济、行政管理等各个方面
   B. 工业设计、机械制造、建筑工程
   C. 美术设计、装潢、图片制作等各个方面
   D. 多媒体制作
8. 关于 Excel，在下面的选项中，错误的说法是（　　）。
   A. Excel 是表格处理软件
   B. Excel 不具有数据库管理能力
   C. Excel 具有报表编辑、分析数据、图表处理、连接及合并等能力
   D. 在 Excel 中可以利用宏功能简化操作
9. 关于启动 Excel，下面说法错误的是（　　）。
   A. 单击 Office 快捷工具栏上的"Excel"图标
   B. 通过选择菜单"开始→程序→Microsoft Excel"命令启动

C. 通过选择菜单"开始→运行"命令，运行相应的程序启动 Excel

D. 上面三项都不能启动 Excel

10. Excel 将工作簿的工作表的名称放置在（　　　）。

　　A. 标题栏　　　　　B. 标签行　　　　　　　C. 工具栏　　　　D. 信息行

11. 以下关于 Excel 的叙述中，（　　　）是正确的。

　　A. Excel 将工作簿的每一张工作表分别作为一个文件来保存

　　B. Excel 允许同时打开多个工作簿文件进行处理

　　C. Excel 的图表必须与生成该图表的有关数据处于同一张工作表上

　　D. Excel 工作表的名称由文件决定

12. 关于工作表名称的描述，正确的是（　　　）。

　　A. 工作表名不能与工作簿名相同

　　B. 同一工作簿中不能有相同名字的工作表

　　C. 工作表名不能使用汉字

　　D. 工作表名称的默认扩展名是.xls

13. 在 Excel 中要选定一张工作表，操作是（　　　）。

　　A. 选"窗口"菜单中该工作簿名称　　　　　B. 单击该工作表标签

　　C. 在名称框中输入该工作表的名称　　　　　D. 用鼠标将该工作表拖放到最左边

14. 在 Excel 中，若要对某工作表重新命名，可以采用（　　　）。

　　A. 单击工作表标签　　　　　　　　　　　　B. 双击工作表标签

　　C. 单击表格标题行　　　　　　　　　　　　D. 双击表格标题行

15. 在 Excel 中，下面关于单元格的叙述正确的是（　　　）。

　　A. A4 表示第 1 行第 4 列的单元格

　　B. 在编辑的过程中，单元格地址在不同的环境中会有所变化

　　C. 工作表中每个长方形的表格称为单元格

　　D. 为了区分不同工作表中相同地址的单元格地址，可以在单元格前加上工作表的名
　　　　称，中间用"#"分隔

16. 在 Excel 的工作表中，以下哪些操作不能实现（　　　）。

　　A. 调整单元格高度　　　　　　　　　　　　B. 插入单元格

　　C. 合并单元格　　　　　　　　　　　　　　D. 拆分单元格

17. 在 Excel 的工作表中，有关单元格的描述，下面正确的是（　　　）。

　　A. 单元格的高度和宽度不能调整　　　　　　B. 同一列单元格的宽度不必相同

　　C. 同一行单元格的高度必须相同　　　　　　D. 单元格不能有底纹

18. 在 Excel 中单元格地址是指（　　　）。

　　A. 每一个单元格　　　　　　　　　　　　　B. 每一个单元格的大小

　　C. 单元格所在的工作表　　　　　　　　　　D. 单元格在工作表中的位置

19. 向 Excel 工作表的任一单元格输入内容后，都必须确认后才认可。确认的方法不正确
的是（　　　）。

　　A. 按光标移动键　　　　　　　　　　　　　B. 按【Enter】键

  C．单击另一单元格　　　　　　　　　　D．双击该单元格

20．若在工作表中选取一组单元格，则其中活动单元格的数目是（　　　）。

  A．一行单元格　　　　　　　　　　　　B．一个单元格

  C．一列单元格　　　　　　　　　　　　D．等于被选中的单元格数目

21．在 Excel 的单元格内输入日期时，年、月、日分隔符可以是（　　　）。

  A．"/"或"-"　　　B．"、"或"|"　　　C．"/"或"\\"　　　D．"\\"或"."

22．在单元格中输入（　　　），使该单元格显示 0.3。

  A．6/20　　　　　B．=6/20　　　　　C．"6/20"　　　　D．="6/20"

23．某区域由 A1，A2，A3，B1，B2，B3 6 个单元格组成。下列不能表示该区域的是（　　　）。

  A．A1：B3　　　　B．A3：B1　　　　C．B3：A1　　　　D．A1：B1

24．在 Excel 中，单元格 B2 中输入（　　　），使其显示为 1.2。

  A．2*0.6　　　　　B．="2*0.6"　　　　C．"2*0.6"　　　　D．=2*0.6

25．在 Excel 中，下列（　　　）是输入正确的公式形式。

  A．b2*d3+1　　　B．sum(d1:d2)　　　C．=sum(d1:d2)　　　D．=8x2

26．在 Excel 中，利用填充柄可以将数据复制到相邻单元格中，若选择含有数值的左右相邻的两个单元格，左键拖动填充柄，则数据将以（　　　）填充。

  A．等差数列　　　　B．等比数列　　　　C．左单元格数值　　　D．右单元格数值

27．单元格的数据类型不可以是（　　　）。

  A．时间型　　　　　B．逻辑型　　　　　C．备注型　　　　　D．货币型

28．在 Excel 中正确的算术运算符是（　　　）等。

  A．+ - * / >=　　　B．= <= >= <>　　　C．+ - * /　　　D．+ - * / &

29．使用鼠标拖放方式填充数据时，鼠标的指针形状应该是（　　　）。

  A．**+**　　　　　　B．I　　　　　　　C．**+**　　　　　　D．?

30．在 Excel 工作表中用鼠标选择两个不连续的，但形状和大小均相同的区域后，用户不可以（　　　）。

  A．一次清除两个区域中的数据

  B．一次删除两个区域中的数据，然后由相邻区域内容移来取而代之

  C．根据需要利用所选两个不连续区域的数据建立图表

  D．将两个区域中的内容按原来的相对位置复制到不连续的另外两个区域中

31．在 Excel 中用鼠标拖曳复制数据和移动数据在操作上（　　　）。

  A．有所不同，区别是：复制数据时，要按住【Ctrl】键

  B．完全一样

  C．有所不同，区别是：移动数据时，要按住【Ctrl】键

  D．有所不同，区别是：复制数据时，要按住【Shift】键

32．在 Excel 中，利用剪切和粘贴（　　　）。

  A．只能移动数据　　　　　　　　　　　B．只能移动批注

  C．只能移动格式　　　　　　　　　　　D．能移动数据、批注和格式

33．利用 Excel 的自定义序列功能建立新序列时，在输入的新序列各项之间要用（　　　）

加以分隔。

  A．全角分号   B．全角逗号   C．半角分号   D．半角逗号

34．在 Excel 中，当公式中出现被零除的现象时，产生的错误值是（   ）。

  A．#N/A!   B．#DIV/0!   C．#NUM!   D．#VALUE!

35．Excel 中，要在公式中使用某个单元格的数据时，应在公式中输入该单元格的（   ）。

  A．格式   B．批注   C．条件格式   D．名称

36．在 Excel 中如果要修改计算的顺序，需把公式首先计算的部分括在（   ）内。

  A．单引号   B．双引号   C．圆括号   D．中括号

37．在 Excel 中在某单元格中输入"= −5+6*7"，则按【Enter】键后此单元格显示为（   ）。

  A．−7   B．77   C．37   D．−47

38．设 E1 单元格中的公式为=A3+B4，当 B 列被删除时，E1 单元格中的公式将调整为（   ）。

  A．=A3+C4   B．=A3+B4   C．=A3+A4   D．#REF!

39．在 Excel 中，假设 B1、B2、C1、C2 单元格中分别存放 1、2、6、9，SUM(B1:C2)和 AVERAGE(B1:C2)的值等于（   ）。

  A．10，4.5   B．10，10   C．18，4.5   D．18，10

40．在 Excel 中参数必须用（   ）括起来，以告诉公式参数开始和结束的位置。

  A．中括号   B．双引号   C．圆括号   D．单引号

41．在单元格中输入"=MAX(B2:B8)"，其作用是（   ）。

  A．比较 B2 与 B8 的大小   B．求 B2～B8 之间的单元格的最大值

  C．求 B2 与 B8 的和   D．求 B2～B8 之间的单元格的平均值

42．单元格 F3 的绝对地址表达式为（   ）。

  A．$F3   B．#F3   C．$F$3   D．F#3

43．在 Excel 中引用两个区域的公共部分，应使用引用运算符（   ）。

  A．冒号   B．连字符   C．逗号   D．空格

44．在 Excel 的"格式"工具栏中，"，"图标的功能是（   ）。

  A．百分比样式   B．小数点样式   C．千位分隔样式   D．货币样式

45．在 Excel 中，当用户希望使标题位于表格中央时，可使用对齐方式中的（   ）。

  A．置中   B．填充   C．分散对齐   D．合并及居中

46．在 Excel 中的某个单元格中输入文字，若要文字能自动换行，可利用"单元格格式"对话框的（   ）选项卡，选择"自动换行"。

  A．"数字"   B．"对齐"   C．"图案"   D．"保护"

47．在 Excel 中单元格的格式（   ）更改。

  A．一旦确定，将不可   B．依输入数据的格式而定，并不能

  C．可随时   D．更改后，将不可

48．在 Excel 的页面中，增加页眉和页脚的操作是（   ）。

  A．执行"文件"菜单中的"页面设置"命令，在弹出的对话框中选择"页眉/页脚"选项卡

B．执行"文件"菜单中的"页面设置"命令，在弹出的对话框中选择"页面"选项卡

C．执行"插入"菜单中的"名称"命令，在弹出的对话框中选择"页眉/页脚"选项卡

D．只能执行"打印"对话框中设置

49．Excel 的"页面设置"窗口的"缩放比例"（　　）。

A．即影响显示时的大小，又影响打印时的大小

B．不影响显示时的大小，但影响打印时的大小

C．即不影响显示时的大小，也不影响打印时的大小

D．影响显示时的大小，但不影响打印时的大小

50．在 Excel 中数据点用条形、线条、柱形、切片、点及其他形状表示，这些形状称为（　　）。

A．数据标示　　　　B．数据　　　　　　C．图表　　　　　　D．数组

51．在 Excel 中建立图表时，一般（　　）。

A．首先新建一个图表标签　　　　　　B．建完图表后，再输入数据

C．在输入的同时，建立图表　　　　　D．先输入数据，再建立图表

52．在 Excel 中图表被选中后，"插入"菜单下的命令内容（　　）。

A．发生了变化　　B．没有变化　　　C．均不能使用　　D．与图表操作无关

53．在 Excel 中图表是（　　）。

A．照片　　　　　　　　　　　　　　B．工作表数据的图形表示

C．可以用画图工具进行编辑的　　　　D．根据工作表数据用画图工具绘制的

54．在 Excel 中系统默认的图表类型是（　　）。

A．柱形图　　　　　B．圆饼图　　　　C．面积图　　　　　D．折线图

55．在 Excel 中产生图表的基础数据发生变化后，图表将（　　）。

A．被删除　　　　　　　　　　　　　B．发生改变，但与数据无关

C．不会改变　　　　　　　　　　　　D．发生相应的改变

56．在 Excel 中图表中的图表项（　　）。

A．不可编辑　　　　　　　　　　　　B．可以编辑

C．不能移动位置，但可编辑　　　　　D．大小可调整，内容不能改

三、参考答案

（一）填空题

1．Microsoft Office　　　2．电子表格　　　3．选择菜单"文件→退出"命令

4．输入　　　　　　　　　5．工作簿　　　　6．工作簿　　　7．.xls　　　8．Book1

9．工作簿　　　　　　　　10．255　　　　　11．【Ctrl】　　　12．二

13．65536 行、256 列　　　14．A1　　　　　15．"="　　　　　16．公式的计算结果

17．050091　　　　　　　18．单元格　　　　19．用鼠标单击该单元格

20．正在处理　　　　　　　21．工作表有效区域的右下角　　　22．15

23．FALSE　　　　　　　　24．自动求和

25．显示其中的数据所需要的宽度大于该列的宽度

（二）单选题

1. C	2. A	3. D	4. B	5 C	6. C	7. A	8. B	9. D	10. B
11. B	12. B	13. B	14. B	15. C	16. D	17. C	18. D	19. D	20. B
21. A	22. B	23. D	24. D	25. C	26. A	27. C	28. C	29. A	30. D
31. A	32. D	33. C	34. B	35. D	36. C	37. C	38. D	39. C	40. C
41. B	42. C	43. D	44. C	45. D	46. B	47. C	48. A	49. B	50. A
51. D	52. A	53. B	54. A	55. D	56. B				

练习与测试 5

PowerPoint 演示文稿习题

一、填空题

1. PowerPoint 是用于制作＿＿＿＿＿＿＿＿的工具软件。

2. PowerPoint 演示文稿文件的扩展名是＿＿＿＿＿＿＿＿。

3. 演示文稿文件中的每一张演示单页称为＿＿＿＿＿＿＿＿。

4. PowerPoint 中能对幻灯片进行移动、删除、复制和设置动画效果，但不能对幻灯片进行编辑的视图是＿＿＿＿＿＿＿＿。

5. PowerPoint 模板文件以＿＿＿＿＿＿＿＿扩展名进行保存。

6. 演示文稿中每张幻灯片都是基于某种＿＿＿＿＿＿＿＿创建的，它预定义了新建幻灯片的各种占位符布局情况。

7. 在 PowerPoint 中，设置幻灯片放映时的换页效果为"向下插入"，应使用"幻灯片放映"菜单下的＿＿＿＿＿＿＿＿选项。

8. 在幻灯片中设置文本格式，首先要＿＿＿＿＿＿＿＿标题占位符、文本占位符或文本框。

9. 在 PowerPoint 软件中，可以为文本、图形等对象设置动画效果，以突出重点或增加演示文稿的趣味性。设置动画效果可采用＿＿＿＿＿＿＿＿菜单的"预设动画"命令。

10. 展开打包的演示文稿文件，需要运行＿＿＿＿＿＿＿＿。

11. 对于演示文稿中不准备放映的幻灯片可以用＿＿＿＿＿＿＿＿下拉菜单中的"隐藏幻灯片"命令隐藏。

12. 在 PowerPoint 中，可以创建某些＿＿＿＿＿＿＿＿，在幻灯片放映时单击它们就可以跳转到特定的幻灯片或运行一个嵌入的演示文稿。

13. 如果希望 PowerPoint 演示文稿的作者名出现在所有幻灯片中，则应将其加入到＿＿＿＿＿＿＿＿。

14. 在 PowerPoint 中，若预设动画，应选择＿＿＿＿＿＿＿＿。

15. 在 PowerPoint 的＿＿＿＿＿＿＿＿下，可以用拖动方法改变幻灯片的顺序。

16. 演示文稿的基本组成单元是＿＿＿＿＿＿＿＿。

17. PowerPoint 中，显示出当前被处理的演示文稿文件名的栏是＿＿＿＿＿＿＿＿。

18. 在 PowerPoint 中，激活超链接的动作可以是在超链点用鼠标"单击"和＿＿＿＿＿＿＿＿。

19. 在 PowerPoint 中，文字区的插入光标存在，证明此时是＿＿＿＿＿＿＿＿状态。

20．在 PowerPoint 中，如果在幻灯片浏览视图中要选定若干张不连续的幻灯片，那么应先按住＿＿＿＿＿＿＿键，再分别单击各幻灯片。

二、单选题

1．由 PowerPoint 创建的文档称为（　　　）。

    A．演示文稿　　　　　　B．幻灯片　　　　　　　C．讲义　　　　　　D．多媒体课件

2．（　　　）是事先定义好格式的一批演示文稿方案。

    A．模板　　　　　　　　B．母版　　　　　　　　C．版式　　　　　　D．幻灯片

3．选择 PowerPoint 中（　　　）的"背景"命令可改变幻灯片的背景。

    A．格式　　　　　　　　B．幻灯片放映　　　　　C．工具　　　　　　D．视图

4．PowerPoint 的大纲窗格中，不可以（　　　）。

    A．插入幻灯片　　　　　B．删除幻灯片　　　　　C．移动幻灯片　　　D．添加文本框

5．编辑演示文稿时，要在幻灯片中插入表格、剪贴画或照片等图形，应在（　　　）中进行。

    A．备注页视图　　　　　B．幻灯片浏览视图　　　C．幻灯片窗格　　　D．大纲窗格

6．每个演示文稿都有一个（　　　）集合。

    A．模板　　　　　　　　B．母版　　　　　　　　C．版式　　　　　　D．格式

7．下列操作，不能插入幻灯片的是（　　　）。

    A．单击工具栏中的"新幻灯片"按钮

    B．单击工具栏中"常规任务"按钮，从中选择"新幻灯片"选项

    C．从"插入"下拉菜单中选择"新幻灯片"命令

    D．从"文件"下拉菜单中选择"新建"命令或单击工具栏中的"新建"按钮

8．关于插入幻灯片的操作，不正确的是（　　　）。

    A．选中一张幻灯片，做插入操作

    B．插入的幻灯片在选定的幻灯片之前

    C．首先确定要插入幻灯片的位置，然后再做插入操作

    D．一次可以插入多张幻灯片

9．在 PowerPoint 中，幻灯片（　　　）是一张特殊的幻灯片，包含已设定格式的占位符。这些占位符是为标题、主要文本和所有幻灯片中出现的背景项目而设置的。

    A．模板　　　　　　B．母版　　　　　　　　C．版式　　　　　　　D．样式

10．对母版的修改将直接反映在（　　　）幻灯片上。

    A．每张　　　　　　　　　　　　　　　　　B．当前

    C．当前幻灯片之后的所有　　　　　　　　　D．当前幻灯片之前的所有

11．在幻灯片浏览视图中，按住【Ctrl】键，并用鼠标拖动幻灯片，将完成幻灯片的（　　　）操作。

    A．剪切　　　　　　　　B．移动　　　　　　　　C．复制　　　　　　D．删除

12．要使幻灯片在放映时能够自动播放，需要为其设置（　　　）。

    A．超链接　　　　　　　B．动作按钮　　　　　　C．排练计时　　　　D．录制旁白

13．演示文稿打包后，在目标盘上会产生一个名为（　　　）的解包可执行文件。

　　A．Setup.exe　　　B．Pngsetup.exe　　　　C．Install.exe　　　D．Pres0.ppz

14．放映幻灯片有多种方法，在默认状态下，以下（　　　　）可以不从第一张幻灯片开始放映。

　　A．"幻灯片放映"菜单下"观看放映"命令项

　　B．视图按钮栏上的"幻灯片放映"按钮

　　C．"视图"菜单下的"幻灯片放映"命令项

　　D．在"资源管理器"中，右击演示文稿文件，在快捷菜单中选择"显示"命令

15．PowerPoint 中，下列裁剪图片的说法错误的是（　　　　）。

　　A．裁剪图片是指保存图片的大小不变，而将不希望显示的部分隐藏起来

　　B．当需要重新显示被隐藏的部分时，还可以通过"裁剪"工具进行恢复

　　C．如果要裁剪图片，单击选定图片，再单击"图片"工具栏中的"裁剪"按钮

　　D．按住鼠标右键向图片内部拖动时，可以隐藏图片的部分区域

16．在 PowerPoint 中，如果有额外的一、两行不适合文本占位符的文本，则 PowerPoint 会（　　　）。

　　A．不调整文本的大小，也不显示超出部分

　　B．自动调整文本的大小使其适合占位符

　　C．不调整文本的大小，超出部分自动移至下一幻灯片

　　D．不调整文本的大小，但可以在幻灯片放映时用滚动条显示文本

17．PowerPoint 中改变正在编辑的演示文稿模板的方法是（　　　　）。

　　A．选择菜单"格式→应用设计模板"命令

　　B．选择菜单"工具→版式"命令

　　C．选择菜单"幻灯片放映→自定义动画"命令

　　D．选择菜单"格式→幻灯片版式"命令

18．在一张幻灯片中，（　　　　）。

　　A．只能包含文字信息　　　　　　　　B．只能包含文字与图形对象

　　C．只能包括文字、图形与声音　　　　D．可以包含文字、图形、声音、影片等

19．在 PowerPoint 中，演示文稿与幻灯片的关系是（　　　　）。

　　A．演示文稿即是幻灯片　　　　　　　B．演示文稿中包含多张幻灯片

　　C．幻灯片中包含多个演示文稿　　　　D．两者无关

20．在幻灯片中添加动作按钮，是为了（　　　　）。

　　A．演示文稿内幻灯片的跳转功能　　　B．出现动画效果

　　C．用动作按钮控制幻灯片的制作　　　D．用动作按钮控制幻灯片统一的外观

21．要设置在幻灯片中艺术字的格式，可通过（　　　　）实现

　　A．选定艺术字，选择菜单"插入→对象"命令

　　B．选定艺术字，选择菜单"编辑→替换"命令

　　C．选定艺术字，选择菜单"格式→艺术字"命令

　　D．选定艺术字，选择菜单"工具→语言"命令

22．将 PowerPoint 演示文稿整体地设置为统一外观的功能是（　　　　）。

　　A．统一动画效果　　　　　　　　　　B．配色方案

C．固定的幻灯片母版　　　　　　　　D．应用设计模板

23．在 PowerPoint 幻灯片中，要选定多个对象，可通过（　　　）实现。

A．按住【Shift】键的同时，单击各个对象

B．按住【空格】键的同时，单击各个对象

C．按住【Alt】键的同时，单击各个对象

D．按住【Tab】键的同时，单击各个对象

24．PowerPoint 中，选择菜单"文件→关闭"命令，则（　　　）。

A．关闭 PowerPoint 窗口　　　　　　B．关闭正在编辑的演示文稿

C．退出 PowerPoint　　　　　　　　　D．关闭所有打开的演示文稿

25．在 PowerPoint 中，幻灯片母版是（　　　）。

A．用户定义的第一张幻灯片，以供其他幻灯片套用

B．用于统一演示文稿中各种格式的特殊幻灯片

C．用户定义的幻灯片模板

D．演示文稿的总称

26．为在 PowerPoint 幻灯片放映时，对某张幻灯片加以说明，可（　　　）。

A．用鼠标作笔进行勾画

B．在工具栏选"绘图笔"进行勾画

C．在 Windows 画图工具箱中选"绘图笔"进行勾画

D．在幻灯片放映时右击，在快捷菜单中选择"指针选项→绘图笔"命令

27．若要在 PowerPoint 中插入图片，下列说法错误的是（　　　）。

A．允许插入在其他图形程序中创建的图片

B．为了将某种格式的图片插入到幻灯片中，必须安装相应的图形过滤器

C．选择菜单"插入→图片→来自文件"命令

D．在插入图片前，不能预览图片

28．PowerPoint 中，关于在幻灯片中插入图表的说法中错误的是（　　　）。

A．可以直接通过复制和粘贴的方式将图表插入到幻灯片中

B．对不含图表占位符的幻灯片可以插入新图表

C．只能通过插入包含图表的新幻灯片来插入图表

D．双击图表占位符可以插入图表

29．PowerPoint 中，下列有关表格的说法错误的是（　　　）。

A．要向幻灯片中插入表格，需切换到普通视图

B．要向幻灯片中插入表格，需切换到幻灯片浏览视图

C．不能在单元格中插入斜线

D．可以拆分单元格

30．PowerPoint 中，下列说法错误的是（　　　）。

A．不可以为剪贴画重新上色

B．可以向已存在的幻灯片中插入剪贴画

C．可以修改剪贴画

　　D．可以利用自动版式建立带剪贴画的幻灯片，用来插入剪贴画

31．PowerPoint 中，下列关于表格的说法错误的是（　　）。

　　A．可以向表格中插入新行和新列　　　　B．不能合并和拆分单元格

　　C．可以改变列宽和行高　　　　　　　　D．可以给表格添加边框

32．在 PowerPoint 中，将已经创建的演示文稿转移到其他没有安装 PowerPoint 软件的机器上放映的命令是（　　）。

　　A．演示文稿打包　　　B．演示文稿发送　　　C．演示文稿　　　D．动作按钮

33．PowerPoint 在幻灯片中建立超链接有两种方式：通过把某对象作为"超链点"和（　　）。

　　A．文本框　　　　　　B．文本　　　　　　C．图稿复制　　　　D．动作按钮

34．剪切幻灯片，首先要选中当前幻灯片，然后（　　）。

　　A．选择菜单"编辑→清除"命令

　　B．选择菜单"编辑→剪切"命令

　　C．按住【Shift】键，然后利用拖放控制点

　　D．按住【Ctrl】键，然后利用拖放控制点

35．要实现在播放时幻灯片之间的跳转，可采用的方法是（　　）。

　　A．设置预设动画　　　　　　　　　　　B．设置自定义动画

　　C．设置幻灯片切换方式　　　　　　　　D．设置动作按钮

36．要为所有幻灯片添加编号，下列方法中正确的是（　　）。

　　A．选择菜单"插入→幻灯片编号"命令即可

　　B．在母版视图中，选择菜单"插入→幻灯片编号"命令

　　C．选择菜单"视图→页眉和页脚"命令，在弹出的对话框中选中"幻灯片编号"复选框，然后单击"应用"按钮

　　D．选择菜单"视图→页眉和页脚"命令，在弹出的对话框中选中"幻灯片编号"复选框，然后单击"全部应用"按钮

37．在 PowerPoint 的打印对话框中，不是合法的"打印内容"的选项是（　　）。

　　A．备注页　　　　　　B．幻灯片　　　　　C．讲义　　　　　D．幻灯片浏览

38．在幻灯片的放映过程中要中断放映，可以直接按（　　）键。

　　A．【Alt+F4】　　　　B．【Ctrl+X】　　　　C．【Esc】　　　　D．【End】

39．当保存演示文稿时，出现"另存为"对话框，则说明（　　）。

　　A．该文件保存时不能用该文件原来的文件名　B．该文件不能保存

　　C．该文件未保存过　　　　　　　　　　　D．该文件已经保存过

40．在 PowerPoint 中，要选定多个图形时，需（　　），然后用鼠标单击要选定的图形对象。

　　A．先按住【Alt】键　　　　　　　　　　B．先按住【Home】键

　　C．先按住【空格】键　　　　　　　　　　D．先按住【Ctrl】键

41．在 PowerPoint 中，若想在一屏内观看多张幻灯片的播放效果，可采用的方法是（　　）。

　　A．切换到幻灯片放映视图　　　　　　　　B．打印预览

　　C．切换到幻灯片浏览视图　　　　　　　　D．切换到幻灯片大纲视图

42．不能作为 PowerPoint 演示文稿的插入对象的是（　　）。

　　　　A．图表　　　　　　　　　　　　　　B．Excel 工作簿
　　　　C．图像文档　　　　　　　　　　　　D．Windows 操作系统

43．幻灯片的切换方式是指（　　　）。
　　　A.在编辑新幻灯片时的过渡形式
　　　B.在编辑幻灯片时切换不同视图
　　　C.在编辑幻灯片时切换不同的设计模板
　　　D.在幻灯片放映时两张幻灯片间过渡形式

44．在 PowerPoint 中，安排幻灯片对象的布局可选择（　　　）来设置。
　　　A．应用设计模板　　　B．幻灯片版式　　　C．背景　　　　D．配色方案

45．在 PowerPoint 中，取消幻灯片中的对象的动画效果可通过选择菜单（　　　）命令来实现。
　　　A．"幻灯片放映→自定义动画"　　　　　　B．"幻灯片放映→自定义放映"
　　　C．"幻灯片放映→预设动画"　　　　　　　D．"幻灯片放映→动作按钮"

46．选定演示文稿，若要改变该演示文稿的整体外观，需要进行（　　　）的操作。
　　　A．选择菜单"工具→自动更正"命令
　　　B．选择菜单"工具→自定义"命令
　　　C．选择菜单"格式→应用设计模板"命令
　　　D．选择菜单"工具→版式"命令

47．选择"幻灯片放映"下拉菜单中的"排练计时"命令对幻灯片定时切换后，又选择了"幻灯片放映"下拉菜单中的"设置放映方式"命令，并在该对话框的"换片方式"选项组中，选择"人工"选项，则下面叙述中不正确的是（　　　）。
　　　A．放映幻灯片时，单击鼠标换片
　　　B．放映幻灯片时，单击"弹出菜单"按钮，选择"下一张"命令进行换片
　　　C．放映幻灯片时，单击鼠标右键弹出快捷菜单按钮，选择"下一张"命令进行换片
　　　D．幻灯片仍然按"排练计时"设定的时间进行换片

三、参考答案

（一）填空题

1．演示文稿　　2．.ppt　　3．幻灯片　　　4．幻灯片浏览视图　　　5．.pot
6．版式　　7．幻灯片切换　　8．选定　　9．幻灯片放映　　　　　10．Pngsetup.exe
11．幻灯片放映　12．按钮　　13．幻灯片母版　14．菜单"幻灯片放映→预设动画"命令
15．幻灯片浏览视图　16．幻灯片　17．标题栏　18．移过　　　　19．文字编辑
20．【Ctrl】

（二）单选题

1. A	2. A	3. A	4. D	5. C	6. B	7. D	8. B	9. B	10. A
11. C	12. C	13. B	14. B	15. D	16. B	17. A	18. D	19. B	20. A
21. C	22. D	23. A	24. B	25. B	26. D	27. D	28. C	29. B	30. A
31. B	32. A	33. D	34. B	35. D	36. D	37. D	38. D	39. C	40. D
41. C	42. D	43. D	44. B	45. A	46. C	47. D			

练习与测试 6

多媒体知识习题

一、填空题

1. 多媒体计算机是指_____。

2. 所谓的媒体是指_____。

3. 因特网上最常用的用来传输图像的存储格式是_____。

4. 屏幕上每个像素都用一个或多个二进制位描述其颜色信息，256 种灰度等级的图像每个像素用_____个二进制位描述其颜色信息。

5. 目前我国采用视频信号的制式是_____。

6. 计算机先要用____设备把波形声音的模拟信号转换成数字信号再处理或存储。

7. MPEG 是一种图像压缩标准，其含义是_____。

8. 音频卡是按_____分类的。

9. 按照光驱在计算机上的安装方式，光驱一般可分为_____和_____。

10. 与传统媒体相比，多媒体的特点有_____、_____、_____、
_____。

11. DVD 光盘采用的数据压缩标准是_____。

12. 多媒体计算机系统由_____和_____组成。

13. _____是指压缩文件自身可进行解压缩，而不需借助其他软件。

14. 只要计算机配有_____驱动器，就可以使用 CD 播放器播放 CD 唱盘。

15. 计算机在存储波形声音之前，必须进行_____处理。

16. 多媒体计算机软件系统由_____、多媒体数据库、多媒体压缩解压缩程序、
声像同步处理程序、通信程序、多媒体开发制作工具软件等组成。

17. 在采样频率 20 kHz、22.05 kHz、50 kHz、100 kHz 中，_____采样频率是
目前音频卡所支持的。

18. 一般说来，要求声音的质量越高，则量化级数越_____和采样频率
越_____。

19. _____是对数据重新进行编码，以减少所需存储空间的通用术语。

20. 用 WinRAR 软件创建自解压文件时，文件的后缀名为_____。

21. 在声音的数字化处理过程中，当采样频率_____、量化精度_____时，
声音文件最大。

22. 多媒体技术未来发展的方向是_____。

23. 多媒体信息在计算机中的存储形式是_____。

24. _____是指直接作用于人的感觉器官，是人产生直接感觉的媒体。

25. 多媒体计算机中除了通常计算机的硬件外，还必须包括_____、_____、_____、_____四个硬部件。

二、单选题

1. 多媒体媒体元素不包括（　　）。

    A. 文本　　　　　　B. 光盘　　　　　　　C. 声音　　　　　D. 图像

2. 多媒体除了具有信息媒体多样性的特征外，还具有（　　）。

    A. 交互性　　　　　B. 集成性　　　　　　C. 系统性　　　　D. 上述三方面特征

3. 在多媒体应用中，文本的多样化主要是通过其（　　）表现出来的。

    A. 文本格式　　　　B. 编码　　　　　　　C. 内容　　　　　D. 存储格式

4. 下面关于图形媒体元素的描述，说法不正确的是（　　）。

    A. 图形也称矢量图

    B. 图形主要由直线和弧线等实体组成

    C. 图形易于用数学方法描述

    D. 图形在计算机中用位图格式表示

5. 下面关于（静止）图像媒体元素的描述，说法不正确的是（　　）。

    A. 静止图像和图形一样具有明显规律的线条

    B. 图像在计算机内部只能用称之为"像素"的点阵来表示

    C. 图形与图像在普通用户看来是一样的，但计算机对它们的处理方法完全不同

    D. 图像较图形在计算机内部占据更大的存储空间

6. 分辨率影响图像的质量，在图像处理时需要考虑（　　）。

    A. 屏幕分辨率　　　　　　　　　　B. 显示分辨率

    C. 像素分辨率　　　　　　　　　　D. 上述三项

7. PCX、BMP、TIFF、JPG、GIF 等格式的文件是（　　）。

    A. 动画文件　　　B. 视频数字文件　　C. 位图文件　　　D. 矢量文件

8. WMF、DXF 等格式的文件是（　　）。

    A. 动画文件　　　B. 视频数字文件　　C. 位图文件　　　D. 矢量文件

9. 图像数据压缩的目的是为了（　　）。

    A. 符合 ISO 标准　　　　　　　　B. 减少数据存储量，便于传输

    C. 图像编辑的方便　　　　　　　　D. 符合各国的电视制式

10. 视频信号数字化存在的最大问题是（　　）。

    A. 精度低　　　B. 设备昂贵　　　C. 过程复杂　　　D. 数据量大

11. （　　）直接影响声音数字化的质量。

    A. 采样频率　　B. 采样精度　　　C. 声道数　　　　D. 上述三项

12. MIDI 标准的文件中存放的是（　　）。

A. 波形声音的模拟信号   B. 波形声音的数字信号

C. 计算机程序   D. 符号化的音乐

13. 不能用来存储声音的文件格式是（　　）。

    A. WAV   B. JPG   C. MID   D. MP3

14. 声卡是多媒体计算机不可缺少的组成部分，是（　　）。

    A. 纸做的卡片   B. 塑料做的卡片

    C. 一块专用器件   D. 一种圆形唱片

15. 下面关于动画媒体元素的描述，说法不正确的是（　　）。

    A. 动画也是一种活动影像   B. 动画有二维和三维之分

    C. 动画只能逐幅绘制   D. SWF 格式文件可以保存动画

16. 下面关于多媒体数据压缩技术的描述，说法不正确的是（　　）。

    A. 数据压缩的目的是为了减少数据存储量，便于传输和回放

    B. 图像压缩就是在没有明显失真的前提下，将图像的位图信息转变成另外一种能将数据量缩减的表达形式

    C. 数据压缩算法分为有损压缩和无损压缩

    D. 只有图像数据需要压缩

17. 常用于存储多媒体数据的存储介质是（　　）。

    A. CD-ROM、VCD 和 DVD   B. 可擦写光盘和一次写光盘

    C. 大容量磁盘与磁盘阵列   D. 上述三项

18. 音频和视频信号的压缩处理需要进行大量的计算和处理，输入和输出往往要实时完成，要求计算机具有很高的处理速度，因此要求有（　　）。

    A. 高速运算的 CPU 和大容量的内存储器 RAM

    B. 多媒体专用数据采集和还原电路

    C. 数据压缩和解压缩等高速数字信号处理器

    D. 上述三项

19. 下面是关于多媒体计算机硬件系统的描述，不正确的是（　　）。

    A. 摄像机、话筒、录像机、录音机、扫描仪等是多媒体输入设备

    B. 打印机、绘图仪、电视机、音响、录像机、录音机、显示器等是多媒体的输出设备

    C. 多媒体功能卡一般包括声卡、视卡、图形加速卡、多媒体压缩卡、数据采集卡等

    D. 由于多媒体信息数据量大，一般用光盘而不用硬盘作为存储介质

20. 下列设备，不能作为多媒体操作控制设备的是（　　）。

    A. 鼠标和键盘   B. 操纵杆   C. 触摸屏   D. 话筒

21. 采用工具软件不同，计算机动画文件的存储格式也就不同。以下几种文件的格式，（　　）不是计算机动画格式。

    A. GIF 格式   B. MIDI 格式   C. SWF 格式   D. MOV 格式

22. 请根据多媒体的特性判断以下（　　）属于多媒体的范畴。

    A. 交互式视频游戏   B. 图书   C. 彩色画报   D. 彩色电视

23. 要把一台普通的计算机变成多媒体计算机，（　　）不是要解决的关键技术。

A. 数据共享

B. 多媒体数据压编码和解码技术

C. 视频音频数据的实时处理和特技

D. 视频音频数据的输出技术

24. 数字音频采样和量化过程所用的主要硬件是（　　）。

A. 数字编码器

B. 数字解码器

C. 模拟到数字的转换器（A/D 转换器）

D. 数字到模拟的转换器（D/A 转换器）

25. 两分钟双声道，16 位采样位数，22.05 kHz 采样频率声音的不压缩的数据量是（　　）。

A. 5.05 MB　　　　　B. 12.58 MB　　　　C. 10.34 MB　　　D. 10.09 MB

26. 目前音频卡具备以下（　　）功能。

A. 录制和回放数字音频文件　　　　　B. 混音

C. 语音特征识别　　　　　　　　　　D. 实时解 / 压缩数字单频文件

27. 下列采集的波形声音质量最好的是（　　）。

A. 单声道、8 位量化、22.05 kHz 采样频率

B. 双声道、8 位量化、44.1 kHz 采样频率

C. 单声道、16 位量化、22.05 kHz 采样频率

D. 双声道、16 位量化、44.1 kHz 采样频率

28. 国际上除我国外常用的视频制式有（　　）。

A. PAL 制　　　　　B. NTSC 制　　　　C. SECAM 制　　　　D. MPEG

29. 在多媒体计算机中常用的图像输入设备是（　　）。

A. 数码照相机　　　　　　　　　　B. 彩色扫描仪

C. 视频信号数字化仪　　　　　　　D. 彩色摄像机

30. 视频采集卡能支持多种视频源输入，下列（　　）是视频采集卡支持的视频源。

A. 放像机　　　　　B. 摄像机　　　　C. 影碟机　　　　　D. CD-ROM

31. 下列数字视频中质量最好的是（　　）。

A. 240×180 分辨率、24 位真彩色、15 帧/秒的帧率

B. 320×240 分辨率、32 位真彩色、25 帧/秒的帧率

C. 640×480 分辨率、32 位真彩色、30 帧/秒的帧率

D. 640×480 分辨率、16 位真彩色、15 帧/秒的帧率

32. 组成多媒体系统的最简单途径是（　　）。

A. 直接设计和实现　　　　　　　　B. 增加多媒体升级套件进行扩展

C. CPU 升级　　　　　　　　　　　D. 增加 CD-DA

33. 下面（　　）说法是不正确的。

A. 电子出版物存储容量大，一张光盘可存储几百本书

B. 电子出版物可以集成文本、图形、图像、动画、视频和音频等多媒体信息

C. 电子出版物不能长期保存

D. 电子出版物检索快

34. 下列声音文件格式中，（   ）是波形文件格式。
    A. WAV   B. CMF   C. VOC   D. MID

35. 下列（   ）是图像和视频编码的国际标准。
    A. JPEG   B. MPEG   C. ADPCM   D. AVI

36. 下述声音分类中质量最好的是（   ）。
    A. 数字激光唱盘   B. 调频无线电广播
    C. 调幅无线电广播   D. 电话

37. 以下文件格式中不是图像文件格式的是（   ）。
    A. PCX   B. GIF   C. WMF   D. MPG

38. 光盘按其读写功能可分为（   ）。
    A. 只读光盘 / 可擦写光盘   B. CD / DVD / VCD
    C. 3.5 / 5 / 8 吋   D. 塑料 / 铝合金

39. 以下（   ）功能不是声卡应具有的功能
    A. 具有与 MIDI 设备和 CD-ROM 驱动器的连接功能
    B. 合成和播放音频文件
    C. 压缩和解压缩音频文件
    D. 编辑加工视频和音频数据

40. 下列设备中，（   ）不是多媒体计算机常用的图像输入设备。
    A. 数码照相机   B. 彩色扫描仪
    C. 键盘   D. 彩色摄像机

41. 下列硬件设备中，（   ）不是多媒体硬件系统必须包括的设备。
    A. 计算机最基本的硬件设备   B. CD-ROM
    C. 音频输入、输出和处理设备   D. 多媒体通信传输设备

42. 下列选项中，不属于多媒体的媒体类型的是（   ）。
    A. 程序   B. 图像   C. 音频   D. 视频

43. 下列各项中，（   ）不是常用的多媒体信息压缩标准。
    A. JPEG 标准   B. MP3 压缩   C. LWZ 压缩   D. MPEG 标准

44. （   ）不是多媒体技术的典型应用。
    A. 计算机辅助教学（CAI）   B. 娱乐和游戏
    C. 视频会议系统   D. 计算机支持协同工作

45. 多媒体技术中使用数字化技术与模拟方式相比，不是数字化技术专有特点的是（   ）。
    A. 经济，造价低
    B. 数字信号不存在衰减和噪音干扰问题
    C. 数字信号在复制和传送过程不会因噪音的积累而产生衰减
    D. 适合数字计算机进行加工和处理

46. 不属于计算机多媒体功能的是（   ）。
    A. 收发电子邮件   B. 播放 VCD   C. 播放音乐   D. 播放视频

47. 多媒体技术能处理的对象包括字符、数值、声音和（　　）数据。
    A．图像　　　　　　　B．电压　　　　　C．磁盘　　　　　　　D．电流

48. 描述多媒体计算机较为全面的说法是指（　　）。
    A．带有视频处理和音频处理功能的计算　　　B．带有 CD-ROM 的计算机
    C．可以存储多媒体文件的计算机　　　　　　D．可以播放 CD 的计算机

49. 多媒体计算机处理的信息类型以下说法中最全面的是（　　）。
    A．文字，数字，图形，音频
    B．文字，数字，图形，图像，音频，视频，动画
    C．文字，数字，图形，图像
    D．文字，图形，图像，动画

50. 只读光盘 CD-ROM 属于（　　）。
    A．表现媒体　　　　　B．存储媒体　　　C．传播媒体　　　　　D．通信媒体

51. 以下有关多媒体计算机说法错误的是（　　）。
    A．多媒体计算机包括多媒体硬件和多媒体软件系统
    B．Windows 2000 不具备多媒体处理功能
    C．Windows XP 是一个多媒体操作系统
    D．多媒体计算机一般有各种媒体的输入输出设备

52. 下列有关 DVD 光盘与 VCD 光盘的描述中，错误的是（　　）。
    A．DVD 光盘的图像分辨率比 VCD 光盘高
    B．DVD 光盘的图像质量比 VCD 光盘好
    C．DVD 光盘的记录容量比 VCD 光盘大
    D．DVD 光盘的直径比 VCD 光盘大

53. 声卡是多媒体计算机处理（　　）的主要设备。
    A．音频与视频　　　　B．动画　　　　　C．音频　　　　　　　D．视频

54. 下列关于 CD-ROM 光盘的描述中，不正确的是（　　）。
    A．容量大　　　　　　B．寿命长　　　　C．传输速度比硬盘慢　D．可读可写

55. 多媒体计算机中的"多媒体"是指（　　）。
    A．文本、图形、声音、动画和视频及其组合的载体　　B．一些文本的载体
    C．一些文本与图形的载体　　　　　　　　　　　　　D．一些声音和动画的载体

56. 多媒体和电视的区别在于（　　）。
    A．有无声音　　　　　B．有无图像　　　C．有无动画　　　　　D．交互性

57. 关于使用触摸屏的说法正确的是（　　）。
    A．用手指操作直观、方便　　　　　　　　B．操作简单，无须学习
    C．交互性好，简化了人机接口　　　　　　D．全部正确

58. CD-ROM 可以存储（　　）。
    A．文字　　　　　　　B．图像　　　　　C．声音　　　　　　　D．文字、声音和图像

59. 能够处理各种文字、声音、图像和视频等多媒体信息的设备是（　　）。
    A．数码照相机　　　　B．扫描仪　　　　C．多媒体计算机　　　D．光笔

60. 下列设备中，多媒体计算机所特有的设备是（   ）。
    A. 打印机　　　　　　B. 鼠标　　　　　　　C. 键盘　　　　　D. 视频卡
61. 在多媒体计算机系统中，不能用以存储多媒体信息的是（   ）。
    A. 磁带　　　　　　　B. 光缆　　　　　　　C. 磁盘　　　　　D. 光盘
62. 有些类型的文件因为它们本身就是以压缩格式存储的,因而很难进行压缩,例如（   ）。
    A. WAV 音频文件　　B. BMP 图像文件　　C. 视频文件　　D. JPG 图像文件
63. 利用 WinRAR 进行解压缩时，以下方法不正确的是（   ）。
    A. 用【Ctrl + 鼠标左键】选择不连续对象，用鼠标左键直接拖到资源管理器中
    B. 用【Shift+鼠标左键】选择连续多个对象，用鼠标左键拖到资源管理器中
    C. 在已选的文件上单击鼠标右键，选择相应的释放目录
    D. 在已选的文件上单击鼠标左键，选择相应的释放目录
64. 有关 WINRAR 软件说法错误的是（   ）。
    A. WINRAR 默认的压缩格式是 RAR，它的压缩率比 ZIP 格式高出 10%～30%
    B. WINRAR 可以为压缩文件制作自解压文件
    C. WINRAR 不支持 ZIP 类型的压缩文件
    D. WINRAR 可以制作带口令的压缩文件
65. 下列说法正确的是（   ）。
    A. 音频卡本身具有语音识别的功能
    B. 文件压缩和磁盘压缩的功能相同
    C. 多媒体计算机的主要特点是具有较强的音、视频处理能力
    D. 彩色电视信号就属于多媒体的范畴
66. 下列文件哪个是音频文件：（   ）。
    A. 神话.mpeg　　　　B. 神话.asf　　　　C. 神话.rm　　　D. 神话.mp3
67. 计算机的声卡所起的作用是（   ）。
    A. 数 / 模、模 / 数转换　　B. 图形转换　　　C. 压缩　　　　D. 显示
68. 以下类型的图像文件中，（   ）是没经过压缩的。
    A. JPG　　　　　　　B. GIF　　　　　　　C. TIF　　　　　D. BMP
69. 人工合成制作的电子数字音乐文件是（   ）。
    A. MIDI.mid　　　　　B. WAV.wav　　　　C. MPEG.mpl　　D. RA.ra

三、参考答案

(一) 填空题

1. 能处理多种媒体的计算机　　　2. 表示和传播信息的载体　　3. JPEG　　4. 24
5. PAL　　　6. 模 / 数转换器　　　7. 联合活动图像专家组　　　8. 采样量化位数
9. 内置式、外置式　　　10. 数字化、集成性、交互性、实时性　　11. MPEG-2
12. 多媒体计算机硬件系统、多媒体计算机软件系统组成　　　13. 自解压文件
14. CD-ROM　　　15. 数字化　　　16. 多媒体操作系统　　　17. 22.05 kHz
18. 高、高　　　19. 数据压缩　　　20. .exe　　　21. 高、高

22．智能化，提高信息识别能力　　　　23．二进制数字信息　　　24．感觉媒体
25．CD-ROM、音频卡、视频卡、音箱

（二）单选题

1. B	2. D	3. A	4. D	5. A	6. D	7. C	8. D	9. B	10. D
11. D	12. D	13. B	14. C	15. C	16. D	17. D	18. D	19. D	20. D
21. B	22. A	23. A	24. C	25. C	26. A	27. D	28. B	29. B	30. B
31. C	32. B	33. C	34. A	35. B	36. A	37. D	38. A	39. D	40. C
41. D	42. A	43. C	44. D	45. A	46. A	47. A	48. A	49. B	50. B
51. B	52. D	53. C	54. D	55. A	56. D	57. D	58. D	59. C	60. D
61. B	62. D	63. D	64. C	65. C	66. D	67. A	68. D	69. A	

练习与测试 7

计算机网络基础与 Internet 基本应用习题

一、填空题

1. HTTP 是一种_____。
2. 计算机网络按其传输带宽方式分类，可分为_____。
3. 调制解调器的英文名称是_____。
4. 计算机网络是由通信子网和_____组成。
5. 企业内部网是采用 TCP/IP 技术，集 LAN、WAN 和数据服务为一体的一种网络，它也称为_____。
6. 在 OSI/RM 协议模型的数据链路层，数据传输的基本单位是_____。
7. IP 地址格式写成十进制时有_____组十进制数。
8. IP 地址为 192.168.120.32 的地址是_____类地址。
9. Internet 中 URL 的含义是_____。
10. _____类 IP 地址是组广播地址。
11. 在 OSI/RM 协议模型的物理层，数据传输的基本单位是_____。
12. E-mail 的中文含义是_____。
13. Internet 的前身是_____。
14. OSI/RM 协议模型的最底层是_____。
15. E-mail 地址中@后面的内容是指_____。

二、单选题

1. 下列传输介质中，属于有线传输介质的是（　　）。
   A. 红外　　　　　　B. 蓝牙　　　　　C. 同轴电缆　　　　　D. 微波
2. 每块网卡的物理地址是（　　）。
   A. 可以重复的　　　　　　　　　　B. 唯一的
   C. 可以没有地址　　　　　　　　　D. 地址可以是任意长度
3. E-mail 地址的格式是（　　）。
   A. www.zjschool.cn　　　　　　　B. 网址·用户名
   C. 账号@邮件服务器名称　　　　　D. 用户名·邮件服务器名称
4. 计算机网络的主要目标是实现（　　）。

　　A．即时通信　　　　B．发送邮件　　　　　C．运算速度快　　　　D．资源共享

5．下列传输介质中，传输信号损失最小的是（　　）。

　　A．双绞线　　　　B．同轴电缆　　　　　C．光缆　　　　　D．微波

6．下列属于计算机网络通信设备的是（　　）。

　　A．显卡　　　　B．网卡　　　　　C．音箱　　　　　D．声卡

7．下列选项中，正确的 IP 地址格式是（　　）。

　　A．202.202.1　　B．202.2.2.2.2　　　C．202.118.118.1　　D．202.258.14.13

8．中继器是工作在（　　）的设备。

　　A．物理层　　　　B．数据链路层　　　　C．网络层　　　　D．传输层

9．下列属于计算机网络特有设备的是（　　）。

　　A．显示器　　　　B．光盘驱动器　　　　C．路由器　　　　D．鼠标

10．下列哪个选项不是计算机网络必须具备的要素：（　　）。

　　A．网络服务　　　B．连接介质　　　　C．协议　　　　　D．交换机

11．集线器又被称作（　　）。

　　A．Switch　　　　B．Router　　　　　C．Hub　　　　　D．Gateway

12．依据前三位二进制代码，判别以下哪个 IP 地址属于 A 类地址（　　）。

　　A．010……　　　B．111……　　　　C．110……　　　　D．100

13．下列哪个选项不是按网络拓扑结构的分类（　　）。

　　A．星型网　　　　B．环型网　　　　　C．校园网　　　　D．总线型网

14．关于计算机网络协议，下面说法错误的是（　　）。

　　A．网络协议就是网络通信的内容

　　B．制定网络协议是为了保证数据通信的正确、可靠

　　C．计算机网络的各层及其协议的集合，称为网络的体系结构

　　D．网络协议通常由语义、语法、变换规则 3 部分组成

15．网卡属于计算机的（　　）。

　　A．显示设备　　B．存储设备　　　　C．打印设备　　　　D．网络设备

16．下列哪种网络拓扑结构对中央节点的依赖性最强（　　）。

　　A．星型　　　　B．环型　　　　　C．总线型　　　　D．链型

17．路由器工作在 OSI/RM 网络协议参考模型的（　　）。

　　A．物理层　　　B．网络层　　　　C．传输层　　　　D．会话层

18．要能顺利发送和接收电子邮件，下列设备必需的是（　　）。

　　A．打印机　　　B．邮件服务器　　　C．扫描仪　　　　D．Web 服务器

19．下列哪一个是网络操作系统：（　　）。

　　A．TCP/IP 网　　B．ARP　　　　　C．Windows 2000　　D．Internet

20．计算机接入局域网需要配备（　　）。

　　A．网卡　　　　B．Modem　　　　C．声卡　　　　　D．打印机

21．用 Outlook Express 接收电子邮件时，收到的邮件中带有回形针状标志，说明该邮件（　　）。

　　A．有病毒　　　B．有附件　　　　C．没有附件　　　　D．有黑客

22. Internet 属于（　　）。
    A. 局域网　　　　　B. 广域网　　　　　C. 全局网　　　　　D. 主干网
23. 下列说法错误的是：（　　）。
    A. 因特网中的 IP 地址是唯一的　　　　　B. IP 地址由网络地址和主机地址组成
    C. 一个 IP 地址可对应多个域名　　　　　D. 一个域名可对应多个 IP 地址
24. 地址栏中输入的 http://zjhk.school.com 中，zjhk.school.com 是一个（　　）。
    A. 域名　　　　　B. 文件　　　　　C. 邮箱　　　　　D. 国家
25. 下列有关网络的说法中，（　　）是错误的。
    A. OSI/RM 分为七个层次，最高层是表示层
    B. 在电子邮件中，除文字、图形外，还可包含音乐、动画等
    C. 如果网络中有一台计算机出现故障，对整个网络不一定有影响
    D. 在网络范围内，用户可被允许共享软件、数据和硬件
26. 依据前三位二进制代码，判别以下哪个 IP 地址属于 C 类地址（　　）。
    A. 010…　　　　　B. 100…　　　　　C. 110……　　　　　D. 111
27. 通常所说的 DDN 是指（　　）。
    A. 上网方式　　　B. 电脑品牌　　　C. 网络服务商　　　D. 网页制作技术
28. 网络上可以共享的资源有（　　）。
    A. 传真机、数据、显示器　　　　　B. 调制解调器、内存、图像等
    C. 打印机、数据、软件等　　　　　D. 调制解调器、打印机、缓存
29. IP 地址为 10.1.10.32 的地址是（　　）类地址。
    A. A　　　　　B. B　　　　　C. C　　　　　D. D
30. 欲将一个 play.exe 文件发送给远方的朋友，可以把该文件放在电子邮件的（　　）。
    A. 正文中　　　B. 附件中　　　C. 主题中　　　D. 地址中
31. 下列网络中，不属于局域网的是（　　）。
    A. 因特网　　　　　　　　　　B. 工作组网络
    C. 中小企业网络　　　　　　　D. 校园计算机网
32. 依据前四位二进制代码，判别以下哪个 IP 地址属于 D 类地址（　　）。
    A. 0100……　　　B. 1000……　　　C. 1100……　　　D. 1110
33. 电子邮件地址 stu@zjschool.com 中的 zjschool.com 是代表（　　）。
    A. 用户名　　　B. 学校名　　　C. 学生姓名　　　D. 邮件服务器名称
34. 下列传输介质中，属于无线传输介质的是（　　）。
    A. 双绞线　　　B. 微波　　　C. 同轴电缆　　　D. 光缆
35. IP 地址为 172.15.260.32 的地址是（　　）类地址。
    A. A　　　　　B. B　　　　　C. C　　　　　D. 无效地址

三、参考答案

（一）填空题

1. 超文本传输协议　　　2. 基带网和宽带网　　　3. Modem　　　4. 资源子网
5. Intranet　　6. 帧　　7. 4　　8. C　　9. 统一资源定位器　　10. D

11. 比特　　12. 电子邮件　　13. ARPANET　　14. 物理层　　15. 邮件服务器名称

（二）单选题

1. C	2. B	3. C	4. D	5. C	6. B	7. C	8. A	9. C	10. D
11. C	12. A	13. C	14. A	15. D	16. A	17. B	18. B	19. C	20. A
21. B	22. B	23. D	24. A	25. A	26. C	27. A	28. C	29. A	30. B
31. A	32. D	33. D	34. B	35. D					

练习与测试 8

FrontPage 网页制作习题

一、填空题

1. 对于 FrontPage 查找出错误信息，可通过 FrontPage 提供的＿＿＿＿＿＿功能用指定的数据进行替换。

2. 在 FrontPage 中，网页模板的作用是＿＿＿＿＿＿。

3. 超文本标记语言 "< a href="http://www.cbe21.com">中国基础教育网" 的作用是＿＿＿＿＿＿。

4. FrontPage 编辑网页一般应选用＿＿＿＿＿＿视图下进行。

5. ＿＿＿＿＿＿是字体、段落和版面的属性的集合。

6. 创建的网站要经过＿＿＿＿＿＿才能够使用。

7. 要将网页上插入的视频删除，在普通模式下选中删除视频，按＿＿＿＿＿＿键。

8. FrontPage 编辑区主要用来＿＿＿＿＿＿。

9. 单击导航视图窗格上的（+）和（-），可以＿＿＿＿＿＿网页。

10. 如果用户希望得到正在编辑网页的 HTML 代码，则应选择＿＿＿＿＿＿模式。

11. 如果用户希望观察到真正浏览网页时的效果，则应选择＿＿＿＿＿＿模式。

12. 要将网页上插入图片删除，在普通模式下选中删除图片，按＿＿＿＿＿＿键。

13. FrontPage 网页文件的扩展名是＿＿＿＿＿＿。

14. 在网页编辑过程中要设置文本的自定义边框，执行菜单"格式→边框与阴影"命令，应在＿＿＿＿＿＿框中选择你所需要的样式。

15. 如果要将一个正编辑的 Word 文档转成一个网页文件，选择菜单"文件→另存为"命令，打开"另存为"对话框，在"文件名"文本框中输入保存文件名，并选择＿＿＿＿＿＿保存类型，单击"确定"按钮。

二、单选题

1. 在 FrontPage 中插入图片时不提倡使用的格式是（　　）。

　A．JPG 　　　　　B．GIF 　　　　　C．PNG 　　　　　D．BMP

2. HTML 文件是（　　）。

　A．EXE 文件 　　　　　　　　　B．标准的 ASCII 文件

　C．BAT 文件 　　　　　　　　　D．FLA 文件

3. 下列说法不正确的是（　　　）。

    A. 在网页中可插入视频文件

    B. 在网页中可插入音频文件

    C. 在网页中不能同时插入视频文件、音频文件

    D. 在网页中可插入图像文件

4. 在 FrontPage 中，站点模板的作用是（　　　）。

    A. 新建一个已预先设计好式样的网站

    B. 新建一个已预先设计好网页数的网站

    C. 链接到一个已存在的网站

    D. 插入外部一个已存在的网站

5. 在 FrontPage 中，插入表格的目的一般是为了（　　　）。

    A. 能在网页中插入图片　　　　　　　B. 能在网页中插入声音

    C. 能在网页中插入视频　　　　　　　D. 能在网页中控制文字、图片等在网页中的位置

6. 在 FrontPage 中，能完成图片相互转换的格式是（　　　）。

    A. GIF、JPEG、PNG　　　　　　　　B. GIF、BMP、JPEG

    C. GIF、BMP、PNG　　　　　　　　D. GIF、PNG、PSD

7. 在 FrontPage 若要将某一段落选为操作块（亮带），则需要在该段落里（　　　）。

    A. 单击鼠标右键　　　　　　　　　　B. 单击鼠标左键

    C. 连击鼠标左键三次　　　　　　　　D. 双击鼠标左键

8. FrontPage 的主要功能是（　　　）。

    A. 文字处理　　　　B. 表格处理　　　　C. 网页制作　　　　D. 网络通信

9. 关于网页的说法错误的是（　　　）。

    A. 网页可以包含多种媒体　　　　　　B. 网页可以实现一定的交互功能

    C. 网页就是网站　　　　　　　　　　D. 网页中有超级链接

10. 以下（　　　）不是 FrontPage 的工作模式。

    A. 普通模式　　　　B. HTML 模式　　　C. 视图模式　　　　D. 预览模式

11. 在 FrontPage 中预览一个网页时，（　　　）。

    A. 所有的超链接都不能发挥作用　　B. 与在浏览器中观看的效果基本相同

    C. 双击一个对象可以编辑它　　　　D. 可以在右键快捷菜单中修改它的属性

12. 关于表格各个单元格，下面说法错误的是（　　　）。

    A. 表格的每个单元格可以有不同颜色的文本

    B. 表格的每个单元格必须使用相同格式的文字

    C. 可以在表格的单元格中使用超链接

    D. 可以在表格的单元格中使用图片

13. 在下面的（　　　）情况下不能随意设置页面的背景。

    A. 使用了主题样式　　B. 使用了表格　　C. 超链接　　　　　D. 插入了图片之后

14. 初学者制作网页，一般应在（　　　）模式下进行。

    A. 普通　　　　　　B. HTML　　　　　C. 预览　　　　　　D. 以上都不是

15. 以下（　　）不是新建网页可选用的模板。

　　A. 常规网页模板　　　B. 框架网页模板　　　C. 样式模板　　　　　D. 常用模板

16. 关于 HTML 文件中的超级链接，（　　）说法是错误的。

　　A. 可以链接到一个特定的网址　　　　　B. 可以链接到一个 E-mail

　　C. 可以链接到一个文件　　　　　　　　D. 不能链接到当前网页中的一个特定位置

17. 使用 FrontPage 创建网页，（　　）说法是错误的。

　　A. 可以直接编写 HTML 文本

　　B. 必须直接编写 HTML 文本

　　C. 使用 FrontPage 提供的不需要编写 HTML 的工具

　　D. 直接引用别人的网页加以修改编辑

18. 拼写检查不能检查（　　）。

　　A. 英文单词拼写　　　B. 英语语法　　　C. 汉语语法　　　　　D. A 和 B

19. 如果要超链接地址 http://happy.com 需要指定端口号 82，则以下写法正确的是（　　）。

　　A. http://happy.com:82　　　　　　　　B. http://happy.com//82

　　C. http://happy.com/82　　　　　　　　D. http://happy.com.82

20. 在网页上插入一幅以文件方式保存在磁盘的图，应选择菜单（　　）命令。

　　A. "插入→图片→剪贴画"　　　　　　　B. "插入→图片→来自文件"

　　C. "插入→图片→视频"　　　　　　　　D. "插入→图片→文件"

21. 关于网页说明不正确的是（　　）。

　　A. 网页是一种基于超文本（Hypertext）方式的文档

　　B. 网站是网页的集合

　　C. 网页文件只能运行在 Windows 系统上

　　D. 网页能将文本、图形、声音等多媒体信息集成起来

22. 下列不是网页编辑软件的是（　　）。

　　A. FrontPage　　　　　　　　　　　　B. Dreamweaver

　　C. ASP.NET　　　　　　　　　　　　　D. Microsoft Office Excel

23. 保存一个新 FrontPage 网页文件的正确操作是，选择菜单 "文件→保存" 命令,在 "另存为" 对话框的 "文件名" 文本框中输入新名字，（　　），单击 "确定" 按钮。

　　A. 选择适当的磁盘驱动器、目录

　　B. 选择适当的磁盘驱动器

　　C. 直接

　　D. 选择适当的磁盘驱动器、目录及文件类型

24. 下列关于 FrontPage 的叙述中，不正确的是（　　）。

　　A. FrontPage 可以运行应用程序

　　B. 编辑第一个网页名称都约定为 new_page_1.htm

　　C. 网页可以在预览模式下观察，结果即为实际内容

　　D. 超链接可以链接文本、图片、表格

25. 打开一个网页文件的操作步骤是，选择（　　）

A. 菜单"插入→文件"命令，在"打开"对话框的"文件名"文本框中选择需要打开的网页，单击"确定"按钮。

B. 菜单"插入→文件"命令，在"打开"对话框的"文件名"文本框中选择需要打开的网页，单击"取消"按钮。

C. 菜单"插入→文件"命令，在"打开"对话框的"文件名"文本框中选择需要打开的网页，单击"取消"按钮。

D. 菜单"插入→文件"命令，在"打开"对话框的"文件名"文本框中选择需要打开的网页，单击"打开"按钮。

26. 以下（   ）不是 FrontPage 启动后窗口元素。

    A. 标题栏　　　　B. 菜单栏　　　　　　C. 工具栏　　　　　D. 模式设置栏

27. FrontPage 文件夹视图，用于（   ）管理 。

    A. 文件的网页　　B. 文件夹和网页　　C. 网页和超链接　　D. 文件和文件夹

28. 超链接视图的链接点中的（+）号，表示本链接点除了当前链接外，（   ）。

    A. 无任何链接点　　　　　　　　　B. 还有其他链接点

    C. 没有其他链接点　　　　　　　　D. 有无其他链接点不确定

29. 导航视图的导航树可以以（   ）显示。

    A. "斜向—纵向"　　　　　　　　　B. "直向—纵向"

    C. "横向—直向"　　　　　　　　　D. "横向—纵向"

30. 以下（   ）不是任务栏视图可以实现的功能。

    A. 记录和管理设计进程　　　　　　B. 跟踪页面状态

    C. 站点的修改与维护　　　　　　　D. 站点的发布

31. FrontPage 预览模式采用（   ）显示网页，其结果就是浏览器观察到的效果。

    A. Internet Explore　　B. FrontPage　　C. PowerPoint　　D. Word 预览

32. FrontPage 文件夹视图对文件或文件夹进行重命名后，FrontPage 会自动更新与重命名所有（   ）。

    A. 超链接　　　　　B. 文件　　　　　C. 网页　　　　　　D. 网站

33. 进入 FrontPage 报表视图,所列出的是当前 Web 所包含的子文件夹下面的所有（   ）。

    A. 超链接　　　　　　B. 文件　　　　　C. 网页　　　　　　D. 网站

34. 使用普通模式的网页视图建立网页，选择菜单（   ）命令，然后输入网页内容。

    A. "文件→新建→站点"　　　　　　B. "查看→网页"

    C. "工具→网页选项"　　　　　　　D. "文件→新建→网页"

35. 在网页编辑过程中要设置滚动的文本，应选择菜单（   ）命令。

    A. "插入→组件→包含网页"　　　　B. "插入→组件→横幅广告管理器"

    C. "插入→组件→字幕"　　　　　　D. "插入→组件→附加组件"

36. 在网页插入视频后，选择"视频"选项卡设置视频属性，"播放"属性可选择的内容是（   ），按该属性设置方式播放。

    A. 网页显示　　B. 网页浏览时　　C. 进入网站时　　D. 打开文件时

三、参考答案

（一）填空题

1. 替换　　　　　　　　　　　　2. 新建一个已预先按要求设计好的网页

3. 创建一个指向中国基础教育网的超链接　　4. 网页

5. 主题　　　　　6. 发布后　　　　7. 【Delete】　　　　8. 编辑网页

9. 展开或折叠　　　10. HTML　　　　11. 预览　　　　12. 【Delete】

13. .htm　　　　　14. 样式　　　　15. Web 页

（二）单选题

1. D	2. B	3. C	4. A	5. D	6. A	7. C	8. C	9. C	10. C
11. B	12. B	13. A	14. A	15. D	16. D	17. B	18. C	19. A	20. B
21. C	22. D	23. A	24. A	25. D	26. D	27. D	28. B	29. D	30. D
31. A	32. A	33. B	34. D	35. C	36. D				

第 4 篇

模 拟 测 试

❗说明：

利用本书配备的电子素材，可进行本篇测试。

模拟测试 1

▷▷ **一、Windows 基本操作**

1. 在"Winct"文件夹下面建立"myself1"文件夹。

2. 在"myself1"文件夹下建立一个名为"数学成绩统计.xls"的 Excel 文件。

3. 在"Winct"文件夹范围内查找"game.exe"文件，并在"myself1"文件夹下创建它的快捷方式，命名为"MyGame"。

4. 在"Winct"文件夹范围内查找所有扩展名为".bmp"的文件，并将其复制到"myself1"文件夹下。

5. 在"Winct"文件夹范围内查找"个人总结.doc"文件，将其设置为仅有"只读"、"隐藏"属性。

▷▷ **二、字、表、图混排操作**

1. 编辑、排版

打开"Wordct"文件夹下的"Word1.doc"文件，按如下要求进行编辑、排版。

（1）基本编辑。

① 删除文中所有的空行。

② 将文中"（2）分布式网络……"与"（1）微微网……"两部分内容互换位置（包含标题及内容）。

③ 将文中的符号"●"替换为特殊符号"◆"。

（2）排版。

① 纸张大小为 16 开。页边距：上、下为 2.5 cm；左、右为 2 cm；页眉、页脚距边界均为 1.5 cm。

② 页眉为"蓝牙技术基础"；文字格式为隶书、五号、红色、右对齐。

③ 将文章标题"第 3 节 蓝牙的技术内容"设置为黑体，三号字，水平居中，段前 0.5 行，段后 0.5 行。

④ 小标题"（1）微微网"、"（2）分布式网络"设置为悬挂缩进 2 字符，左对齐，1.5 倍行距，楷体_GB2312、蓝色、小四号字、加粗。

⑤ 其余部分（除上面标题及小标题以外的部分）设置为首行缩进 2 字符，两端对齐、宋体、五号字。

（3）图文操作。

① 在文章中插入"Wordct"文件夹下的图片文件"a1.jpg"，将图片高度设置为 4 cm，锁

定纵横比；并在图片的下面添加图注（使用文本框）"分布式网络"，图注文字为小五号、黑体、水平居中，文本框高 0.8 cm、宽 4 cm，内部边距均为 0 cm，无线条色。

② 将图片和其图注水平居中对齐并组合。将组合后的图形环绕方式设置为"四周型"，图形的位置：水平距页边距右侧 0 cm，垂直距页边距下侧 6.8 cm。

样文如图 4.1-1 所示或参见"Wordct"文件夹下的"样文 1.jpg"。

蓝牙技术基础

第 3 节 蓝牙的技术内容

蓝牙技术被设计为工作在全球通用的 2.4GHz ISM 频段。蓝牙的数据速率为 1Mb/s。ISM 频带是对所有无线电系统都开放的频带，因此使用其中的某个频段都会遇到不可预测的干扰源。为此，蓝牙特别设计了快速确认和跳频方案以确保线路稳定。跳频技术是把频带分成若干个跳频信道（Hop Channel），在一次连接中，无线电收发器按一定的码序列（即一定的规律，技术上叫做"伪随机码"）不断地从一个信道跳到另一个信道，只有收发双方是按这个规律进行通信的，而其他的干扰不可能按同样的规律进行干扰；跳频的瞬时带宽是很窄的，但通过扩展频谱技术使这个窄带宽成百倍地扩展成宽频带，使干扰可能的影响变成很小。与其他工作在相同频段的系统相比，蓝牙跳频更快，数据包更短，这使蓝牙比其他系统都更稳定。

蓝牙系统由以下功能单元组成：
◆ 无线单元
◆ 链路控制（硬件）单元
◆ 链路管理（软件）单元
◆ 软件（协议栈）功能单元

蓝牙规定了两种功率水平。较低的功率可以覆盖较小的私人区域，如一个房间；而较高的功率可以覆盖一个中等的区域，如整个家庭。软件控制和识别代码被集成到每一个微芯片中，以确保只有这些单元的主人之间才能进行通信。

蓝牙系统采用一种灵活的无基站的组网方式，使得一个蓝牙设备可同时与 7 个其他的蓝牙设备相连接。蓝牙系统采用拓扑结构的网络，有微微网（Piconet）和分布式网络（Scatternet）两种形式：

（1）微微网

微微网是通过蓝牙技术连接起来的一种微型网络，一个微微网可以只是两台相连的设备，比如一台便携式电脑和一部移动电话，也可以是 8 台连在一起的设备。在一个微微网中，所有设备的级别是相同的，具有相同的权限。在微微网初建时，定义其中的一个蓝牙设备为主设备（Master），其余设备则为从设备（Slave）。

（2）分布式网络

分布式网络是由多个独立的非同步的微微网组成的。它靠跳频顺序识别每个微微网。同一个微微网中的所有用户都与这个跳频顺序同步。一个分布式网络，在带有 10 个全负载的独立的微微网的情况下，全双工的数据速率超过 6Mbit/s。

图 4.1-1　样文 1

最后将排版后的文件以原文件名存盘。

2．表格操作

新建一 Word 文档，制作一个 5 行 5 列的表格，并按如下要求调整表格（样表如图 4.1-2

所示或参见"Wordct"文件夹下的"bg1 样图.jpg")。

　　① 第 1 列列宽 2.5 cm，第 3 列列宽 2 cm，其余列宽为 3 cm；所有行高为固定值 1 cm；整个表格水平居中；所有单元格对齐方式为垂直居中。

　　② 参照样表合并单元格，并添加文字。设置文字格式为仿宋_GB2312，小四号字，加粗。

　　③ 表格的所有边框为绿色，外边框为 0.5 磅双线，内边框为 0.5 磅实线。

　　④ 在表格中插入"Wordct"文件夹下的图片文件"a2.jpg"，四周型环绕，位置见样图，并设置图片高 2.54 cm，宽 2.35 cm。

　　最后将此文档以文件名"bg1.doc"另存到"Wordct"文件夹中。

姓名		性别		
出生日期		职称		
毕业院校				
工作单位				
家庭住址				

图 4.1-2　bg1 样图

▷▷ 三、电子表格操作

打开"Excelct"文件夹下的"Excel1.xls"工作簿，按下列要求操作。

1. 完成工作表

（1）编辑及格式化"Sheet1"工作表。

　　① 在第一行前插入一行，并在 A1 单元格输入标题："学院工资表"。

　　② 在"津贴"列后面插入"奖金"列。

　　③ 合并及居中"A1：K1"单元格，黑体、20 磅、蓝色，并加浅黄色底纹。

　　④ 将"A2：K2"单元格文字设置为楷体、14 磅、水平居中。

　　⑤ 设置 A 列~K 列为最适合的列宽。

　　⑥ 为表格中的数据添加细实线边框（工作表标题单元格除外）。

（2）计算与填充"Sheet1"工作表中的数据。

　　① 根据"职称"，填充"奖金"列，职称与奖金的对应关系是：教授 1 000；副教授 800；讲师 600；助教 400。

　　② 公式计算"实发工资"列，实发工资 = 基本工资 + 津贴 + 奖金-个人税-代扣除。并设置为数值型，负数第 4 种，保留 1 位小数。

（3）复制、重命名工作表。

将"Sheet1"工作表数据复制到"Sheet2"和"Sheet3"中，并重命名"Sheet1"为"工资表"，"Sheet2"为"高级职称"，"Sheet3"为"工资汇总"。

2．处理数据

（1）高级筛选。

利用"高级职称"工作表中的数据，进行高级筛选。

① 条件："职称"为"教授"或者"副教授"，并且"个人税"在 200 元以上的记录。

② 要求：条件区域的起始单元格定位在 M2；复制到的起始单元格定位在 M8。

高级筛选结果如图 4.1-3 所示。

（2）建立数据透视表。

根据"工资表"工作表中数据，建立数据透视表。要求如下：

① 行字段依次为"单位名称"、"性别"，列字段为"职称"，计算项为各部门男女职工人数统计。

② 结果放在新建工作表中，工作表名为"职称统计表"。

透视表样图如图 4.1-4 所示。

单位名称	姓名	性别	出生年月	职称	基本工资	津贴	奖金	个人税	代扣除	实发工资
环化系	高文博	女	1954-3-8	教授	1250	630	1000	306.2	96	2478.2
计算机系	李 芳	男	1956-9-10	教授	1050	480	1000	225.6	93	2211.2
环化系	史晓黛	女	1952-6-6	教授	1200	539	1000	280.3	50	2408.4
环化系	李峰	男	1961-4-5	副教授	1200	626	800	225.6	74	2326.8
环化系	卜辉娟	女	1960-5-23	教授	960	481	1000	291	78	2071.7
环化系	孟梦	女	1965-8-9	副教授	850	753	800	205.6	93	2104.5

图 4.1-3　高级筛选结果样图

计数项:姓名		职称				
单位名称	性别	副教授	讲师	教授	助教	总计
环化系	男	1	1	1	1	4
	女	2	2	5	4	13
环化系 汇总		3	3	6	5	17
计算机系	男	1	1	2		4
	女		3	3		6
计算机系 汇总		1	4	5		10
经济系	男		3			3
	女	1	1	1	2	5
经济系 汇总		1	4	1	2	8
总计		5	11	12	7	35

图 4.1-4　数据透视表样图

最后将此工作簿以原文件名存盘。

▷▷ 四、演示文稿操作

打开"PPTct"文件夹下的"PPT1.ppt"文件，进行如下操作。

（1）在第一张幻灯片的前面插入一张新的幻灯片，版式为"剪贴画与文本"，在标题框中输入文字"本节主要内容"，设置为宋体、56 磅、居中对齐。删除左边占位符，在原来位置插入"PPTct"文件夹中的"JTH.gif"图片文件，尺寸设置为高度 10 cm，锁定纵横比。

（2）将"PPTct"文件夹下"CHLJ1.jpg"和"CHLJ2.jpg"图片插入到最后一张幻灯片中；尺寸不变；图片位置：随意。在第一个图片和第二个图片之间画一个 6 磅的蓝色箭头线。

（3）在最后一张幻灯片中设置动画效果，动画顺序如下。

① 第一张图片，动画效果为"溶解式"，单击鼠标启动动画。

② 箭头线，动画效果为"向右擦除"，单击鼠标启动动画。

③ 第二张图片，动画效果为"溶解式"，在前一事件 0 s 后启动。

最后将此演示文稿以原文件名存盘。

▷▷ 五、FrontPage 网页制作

用 FrontPage 应用程序打开"Frtct"文件夹中的"frt1.htm"文件，进行如下操作。

1．设置网页属性

（1）网页标题："泰山景象"。

（2）网页背景：银白色。

2．编辑网页

（1）在网页第一行输入"茂林满山 朱樱满地"，设置为隶书、36 磅、居中对齐、红色；并对该文字插入超链接，链接到 http://www.mount-tai.com.cn/。

（2）设置文本"泰山奇观"字体格式：华文新魏、24 磅、水平居中、红色。

（3）对应"傲徕峰"、"桃花峪"、"扇子崖"、"天烛峰"的文字介绍，在其右侧单元格内分别插入图片，图片来源："Frtct"文件夹中的"傲徕峰.jpg"、"桃花峪.jpg"、"扇子崖.jpg"、"天烛峰.jpg"，所有图片在单元格中水平居中对齐。

（4）在"桃花峪.jpg"图片中添加长方形热点，链接到"Frtct"文件夹中的"桃花峪.txt"文件。

（5）在"天烛峰.jpg"图片右边插入书签，书签名称："天烛峰"，并为表格中第二行右边单元格文本"4.天烛峰"添加超链接，链接到该书签。

最后将上述操作结果以原文件名保存。样文参见"Frtct"文件夹下的"frt1 样文.jpg"。

模拟测试 2

▷▷ 一、Windows 基本操作

1. 在"Winct"文件夹下面建立"myself2"文件夹。

2. 在"myself2"文件夹下建立一个名为"班级文化.doc"的 Word 文件。

3. 在"Winct"文件夹范围内查找"game.exe"文件，将其移动到"myself2"文件夹下，重命名为"游戏.exe"。

4. 在"Winct"文件夹范围内搜索"download.exe"应用程序，并在"myself2"文件夹下创建它的快捷方式，命名为"个人下载"。

5. 在"Winct"文件夹范围查找"Exam3"文件夹，并将其删除。

▷▷ 二、字、表、图混排操作

1. 编辑、排版

打开"Wordct"文件夹下的"Word2.doc"文件，按如下要求进行编辑、排版。

（1）基本编辑。

① 将标题"第 3 章 VPN 安全技术"段后距设置为 1 行。

② 将"第三层隧道协议是……"与"隧道技术是……"两段内容互换位置。

③ 将文中的标题序号"1."、"2."、"3."、"4."替换为系统自动编号"（1）"、"（2）"、"（3）"、"（4）"（使用中文括号）。

（2）排版。

① 纸张大小为自定义大小（21 cm×27 cm）。

② 页边距：上、下为 3 cm；左、右为 2.5 cm；页眉、页脚距边界均为 1.7 cm。

③ 页眉为"Virtual Private Network"，字体为"Times New Roman"、五号字、红色、倾斜、左对齐。

④ 将文章标题"第 3 章 VPN 安全技术"的格式设置为水平居中、宋体、四号、加粗、蓝色。

⑤ 小标题"（1）"、"（2）"、"（3）"、"（4）"所在行设置为首行缩进 2 字符，段前 0.4 行，左对齐，仿宋_GB2312、红色、小四号字。

⑥ 其余部分（除标题和小标题以外的部分）设置为首行缩进 2 字符，1.25 倍行距，两端对齐，宋体、五号字。

（3）图文操作。

① 在文章中插入"Wordct"文件夹下的图片"b1.jpg"，设置图片高度为 3 cm，锁定纵横比；在图片下面添加图注（使用文本框）"VPN 安全技术"，图注的文字格式为五号、黑体、水平居中，文本框高 1 cm、宽 3 cm，内部边距均为 0.1 cm，无线条色。

② 将插入的图片和其图注水平居中对齐并组合。将组合后的图形环绕方式设置为"四周型"，图形的位置：水平距页面右侧 13.5 cm，垂直距页面下侧 5 cm。样文如图 4.2-1 所示或参见"Wordct"文件夹下的"样文 2.jpg"。

Virtual Private Network

第 3 章　VPN 安全技术

由于传输的是私有信息，VPN 用户对数据的安全性都比较关心。目前 VPN 主要采用 4 项技术来保证安全，这 4 项技术分别是隧道技术（Tunneling）、加解密技术（Encryption & Decryption）、密钥管理技术（Key Management）、使用者与设备身份认证技术（Authentication）。

VPN 安全技术

（1）隧道技术

隧道技术是 VPN 的基本技术类似于点对点连接技术，它在公用网建立一条数据通道（隧道），让数据包通过这条隧道传输。隧道是由隧道协议形成的，分为第二、三层隧道协议。第二层隧道协议是先把各种网络协议封装到 PPP 中，再把整个数据包装入隧道协议中。这种双层封装方法形成的数据包靠第二层协议进行传输。第二层隧道协议有 L2F、PPTP、L2TP 等。L2TP 协议是目前 IETF 的标准，由 IETF 融合 PPTP 与 L2F 而形成。

第三层隧道协议是把各种网络协议直接装入隧道协议中，形成的数据包依靠第三层协议进行传输。第三层隧道协议有 VTP、IPSec 等。IPSec（IP Security）是由一组 RFC 文档组成，定义了一个系统来提供安全协议选择、安全算法，确定服务所使用密钥等服务，从而在 IP 层提供安全保障。

（2）加解密技术

加解密技术是数据通信中一项较成熟的技术，VPN 可直接利用现有技术。

（3）密钥管理技术

密钥管理技术的主要任务是如何在公用数据网上安全地传递密钥而不被窃取。现行密钥管理技术又分为 SKIP 与 ISAKMP/OAKLEY 两种。SKIP 主要是利用 Diffie-Hellman 的演算法则，在网络上传输密钥；在 ISAKMP 中，双方都有两把密钥，分别用于公用和私用。

（4）使用者与设备身份认证技术

使用者与设备身份认证技术最常用的是使用者名称与密码或卡片式认证等方式。

图 4.2-1　样文 2

最后将排版后的文件以原文件名存盘。

2．表格操作

新建一文档，制作一个 4 行 7 列的表格，并按如下要求调整表格（样表如图 4.2-2 所示或参见"Wordct"文件夹下的"bg2 样图.jpg"）。

① 设置表格第 1 列列宽 3 cm，其余各列列宽为 1.5 cm；第 1 行行高为固定值 1.5 cm，其余各行行高为固定值 1 cm；整个表格水平居中；所有单元格对齐方式为既水平居中，又垂直居中。

② 参照样表合并单元格。

③ 按样表所示设置表格线：在第 1 行第 1 列的单元格添加 0.5 磅斜线；设置整个表格无左右边线；第 1 行上边线和下边线、第 1 列右边线和最后 1 行下边线为粗线 1.5 磅；其余为细线 0.5 磅。

④ 将表格第 1 行和第 1 列的底纹设置为"淡蓝"。

最后将此文档以文件名"bg2.doc"另存到"Wordct"文件夹中。

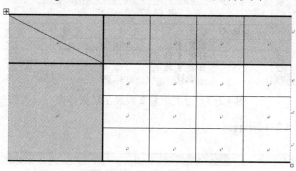

图 4.2-2　bg2 样图

▷▷ 三、电子表格操作

打开"Excelct"文件夹下的"商品运输情况表.xls"工作簿，按下列要求操作。

1. 完成工作表

（1）编辑及格式化"Sheet1"工作表。

① 在最左端插入一列，列标题为"商品编号"；在最右端插入一列，列标题为"净重"。

② 在第一行前插入一行，行高 25 磅；并在 A1 单元格输入标题"商品运输情况表"，黑体、20 磅、红色；合并及居中"A1：E1"单元格。

③ 设置"A2：E2"单元格文字为楷体、16 磅、水平居中，列宽 12 磅。

④ 为"A2：E19"单元格添加蓝色细实线边框。

⑤ 所有数值单元格均设置为数值型、负数第 4 种、保留两位小数，右对齐。

（2）计算与填充"Sheet1"工作表中的数据。

① 利用 IF 函数，根据"商品类别"列数据填充"商品编号"列，日化、服装、五金的商品编号分别是"01"、"02"、"03"。

② 公式计算"净重"列。净重 = 毛重 - 皮重。

（3）复制、重命名工作表。

插入两个新工作表"Sheet2"和"Sheet3"，并在其中建立"Sheet1"的副本；同时将"Sheet1"重命名为"运输情况表"，"Sheet2"重命名为"运输量"，"Sheet3"重命名为"日化"。

将以上结果以"Excel2.xls"为文件名另存到"Excelct"文件夹中。

2. 处理数据

继续对"Excel2.xls"工作簿进行操作。

（1）分类汇总。

根据"Sheet2"中的数据，按"商品类别"分类汇总"毛重"、"净重"之和。

（2）自动筛选。

根据"Sheet3"中的数据，自动筛选"商品类别"为"日化"的记录。

分类汇总 2 级显示结果如图 4.2-3 所示。

1 2 3		A	B	C	D	E
	1		商品运输情况表			
	2	商品编号	商品类别	毛重	皮重	净重
●	8		服装 汇总	334.70		224.30
●	13		日化 汇总	332.40		222.00
●	22		五金 汇总	378.80		261.40
—	23		总计	1045.90		707.70

图 4.2-3 分类汇总 2 级显示结果样图

自动筛选结果如图 4.2-4 所示。

	A	B	C	D	E
1		商品运输情况表			
2	商品编号▾	商品类别▾	毛重 ▾	皮重 ▾	净重 ▾
3	01	日化	75.00	25.00	50.00
4	01	日化	135.00	45.00	90.00
14	01	日化	17.40	5.40	12.00
17	01	日化	105.00	35.00	70.00

图 4.2-4 自动筛选结果样图

（3）图表操作。

根据"运输量"工作表中的分类汇总结果数据，建立图表工作表。所生成的图表如图 4.2-5 所示。要求如下：

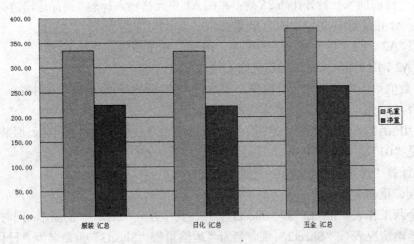

图 4.2-5 图表样图

- 分类轴："商品类别"；数值轴："毛重"、"净重"之和。
- 图表类型：簇状柱形图。
- 图表标题："商品运输量对比图"，隶书、18 磅、蓝色，图例靠右。

● 图表位置：作为新工作表插入；工作表名为"对比图"。

最后将此文件以原文件名存盘。

▷▷ 四、演示文稿操作

打开"PPTct"文件夹下的"PPT2.ppt"文件，进行如下操作。

（1）在第一张幻灯片的前面插入一张新的幻灯片，版式为"标题幻灯片"，在标题框中输入文字"基本概念"，设置为楷体、66 磅；在副标题位置输入文字：

1.1 系统

1.2 信息

并设置为宋体、32 磅。

（2）将"PPTct"文件夹下"insert1.ppt"中的三张幻灯片全部插入到倒数第二张幻灯片的前边；将"PPTct"文件夹下的图片"系统.jpg"插入到倒数第二张幻灯片中，适当调整图片位置。

（3）设置全部幻灯片的切换效果为"盒状展开"、"中速"、声音为"风铃"。

（4）将最后一张幻灯片的背景设置为预设中的"雨后初晴"，底纹样式"横向"、变形中的第一种。

（5）设置最后一张幻灯片的动画效果：标题 1 设置为"水平百叶窗"，单击鼠标时动作；文本 2 自左侧飞入，单击鼠标时动作。

最后将此演示文稿以原文件名存盘。

▷▷ 五、FrontPage 网页制作

用 FrontPage 应用程序打开"Frtct"文件夹中的"frt2.htm"文件，进行如下操作。

1．设置网页属性

（1）网页标题："梅花"。

（2）网页背景设置为"Frtct"文件夹中的"cst2.jpg"图片。

（3）超链接颜色：紫红色；已访问的超链接颜色：红色。

2．编辑网页

（1）在表格上方添加艺术字：文字："梅花"；艺术字样式：字库中第 3 行第 1 列的样式；字体格式：隶书、54 磅、加粗。

（2）将表格第 3 行左数第 2 个单元格拆分为左、右两个单元格，并将"Frtct"文件夹中的"meihua.jpg"图片插入到拆分后的第 3 个单元格中，在图片属性中设置图片对齐方式为"文本上方"，保持纵横比，宽度 400 像素。在图片中添加圆形热点，链接到 http://www.meihua.info。

（3）在表格中添加第 4 行，并将第 4 行合并为一个单元格，行高为 60 像素，水平居中对齐。在第 4 行中添加文本："更多梅花资料"，并对文本设置超链接，链接到 http://www.baidu.com。

（4）将表格中第 1 行第 1 列"梅花"文字连接到"Frtct"文件夹中的"梅花.txt"文件。

将上述操作结果按原文件名存盘。样文参见"Frtct"文件夹下的"frt2 样文.jpg"。

模拟测试 3

▷▷ 一、Windows 基本操作

1. 在"Winct"文件夹下面建立"myself3"文件夹。

2. 在"myself3"文件夹下建立一个名为"我的家乡.ppt"的 PowerPoint 文件。

3. 在"Winct"文件夹范围查找"help.exe"文件，并在"myself3"文件夹下创建它的快捷方式，命名为"帮助文件"。

4. 在"Winct"文件夹范围查找"Exam2"文件夹，将其复制到"myself3"文件夹下。

5. 在"Winct"文件夹范围查找所有以"us"开头的文件，将其移动到"myself3"文件夹下。

▷▷ 二、字、表、图混排操作

1. 编辑、排版

打开"Wordct"文件夹下的"Word3.doc"文件，按如下要求进行编辑、排版。

（1）基本编辑。

① 将"Wordct"文件夹下的"Wordc1.doc"文件的内容插入到"Word3.doc"文件的尾部，形成一个新的段落。

② 将正文前两段（"星河灿烂……"和"人类对深空的……"两段）中的西文标点"."替换为中文标点"。"。

（2）排版。

① 纸张大小为自定义大小（21 cm×21 cm）。

② 页边距：上、下为 2.5 cm；左、右为 2 cm；页眉、页脚距边界均为 1.5 cm。

③ 设置页眉为"宇宙探测"，文本格式为隶书、五号、红色、右对齐；页脚为"X/Y"（X 表示当前页数，Y 表示总页数），水平居中。

④ 将文章标题"人类宇宙探测器"设置为黑体、三号字、水平居中，段后距 1 行，并给标题添加蓝色、1.5 磅双线方框和浅紫色（填充色）的底纹。

⑤ 其余部分（除标题以外的部分）设置为悬挂缩进 2 字符，两端对齐，楷体_GB2312、小四号字。

⑥ 将正文分成两栏显示，中间有分隔线。

⑦ 设置正文第一段首字下沉，下沉行数 4 行，距正文 0 cm。

（3）图文操作。

① 在文章中插入"Wordct"文件夹下的图片文件"c1.jpg"，将其图片大小设置为原始尺寸的 110％，并在图片下面添加图注（使用文本框）"人类的宇宙探测"，文本框高 0.8 cm、宽 3 cm，内部边距均为 0 cm，无线条色；图注的文本格式为小五号、宋体、水平居中。

② 将图片和其图注水平居中对齐并组合。将组合后的图形环绕方式设置为"四周型"，组合后的图形位置：水平距页面右侧 15.5 cm，垂直相对于页面居中。

样文如图 4.3-1 所示或参见"Wordct"文件夹下的"样文 3.jpg"。

将排版后的文件以原文件名存盘。

图 4.3-1　样文 3

2．表格操作

新建一 Word 文档，在文档中进行如下操作（样表如图 4.3-2 所示或参见"Wordct"文件夹下的"bg3 样图.jpg"）。

① 将"Wordct"文件夹下的"bg3.txt"文件的内容插入到新文档中。

② 将插入到文档中的内容按"制表符"转换为一个 8 行 2 列的表格。

③ 在该表格的最上方添加 1 行，并按样表所示合并单元格，添加相应文字，设置为宋体、小四号字、加粗。

④ 设置表格第 1 行行高为固定值 1 cm，其余行行高最小值 0.5 cm；设置所有列列宽为 7 cm；

整个表格水平居中。

⑤ 设置第1行单元格文字既水平居中，又垂直居中，其余单元格文字垂直居中。

⑥ 设置表格外边框为0.5磅青色双线，其余为0.5磅青色实线。

最后将此文档以文件名"bg3.doc"另存到"Wordct"文件夹中。

"Windows 资源管理器" 键盘快捷键	
请按	目的
END	显示当前窗口的底端
主页	显示当前窗口的顶端
NUM LOCK + 数字键盘的星号（＊）	显示所选文件夹的所有子文件夹
NUM LOCK + 数字键盘的加号（＋）	显示所选文件夹的内容
NUM LOCK + 数字键盘的减号（－）	折叠所选的文件夹
左箭头键	当前所选项处于展开状态时折叠该项，或选定其父文件夹
右箭头键	当前所选项处于折叠状态时展开该项，或选定第一个子文件夹

图 4.3-2　bg3 样图

▷▷ 三、电子表格操作

打开"Excelct"文件夹下的"Excel3.xls"工作簿，按下列要求操作。

1. 完成工作表

（1）编辑及格式化"Sheet1"工作表。

① 在左端插入1列，列标题为"序号"。

② 将工作表标题设置为隶书、20磅、蓝色；并在"A1：K1"单元格区域合并居中。

③ 删除第2和第3两行。

④ 设置"A2：K2"单元格格式：文字格式为楷体、14磅、红色、去除自动换行，加浅青绿色带6.25％灰色图案的底纹；列宽为10磅。

⑤ 将"D3：D24"单元格中的数据设置为日期型第一种。

⑥ 为"A2：K24"单元格添加细实线边框。

（2）计算与填充"Sheet1"工作表中的数据。

① 填充"序号"列数据：01、02、…、22。

② 利用IF函数，根据"获奖级别"及"获奖次数"填充"获奖金额"列。国家级1次奖励2 000元、省级1次奖励1 000元、市级1次奖励500、其他情况为显示空白。

③ 利用 IF 函数，根据毕业时间填充"备注"列信息：2008 年毕业的备注为"新聘"，其他显示为空白。

（3）插入、复制、重命名工作表。

插入两个新工作表"Sheet2"和"Sheet3"，并在其中建立"Sheet1"的副本，同时将"Sheet1"重命名为"基本表"。

2. 处理数据

（1）高级筛选。

对"Sheet2"中的数据进行高级筛选。

① 条件："任教学科"为"计算机"，且"获奖级别"为"国家级"、"省级"或"市级"。

② 要求：条件区域的起始单元格定位在 C26。筛选结果放置在 A31 开始的单元格中。

高级筛选结果如图 4.3-3 所示。

序号	姓名	性别	出生年月	任教学科	毕业时间	获奖级别	获奖次数	获奖时间	获奖金额	备注
01	田荣雪	女	1963-6-23	计算机	2006-6-26	省级	2	1997	2000	
02	李俊	女	1983-8-8	计算机	2008-6-26	国家级	2	2008	4000	新聘
06	陈美华	女	1956-3-6	计算机	2004-1-12	市级	3	1997	1500	

图 4.3-3 高级筛选结果样图

（2）建立数据透视表。

根据"Sheet3"中的数据建立数据透视表。

① 行字段"任教学科"、列字段"获奖级别"，计算项为"获奖次数"之计数。

② 结果放在新建工作表中，工作表名为"获奖透视表"，如图 4.3-4 所示。

计数项:获奖次数	获奖级别				
任教学科	国家级	省级	市级	（空白）	总计
化学				3	3
计算机	1	1	1		3
数学				4	4
物理					
英语				2	2
总计	1	1		10	12

图 4.3-4 数据透视表样图

最后将此工作簿以原文件名存盘。

▷▷ 四、演示文稿操作

打开"PPTct"文件夹下的"PPT3.ppt"文件，进行如下操作。

1. 在第 6 张幻灯片的后面插入第 1 张幻灯片的副本，将新插入的幻灯片中前 3 个文本框及占位符都删除。

2. 将全部幻灯片的切换效果设置为"水平百叶窗"、"中速"，声音为"风铃"。

3. 设置超链接：将第 1 张幻灯片的"研究体系"文本框链接到标题名为"行为特征研究体系-1"的幻灯片。

4. 将第 10 张幻灯片移动到第 8 张幻灯片前边。

5. 将第 1 张幻灯片的背景设置为"纹理"中的"花束"。

最后将此演示文稿以原文件名存盘。

▷▷ 五、FrontPage 网页制作

启动 FrontPage 软件，进行如下操作。

1. 建立新网页

（1）新建一个使用"标题模板"结构的框架网页。

（2）在上框架中新建网页（单击"新建网页"按钮），并编辑网页。

① 设置网页属性，网页标题为"旅游介绍"。

② 编辑网页，输入文本"神奇九寨沟"，36 磅、居中对齐、红色。

③ 在下框架中新建网页，将"Frtct"文件夹中的"神奇九寨沟.doc"文件内容复制到下框架的网页中。

2. 编辑网页

（1）在下框架网页中的"九寨沟简介"文本下边插入占窗口 70 %的红色水平线，高度 5 像素，水平居中。

（2）将上框架网页中的"神奇九寨沟"文本链接到"Frtct"文件夹中的"神奇九寨沟.htm"文件；目标框架"main"。

将新建的上框架网页以"up3.htm"为文件名保存在"Frtct"文件夹中，新建的下框架网页以"down3.htm"文件名保存在"Frtct"文件夹中，整体框架网页以"frt3.htm"文件名保存在"Frtct"文件夹中。

样文参见"Frtct"文件夹下的"frt3 样文.jpg"。

模拟测试 4

▷▷ 一、Windows 基本操作

1. 在"Winct"文件夹下建立"myself4"文件夹。

2. 在"Winct"文件夹范围查找"setup.exe"应用程序，并在"myself4"文件夹下创建它的快捷方式，命名为"安装程序"。

3. 在"Winct"文件夹范围查找所有扩展名为".doc"的文件，将其复制到"myself4"文件夹下。

4. 在"Winct"文件夹范围查找以"h"开头，扩展名".exe"的文件，将其设置为仅有"只读"、"隐藏"属性。

5. 在"Winct"文件夹范围查找"Exam3"文件夹，将其删除。

▷▷ 二、字、表、图混排操作

1. 编辑、排版

打开"Wordct"文件夹下的"Word4.doc"文件，按如下要求进行编辑、排版。

（1）基本编辑

① 将"Wordct"文件夹下的"Wordd1.txt"文件的内容插入到"Word4.doc"文件的尾部，形成一个新的段落。

② 在第一段之前插入一个空行。

③ 将文中的"海市辰楼"替换为"海市蜃楼"。

（2）排版。

① 纸张大小为 A4；打印方向为"横向"。

② 页边距：上、下、左、右均为 2.5 cm；页眉、页脚距边界均为 1.75 cm。

③ 页脚输入文字"共一页"；页脚格式为隶书、五号、居中。

④ 添加艺术字"海市蜃楼"作为文章标题，艺术字样式为第 3 行第 4 列的样式，并设置为隶书、36 号、环绕方式为上下型、相对于页面水平居中。

⑤ 将正文设置为悬挂缩进 2 字符，宋体、小四号字。

⑥ 将正文中的第一段分成两栏显示，中间有分隔线。

⑦ 设置正文第一段首字下沉，字体为隶书，下沉行数 3 行，距正文 0.2 cm。

⑧ 设置第二段段前 0.5 行。

（3）图文操作

① 在文章中插入"Wordct"文件夹下的图片文件"d1.jpg"，将其图片大小设置为原始尺寸

的 50 %。

② 设置图片环绕方式为"四周型"，图片位置水平距页边距右侧 13.6 cm，垂直距页边距下侧 3.1 cm。

样文如图 4.4-1 所示或参见"Wordct"文件夹下的"样文 4.jpg"。

最后将排版后的文件以原文件名存盘。

海市蜃楼

市蜃楼是在天气温和、大气稳静、下层空气与上层空气温度和密度不一样时，由光的折射而产生的一种自然现象，通常发生在海上或沙漠中。在海上，接近海面的空气比上层空气温度低、密度大，光的折射率比在上层空气中大；在沙漠中，接近地面的空气比上层空气温度高、密度小，光的折射率比在上层空气中小。光在穿过两种不同密度的物质时，会产生折射，也就是说光线不再是沿一条直线行进。本来是直线传播的光线在这种疏密逐渐变化的空气中穿过时，会折射成曲线，因此人们会看到实际并不在视野范围内的景物，比如，我们看不到地平线以下的景物，但当条件符合发生海市蜃楼的情况时，地平线以下景物反射的光会像我们抛出的石子一样，绕到地平线以上让我们看到它。这也是为什么很多海市蜃楼景色常常出现在半空

中的道理。图中是 1999 年 5 月在芬兰拍摄到的一张海市蜃楼图片。在正常的情况下，树木茂密的岛后面是看不到什么的，但是现在有可见的海表面和一腹隐约可见的船。

这张图片中的草地上出现了一片清波涤涤的水面，这种现象在炎热的夏季于平坦空旷的地方很常见到。其实这也是一种光在空气中折射时造成的现象。在沙漠中，它往往使人觉得真找到了水源。

图 4.4-1 样文 4

2. 表格操作

打开"Wordct"文件夹下的"bg4.doc"文件，按如下要求调整表格，样表如图 4.4-2 所示或参见"Wordct"文件夹下的"bg4 样图.jpg"。

成绩 课程 姓 名	英语	数学	计算机
张玫	65	70	75
李鸿	80	90	95
王丹	75	75	71
赵屏	80	81	72

图 4.4-2 bg4 样图

① 设置表格第一行行高为固定值 3 cm，第一列列宽为 4 cm。

② 绘制斜线表头，设置为样式二，行标题为"课程"，数据标题为"成绩"，列标题为"姓名"，字号为小五号。

③ 设置表格自动套用格式"简明型 1"。

④ 将表格的所有内部框线（不包括斜线表头）设置为绿色、0.5 磅实线。

⑤ 设置表格中的文字（不包括斜线表头）既水平居中，又垂直居中；整个表格水平居中。最后将此文档以原文件名存盘。

▷▷ 三、电子表格操作

打开"Excelct"文件夹下的"Excel4.xls"工作簿，按下列要求操作。

1．完成工作表

（1）编辑及格式化"Sheet1"工作表。

① 在工作表的第一行前插入一行。合并及居中"A1∶F2"，设置文字格式为隶书、20 磅、红色。

② 设置"A3∶F3"单元格文字格式为楷体、14 磅、列宽 14；底纹：茶色加 12.5% 灰色图案。

③ 设置"A3∶F3"单元格文字水平居中；设置"B4∶E15"单元格内容为数值型，负数第 4 种，保留两位小数。

（2）编辑及格式化"Sheet2"工作表。

① 打开"Excelct"文件夹下的"汽车销量.doc"文档，复制其内容到"Sheet2"工作表的 A1 单元格处。

② 设置所有内容单元格字体大小为 12 磅；表格线为细实线；列宽为 14 磅。

（3）计算与填充工作表中的数据。

① 填充"Sheet2"的"序号"列，设置为数值型：1～122 连续值。

② 填充"Sheet1"的"日期"列，设置为日期型：从 2010-8-2 开始，间隔为 7 天。

2．处理数据

（1）分类汇总。

继续对"Excel4.xls"进行操作，根据"Sheet2"工作表中的数据，按"厂商"分类汇总"销量"之和。

（2）图表操作。

根据"Sheet1"中的数据，建立图表工作表，结果如图 4.4-3 所示。要求如下：

● 图表分类轴："日期"；数值轴为"开盘"与"收盘"数据。

● 图表类型：数据点折线图。

● 图表标题："开盘与收盘对比图"，隶书、20 磅、红色。

● 设置数值轴刻度数据无小数，最小值为 6，最大值为 13，主要刻度单位为 1。

● 设置分类轴刻度主要单位为 7 天、次要单位也为 7 天，字号为 8 磅，分类轴数据格式设置为 m"月"d"日"形式，对齐方式为水平。

● 图表位置：作为新工作表插入；工作表名为"对比图"。

最后将此工作簿以原文件名存盘。

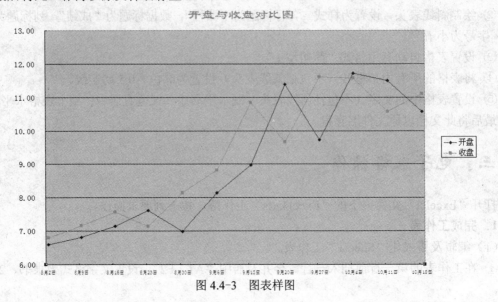

图 4.4-3　图表样图

▷▷ 四、演示文稿操作

（1）建立一个空演示文稿，第一张幻灯片的版式为"标题幻灯片"，对新建的演示文稿应用"PPTct"文件夹中的"自然风光.pot"设计模板。

（2）在第一张幻灯片的标题框中输入文字"幸福生活"，设置为隶书、88 磅，居中对齐。副标题处分两行输入"成长的故事"、"声音"，楷体、36 磅、居中。

（3）在第一张幻灯片后添加新幻灯片，版式为"标题和文本"；在标题占位符中输入"我的家"，设置为宋体、72 磅；将"PPTct"文件夹中"dxsh.txt"文件的内容复制到文本占位符中；插入"PPTct"文件夹中的"bm.jpg"图片，尺寸：锁定纵横比，高度 6 cm；位置：水平距左上角 9 cm，垂直距左上角 10 cm。

（4）在第二张幻灯片后边插入其副本，将标题占位符中的文字改为"我的朋友"；将原文本占位符中的文字删除，重新输入"友谊是温暖"，并删除原来图片。

（5）在最后一张幻灯片的右下角添加一个动作按钮"第一张"，单击鼠标后返回第一张幻灯片。最后将此演示文稿以"PPT4.ppt"为文件名保存到"PPTct"文件夹中。

▷▷ 五、FrontPage 网页制作

1. 建立新网页

（1）建立一个新的普通网页。

（2）设置网页属性：标题为"2012 年冬奥会"。

（3）背景色：自定义（红色：180，绿色：200，蓝色：10）。

2．编辑网页

（1）输入文本"2012 年冬奥会"，设置为华文行楷、36 磅、居中对齐、蓝色。

（2）在文字"2012 年冬奥会"下方插入水平线，设置水平线属性：紫红色，高度 5 像素。

（3）在水平线下方插入一个 1 行 2 列的表格，如下设置格式。

① 表格属性：90%宽度，边框粗细为 0；对齐方式：居中。

② 单元格属性：单元格指定高度 30 像素；相对垂直居中对齐。

（4）将"Frtct"文件夹中"吉祥物.jpg"图片插入到左边单元格中，并添加图片链接，链接到 http://www.baidu.com；将"Frtct"文件夹中"吉祥物资料.doc"的内容复制到右边单元格中。对齐方式：左对齐；文本颜色：黄色。

（5）在表格下方插入一个文本框，如下设置文本框格式。

① 文本框颜色：无线条色，无填充色；大小：高 200 像素，宽 900 像素；布局位置：左对齐 150 像素，顶端对齐 500 像素。

② 复制"Frtct"文件夹下文档"吉祥物资料.txt"中内容到文本框中。

最后将上述操作结果以"frt4.htm"文件名保存在"Frtct"文件夹中，保存类型为 HTML 文件。样文参见"Frtct"文件夹下的"frt4 样文.jpg"。

模拟测试 5

▷▷ 一、Windows 基本操作

1. 在"Winct"文件夹下面建立"myself5"文件夹。

2. 在"Winct"文件夹范围查找所有扩展名为".ini"的文件，并将其移动到"myself5"文件夹下。

3. 在"myself5"文件夹下建立一个名为"操作使用说明.txt"的文本文件。

4. 在"Winct"文件夹范围搜索"help.exe"文件，并在"myself5"文件夹下创建它的快捷方式，命名为"帮助文件"。

5. 在"Winct"文件夹范围查找以"s"开头，扩展名".exe"的文件，将其设置为仅有"只读"属性。

▷▷ 二、字、表、图混排操作

1. 编辑、排版

打开"Wordct"文件夹下的"Word5.doc"文件，按如下要求进行编辑、排版。

（1）基本编辑。

① 将文中的"3. 电子签名模式……"和"2. 电子签名的功能……"两部分内容互换位置（包括小标题及内容）。

② 将"1. 电子签名定义"下面两段内容中的"数据"替换为红色加粗的"数据"。

（2）排版。

① 纸张为自定义大小（21 cm×29 cm）。

② 页边距：上、下为 3 cm；左、右为 2 cm；页眉、页脚距边界均为 1.5 cm。

③ 将页眉设置为"电子签名"，隶书、五号、右对齐。

④ 将文章标题"第一课 电子签名的概念"设置为水平居中，黑体、三号字、蓝色，段前 0.5 行，段后 0.5 行，并添加蓝色、0.5 磅双线方框和灰色−10%（填充色）的底纹。

⑤ 将小标题"1. ……"、"2. ……"、"3. ……"所在行设置为悬挂缩进 2 字符，左对齐，1.5 倍行距，楷体_GB2312、蓝色、小四号字、加粗。

⑥ 其余部分（除标题和小标题以外的部分）设置为首行缩进 2 字符，两端对齐，行距为固定值 20 磅。

⑦ 将"2. 电子签名的功能……"部分内容中的标题序号"1"、"2"、"3"、"4"更改为特殊符号"★"。

（3）图文操作。

① 在文章中插入"Wordct"文件夹下的图片文件"e1.jpg"，在图片下方添加图注（使用文本框）"电子签名"，图注的文字格式为小五号、宋体水平居中；文本框高度 0.8 cm，宽度为 4 cm，无线条色，内部边距均为 0.1 cm。

② 将图片及其图注水平居中对齐并组合。将组合后的图形环绕方式设置为"四周型"，组合后的图形位置：水平距页边距右侧 11.8 cm，垂直距页边距下侧 13.2 cm。

样文如图 4.5-1 所示或参见"Wordct"文件夹下的"样文 5.jpg"。

最后将排版后的文件以原文件名存盘。

电子签名

第一课 电子签名的概念

1. 电子签名定义

　　电子签名，是现代认证技术的泛称，美国《统一电子交易法》规定，"电子签名"泛指"与电子记录相联的或在逻辑上相联的电子声音、符号或程序，而该电子声音、符号或程序是某人为签署电子记录的目的而签订或采用的"；联合国《电子商务示范法》中规定，电子签名是包含、附加在某一数据电文内，或逻辑上与某一数据电文相联系的电子形式的数据，它能被用来证实与此数据电文有关的签名人的身份，并表明该签名人认可该数据电文所载信息；欧盟的《电子签名指令》规定，"电子签名"泛指"与其他电子记录相联的或在逻辑上相联并以此作为认证方法的电子形式数据。"

　　从上述定义来看，凡是能在电子通信中，起到证明当事人的身份、证明当事人对文件内容的认可的电子技术手段，都可被称为电子签名，电子签名即现代认证技术的一般性概念，它是电子商务安全的重要保障手段。

2. 电子签名的功能

　　★ 身份认证：收方通过发方的电子签名才能够确认发方的确切身份，但无法伪造。

　　★ 保密：双方的通信内容高度保密，第三方无从知晓。

　　★ 完整性：通信的内容无法被篡改。

　　★ 不可抵赖：发方一旦将电子签名的信息发出，就不能再否认。

3. 电子签名模式

　　目前，美国使用的电子签名主要有 3 种模式：

　　（1）智慧卡式。使用者拥有一个像信用卡一样的磁卡，储存有关于自己的数字信息。使用时只需在电脑扫描器上扫描，然后输入自己设定的密码便可。

　　（2）密码式。它是由使用者设定一个密码（由数字或字符组合而成），通过特定的硬件，使用者利用电子笔在电子板上签名后将信息存入电脑。电子板不仅记录下签名的形状，而且对使用者签名时使用的力度、写字的速度都有记载，以防他人盗用签名。

电子签名

　　（3）生物测定式。它是以使用者的身体特征为基础，通过特定的设备对使用者的指纹、面部、视网膜或眼球进行数字识别，从而确定对象是否与原使用者相同。

图 4.5-1　样文 5

2．表格操作

打开"Wordct"文件夹下的"bg5.doc"文件，按如下要求调整表格（样表如图 4.5-2 所示或参见"Wordct"文件夹下的"bg5 样图.jpg"）。

① 设置表格第一行行高为固定值 1.5 cm，其余各行行高为固定值 1 cm；各列列宽为 3 cm。

② 设置表格中文字为四号字。

③ 设置表格自动套用格式"彩色型 2"。

④ 设置表格外边框为 0.5 磅、蓝色双线。

⑤ 在表格最后插入一列，输入列标题"总成绩"，并计算各学生的总成绩（使用公式计算：表格→公式→sum()）。

⑥ 设置表格中的文字既水平居中，又垂直居中；整个表格水平居中。

最后将此文档以原文件名存盘。

姓名	英语	数学	计算机	总成绩
张玫	65	80	75	220
李鸿	80	85	90	255
王丹	75	65	71	211
赵屏	85	71	72	228

图 4.5-2　bg5 样图

▷▷ 三、电子表格操作

打开"Excelct"文件夹下的"Excel5.xls"工作簿，按下列要求操作。

1．完成工作表

（1）编辑及格式化"Sheet1"工作表。

① 在第 1 行前插入 1 行，在第 2 行前插入 4 行。设置第 1 行行高为 30。

② 在最左端插入 1 列。

③ 跨列居中"A1：I1"单元格，输入标题"高一 3 班学生成绩单"，黑体、20 磅、红色。

④ 在 B3、C3、D3、E3 单元格分别输入："考试人数"、"优秀"、"及格"、"不及格"。

⑤ 在 A6 单元格中输入"学号"；I6 单元格中输入"总成绩"。

⑥ 将"A6：I6"单元格文字设置为楷体、14 磅、水平居中、浅青绿色底纹。

（2）计算与填充"Sheet1"工作表中的数据。

① 填充"学号"列，格式设置为"文本"型，水平居中。学号从 01 到 33 为连续值。

② 公式计算"总成绩"列，"总成绩"为各科成绩之和。

③ 利用函数并根据"总成绩"列数据分别在 B4、C4、D4、E4 单元格统计：考试人数、优秀、及格、不及格人数。条件：总成绩大于等于 500 的为优秀；450～499 为及格；小于 450 的为不及格。

（3）在工作表间复制数据。

复制"Sheet1"工作表"A6：I39"单元格中的数据到"Sheet2"工作表 A1 单元格开始处；复制"Sheet1"工作表"C3：E4"单元格中的数据到"Sheet3"工作表 B3 单元格开始处。

2．处理数据

（1）高级筛选

利用"Sheet2"工作表中的数据，进行高级筛选。

① 条件："数学"、"物理"、"英语"成绩均大于等于 85 分的记录。

② 要求：条件区域的起始单元格定位在 K2。复制到的起始单元格定位在 K7。

高级筛选结果如图 4.5-3 所示。

学号	姓名	数学	物理	化学	生物	政治	英语	总成绩
02	程东风	92	92	82	85	81	86	518
22	赵 鹃	93	88	75	95	60	90	501
25	张力量	91	100	72	91	80	85	519

图 4.5-3　高级筛选结果样图

（2）图表操作

根据 Sheet3 中的数据，建立图表，结果如图 4.5-4 所示。要求如下：

① 用饼图显示优秀、及格、不及格人数所占百分比。

② 图表类型：三维饼图。

③ 图表标题："成绩分析图"，黑体，20 磅、蓝色；数据标志：显示百分比。

④ 图表位置：作为新工作表插入，名字为"成绩分析图"。

最后将此工作簿以原文件名存盘。

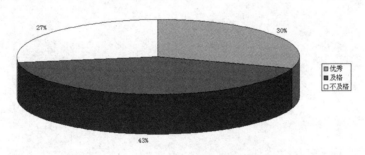

图 4.5-4　图表样图

▷▷ 四、演示文稿操作

打开"PPTct"文件夹下的"PPT5.ppt"文件，进行如下操作。

（1）应用"PPTct"文件夹中的"蓝色海岸.pot"设计模板。

（2）在第 1 张幻灯片插入一个自选图形，选择"星与旗帜"中的"前凸带形"，为其添加文本"文化研究"，楷体、48磅，自定义颜色：红色为255，蓝色和绿色为0。

（3）将第4张幻灯片的动画效果设置为：文本2为水平百叶窗、整批发送、按照第2层段落分组、"从上一项之后开始"，延迟0s。

（4）设置超链接：将第3张幻灯片的文本框链接到第5张幻灯片。

（5）将第2张幻灯片的背景设置为预设中的"碧海青天"，底纹样式"横向"，变形中的第1种。最后将此演示文稿以原文件名存盘。

▷▷ 五、FrontPage 网页制作

用"FrontPage"应用程序打开"Frtct"文件夹中的"frt5.htm"文件，进行如下操作。

1. 设置网页属性

（1）网页标题：文学。

（2）网页背景：青色。

（3）超链接颜色：紫色。

（4）默认目标框架：I1。

2. 编辑网页

（1）设置嵌入式框架的初始网页："Frtct"文件夹中的"main.htm"。

（2）将表格中的单元格衬距设置为3磅，边框粗细设置为2磅，并将第一行的高度设置为100像素。

（3）为表格中的文本：罗贯中、吴承恩，分别添加超链接，连接到"Frtct"文件夹中的"罗贯中.htm"、"吴承恩.htm"。

最后将上述操作结果以原文件名保存。样文参见"Frtct"文件夹下的"frt5样文.jpg"。

模拟测试 6

▷▷ 一、Windows 基本操作

1. 在"Winct"文件夹下面建立"myself6"文件夹。

2. 在"Winct"文件夹范围内查找"game.exe"文件，并在"myself6"文件夹下建立它的快捷方式，名称为"MyGame"。

3. 在"Winct"文件夹范围查找所有扩展名为".ini"的文件，并将其复制到"myself6"文件夹下。

4. 在"Winct"文件夹范围查找以"g"开头，扩展名".exe"的文件,将其设置为仅有"只读"、"隐藏"属性。

5. 在"myself6"文件夹下建立一个名为"会议通知.doc"的 Word 文件。

▷▷ 二、字、表、图混排操作

1. 编辑、排版

打开"Wordct"文件夹下的"Word6.doc"文件，按如下要求进行编辑、排版。

（1）基本编辑。

① 删除文中所有空行。

② 将正文第一段（"Internet 的发展给……"）中的"Internet"替换为蓝色文字"因特网"。

（2）排版。

① 纸张为 16 开。

② 页边距：上、下、左、右均为 2 cm；页眉、页脚距边界均为 1 cm。

③ 将页脚设置为"第 X 页"（X 表示当前页数），隶书、五号、水平居中。

④ 将文章标题"第一课 防火墙技术简介"设置为水平居中、楷体_GB2312、三号字、红色、加粗，段前 0.4 行、段后 0.4 行；并添加蓝色、0.5 磅双线方框和浅绿（填充色）的底纹。

⑤ 将小标题"1.……"、"2.……"所在行设置为左缩进 2 字符，左对齐，1.25 倍行距，楷体_GB2312、小四号字、加粗。

⑥ 其余部分（除标题及小标题以外的部分）设置为首行缩进 2 字符，两端对齐，行距为固定值 16 磅。

（3）图文操作。

利用"Wordct"文件夹下的"f1.jpg"和"f2.jpg"图片以及自选图形（椭圆、圆角矩形、矩形、直线）在文章的最后绘制"Wordct"文件夹下的"f3.jpg"文件所示图形，要求如下：

① 设置图中文字为小四号字、水平居中，添加文字的图形内部边距全部为 0。

② 绘制完成后将其组合，设置组合后的图形高度为 6 cm，宽度为 7 cm，环绕方式为"上下型"，相对于页面水平居中。

样文如图 4.6-1 所示或参见"Wordct"文件夹下的"样文 6.jpg"。

最后将排版后的文件以原文件名存盘。

图 4.6-1　样文 6

2．表格操作

新建一文档，在新文档中进行如下操作（样表如图 4.6-2 所示或参见"Wordct"文件夹下的"bg6 样图.jpg"）。

① 将"Wordct"文件夹下的"bg6.txt"文件的内容插入到新文档中。

② 将插入到文档中的内容按"逗号"转换为一个 5 行 5 列的表格，设置文字为宋体、小四号。

③ 在表格的最后添加 1 行，该行的第一个单元格中输入文字"合计"，在其余单元格中计算各列商品的总量（使用公式计算，表格→公式→sum()）。

④ 设置表格各行行高为固定值 1 cm；各列列宽为 2.5 cm。

⑤ 设置表格自动套用格式"列表型 2"，将特殊格式应用于标题行和末行。

⑥ 设置整个表格水平居中；所有单元格文字垂直居中。

最后将此文档以文件名"bg6.doc"另存到"Wordct"文件夹中。

季度	电视机	洗衣机	空调	微波炉
一季度	5	8	5	10
二季度	6	10	2	12
三季度	8	15	20	8
四季度	10	9	5	15
合计	29	42	32	45

图 4.6-2   bg6 样图

▷▷ 三、电子表格操作

打开"Excelct"文件夹下的"Excel6.xls"工作簿,按下列要求操作。

1. 完成工作表

(1) 编辑及格式化"Sheet1"工作表。

① 合并及居中"A1∶F1"单元格,隶书、20 磅,并加浅绿色底纹。

② 合并"A2∶C2"单元格,文字右对齐;D2 单元格文字水平居中。

(2) 计算与填充"Sheet1"工作表中的数据。

① 填充"应交暖气费"列数据,高层建筑应交暖气费 = 建筑面积×85%×每平方米收费金额。

② 根据"供暖情况"利用函数填充"已收暖气费"列。"供暖情况"为"G"的,已收暖气费等于应交暖气费,否则显示空白。

③ 设置"应交暖气费"、"已收暖气费"两列数据的格式为货币样式,货币符号"¥",1位小数,负数形式为第 4 种。

④ 利用函数并根据"房号"列数据在 I4 中统计出该楼的住户数;根据"已收暖气费"列数据在 I5 单元格统计出已交费的户数;在 I6 单元格公式计算已交费百分比。

(3) 工作表间复制数据、重命名工作表。

将"Sheet1"工作表"A3∶F71"中的数据复制到"Sheet2"的 A1 开始处中,重命名"Sheet1"为"暖气费"。

2. 处理数据

(1) 分类汇总。

对"Sheet2"工作表进行分类汇总:按"单元号"分类汇总,"应交暖气费"、"已收暖气费"之和,重命名"Sheet2"为"收费统计表"。

(2) 图表操作。

根据"收费统计表"中的数据,建立嵌入式图表。如图 4.6-3 所示。要求如下:

① 图表分类轴:"单元号";数值轴:"应交暖气费"之和、"已收暖气费"之和。

② 图表类型:簇状柱形图。

③ 图表标题:"应交与已收暖气费对比图",隶书、16 磅、蓝色。

④ 设置数值轴数据格式为"常规",字体大小 10 磅。

最后将此工作簿以原文件名存盘。

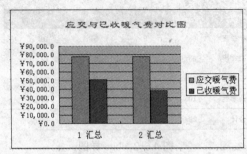

图 4.6-3　图表样图

▷▷ 四、演示文稿操作

打开"PPTct"文件夹下的"PPT6.ppt"文件，进行如下操作。

（1）在第 1 张幻灯片中删除标题占位符（标题中的文本为"小花"），然后插入艺术字"小花介绍"，样式为艺术字库中第 3 行第 4 列的艺术字样式，形状为"细上弯弧"；字体格式：华文新魏、60 磅、加粗。

（2）为第 1 张幻灯片中的文本框"Daisy"设置超链接，链接到第 4 张幻灯片。

（3）设置第 3 张幻灯片的切换效果为圆形，慢速，单击鼠标时换片。

（4）在第 4 张幻灯片中进行如下设置。

① 为图片（幻灯片左上角）添加动画："进入"中的"擦除"，方向：自左侧，在前一事件后 1s。

② 为文本占位符（其中的文本为"影片类型：……"）添加动画："进入"中的"缩放"，显示比例：从屏幕中心放大，在前一事件之后开始。

最后将此演示文稿以原文件名存盘。

▷▷ 五、FrontPage 网页制作

用 FrontPage 应用程序打开"Frtct"文件夹中的"frt6.htm"文件，进行如下操作。

1．设置网页属性

（1）网页标题："节约用水"。

（2）网页背景颜色：黄色。

（3）超链接颜色：红色。

2．编辑网页

（1）设置文本"节约用水 建低碳生活"的字体格式：黑体、36 磅、酸橙色。

（2）设置表格属性。边框颜色：灰色（灰度）；单元格间距：3。

（3）在表格最后插入 1 行，作为表格第 4 行，第 4 行左侧单元格输入文字"节约用水标语"，右侧单元格内容为"Frtct"文件夹中"节约用水标语.doc"中内容。

（4）在表格第 3 行第 1 个单元格内文本 "节约用水宣传"的左边插入书签，书签名称："宣传"，并将表格第 1 行中文本"节约用水宣传"链接到该书签。

（5）将文本"更多＞＞"链接到 http://www.baidu.com。

将上述操作结果按原文件名进行保存。样文参见"Frtct"文件夹下的"frt6 样文.jpg"。

模拟测试 7

▷▷ 一、Windows 基本操作

1. 在"Winct"文件夹下面建立"myself7"文件夹。

2. 在"myself7"文件夹下建立一个名为"班委会工作汇报.doc"的 Word 文件。

3. 在"Winct"文件夹范围内查找"help.exe"文件，将其移动到"myself7"文件夹下，重命名为"帮助文件.exe"。

4. 在"Winct"文件夹范围内搜索"setup.exe"应用程序，并在"myself7"文件夹下创建它的快捷方式，命名为"设置程序"。

5. 在"Winct"文件夹范围查找"Exam3"文件夹，将其复制到"myself7"文件夹下。

▷▷ 二、字、表、图混排操作

1. 编辑、排版

打开"Wordct"文件夹下的"Word7.doc"文件，按如下要求进行编辑、排版。

（1）基本编辑。

① 将正文所有的"策略"替换为红色的"策略"。

② 将文章第一段后的 3 个空行删除。

（2）排版。

① 页边距：上、下为 2.5 cm；左、右为 3 cm；页眉、页脚距边界均为 1.5 cm；纸张大小为 A4。

② 将文章标题"项目质量管理"设置为黑体、三号字、粗体、红色，水平居中，段后 1 行。

③ 将文章小标题"1．质量计划"、"2．质量计划的输入"、"3．质量计划的手段和技巧"设置为楷体_GB2312、小四号、蓝色，段前 0.5 行、段后 0.5 行。

④ 其余部分（除标题和小标题以外的部分）设置为楷体_GB2312、小四号字，首行缩进 2 字符，左对齐。

⑤ 设置页眉为"项目开发质量管理"，文字格式为隶书、五号、水平居中；页脚为"第 1 页 共 1 页"（直接输入），水平居中。

（3）图文操作。

① 在文章中插入"Wordct"文件夹下的图片文件"g1.jpg"，将其图片宽度和高度设置为原始尺寸的 80 %，并在图片下面添加图注（使用文本框）"项目质量管理"，文本框高 0.8 cm，宽 3 cm，内部边距均为 0 cm，无填充颜色，无线条色；图注的字体为宋体、小五号，文字水平居中。

② 将图片和图注水平居中对齐并组合。将组合后的对象环绕方式设置为"四周型"，图片位置：水平相对页边距右侧 3 cm。

样文如图 4.7-1 所示或参见"Wordct"文件夹下的"样文 7.jpg"。

最后将排版后的文件以原文件名存盘。

图 4.7-1　样文 7

2．表格操作

新建一个空白 Word 文档，在新文档中进行如下操作（样表如图 4.7-2 所示或参见"Wordct"文件夹下的"bg7 样图.jpg"）。

① 插入一个 5 行 5 列的表格。

② 按样表所示合并单元格，并添加相应文字。

③ 设置表格第 1 行行高为固定值 1 cm，其余各行行高为固定值 0.8 cm；整个表格水平居中。

④ 设置表格自动套用格式，"古典型 3"样式。

⑤ 设置表格中文字水平且垂直居中对齐。

最后将此文档以文件名"bg7.doc"另存到"Wordct"文件夹中。

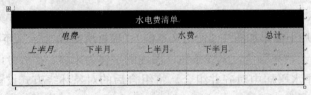

图 4.7-2　bg7 样图

▷▷ 三、电子表格操作

打开"Excelct"文件夹下的"Excel7.xls"工作簿，按下列要求操作。

1. 完成工作表

（1）编辑及格式化"Sheet1"工作表。

① 在最左边插入一列，并在 A2 单元格输入"序号"。

② 设置行高：第一行为最适合的行高，第二行为 20 磅，其余行为 16 磅。

③ 标题格式化：合并及居中"A1：J1"单元格，楷体_GB2312、20 磅、加粗，并将底纹填充为浅青绿颜色。

④ 将"A2：J2"单元格文字设置为楷体 GB_GB2312、14 磅、水平居中，最适合的列宽。

⑤ 所有数据水平居中。

（2）计算与填充"Sheet1"工作表中的数据。

① 填充"序号"列，序号分别为 1、2、3、…。

② 公式计算每名学生的总分、平均分，并设置为数值型，负数第 4 种，无小数位。

③ 公式统计"等级"，等级标准如下：平均分在 85 及以上为"优"；平均分在 75~84 为"良"；平均分在 60~74 为"及格"；其他情况："不及格"。

（3）复制工作表。

将编辑好的"Sheet1"工作表内容复制到一个新工作表"Sheet2"中。

2. 数据处理

（1）高级筛选。

对"Sheet1"工作表进行高级筛选。

① 条件：C 语言、数据库均在 90 以上（包含 90）或者平均分大于等于 85 的学生数据。

② 要求：条件区域的起始单元格定位在 L3；复制到的起始单元格定位在 L8。

高级筛选结果如图 4.7-3 所示。

序号	姓名	数学	C语言	数据库	英语	思想品德	总分	平均分	等级
1	董桂林	89	91	95	98	72	445	89	优
2	孙石磊	93	88	97	95	72	445	89	优
18	王春册	90	88	100	100	69	447	89	优
19	朱建伟	89	91	78	98	69	425	85	优
36	孔庆福	86	88	96	100	66	436	87	优

图 4.7-3　高级筛选结果样图

（2）建立数据透视表。

根据"Sheet2"工作表中的数据，建立数据透视表，如图 4.7-4 所示。要求如下：

① 列字段为"等级"，计算项为"等级"计数及"C 语言"、"数据库"平均分。

② 结果放在新建工作表中，工作表名为"等级统计表"。

	等级				
数据	不及格	及格	良	优	总计
计数项:等级	8	9	16	5	38
平均值项:C语言	43.125	69.22222222	81.9375	89.2	71.71052632
平均值项:数据库	51.3125	66.66666667	86.8125	93.2	75.40789474

图 4.7-4　数据透视表样图

最后将此工作簿以原文件名存盘。

▷▷ 四、演示文稿操作

打开"PPTct"文件夹下的"PPT7.ppt"文件，进行如下操作。

（1）设置第 1 张幻灯片的切换效果为：水平百叶窗、慢速、风铃声、每隔 5s 时换片。

（2）为第 2 张幻灯片中的 4 个心形自选图形添加动画："进入"中的"飞入"，方向：自底部，在前一事件后 1s 开始。

（3）为第 6 张幻灯片中的图片设置超链接，链接到 http://www. google. com。

（4）改变最后一张幻灯片中的艺术字（Thank You!）的形状为"波形 2"。

最后将此演示文稿以原文件名存盘。

▷▷ 五、FrontPage 网页制作

1．建立新网页

（1）新建一个普通网页，网页标题："花卉欣赏"。

（2）背景色：自定义（红色：200，绿色：230，蓝色：99）。

（3）链接颜色：红色；已访问的超链接颜色：蓝色。

2．编辑网页

（1）在网页顶端插入一空行，输入文字"花卉欣赏"，格式设置为隶书、36 磅、红色、居中。

（2）在第一行下面插入一个 2 行 5 列的表格，设置表格属性：边框线为 1 像素，表格大小为 90%，对齐方式为水平居中。

（3）在表格第一行 1~5 列单元格依次输入文字"郁金香"、"玫瑰"、"百合"、"荷花"、"梅花"，文字格式为华文彩云、18 磅、居中、蓝色。

（4）在表格第二行 1~5 列单元格依次插入"Frtct"文件夹下的"郁金香.jpg"、"玫瑰.jpg"、"百合.jpg"、"荷花.jpg"、"梅花.jpg"图片，设置所有图片的宽度为 150 像素，锁定纵横比，对齐方式为居中。

（5）在表格下方输入文字"联系我们"，18 磅、居中、蓝色。

（6）设置超链接。

① 将表格中郁金香图片与 http://www.meihua.info 链接。

② 将表格中玫瑰图片设置为圆形热点，与图片"玫瑰.jpg"链接。

③ 将表格中百合图片设置为多边形热点（形状自定），与文件"百合.txt"链接。

④ 将文字"联系我们"与电子邮件 lxwm@126.com 链接。

最后将上述操作结果以"frt7.htm"文件名保存在"Frtct"文件夹中，保存类型为 HTML 文件类型。样文参见"Frtct"文件夹下的"frt7 样文.jpg"。

模拟测试 8

▷▷ 一、Windows 基本操作

1. 在"Winct"文件夹下面建立"myself8"文件夹。

2. 在"Winct"文件夹范围内查找所有扩展名为".bmp"的文件，并将其复制到"myself8"文件夹下。

3. 在"Winct"文件夹范围查找"help.exe"文件，并在"myself8"文件夹下创建它的快捷方式，命名为"帮助文件"。

4. 在"Winct"文件夹范围查找"Exam3"文件夹，并将其删除。

5. 在"Winct"文件夹范围查找以"s"开头，扩展名为".exe"的文件，将其设置为仅有"只读"、"隐藏"属性。

▷▷ 二、字、表、图混排操作

1. 编辑、排版

打开"Wordct"文件夹下的"Word8.doc"文件，按如下要求进行编辑、排版。

（1）基本编辑。

① 将文章中所有的手动换行符"↓"替换为段落标记"◄"。

② 删除文章中所有的空行。

③ 将文中"（3）尽管 HDSL 技术有许多优点……"与"（4）ADSL 能够提供……"两部分内容互换位置，并更改序号。

（2）排版。

① 页边距：上、下为 2.5 cm；左、右为 3 cm，装订线左侧 0.5 cm；页眉、页脚距边界均为 1.5 cm；纸张大小为 A4。

② 将文章标题"广域网与接入网技术"设置为华文彩云、二号、橙色，文字效果为"礼花绽放"，水平居中，段前 0.5 行、段后 0.5 行。

③ 设置文章中所有文字（除大标题以外的部分）为黑体、小四号，左对齐，首行缩进 2 字符，行距为固定值 28 磅。

④ 将文章第一段文字分成等宽的两栏，有分隔线。

⑤ 在页面底端（页脚）插入页码，对齐方式为右侧。

（3）图文操作。

① 在文章中插入"Wordct"文件夹下的图片文件"h1.gif"，将图片高度、宽度设置为原来的 50%；并在图片的下面添加图注（使用文本框）"图 1-1 网络接入技术"，图注文字为楷体_GB2312、五号、加粗、水平居中，设置文本框高 0.6 cm，宽 5 cm，内部边距全部为 0 cm，文

本框无线条颜色，无填充颜色 。

②　将图片和其图注组合。将组合后的对象环绕方式设置为"四周型"，图片的位置：水平相对页边距右侧 3 cm。

样文如图 4.8-1 所示或参见"Wordct"文件夹下的"样文 8.jpg"。

最后将排版后的文件以原文件名存盘。

图 4.8-1　样文 8

2．表格操作

打开"Wordct"文件夹下的"bg8.doc"文件，并按如下要求调整表格（样表如图 4.8-2 所示或参见"Wordct"文件夹下的"bg8 样图.jpg"）。

时间\星期	星期一	星期二	星期三	星期四	星期五	星期六	星期日
第一节							
第二节							
第三节							
第四节							

图 4.8-2　bg8 样图

① 参照样表为表格添加斜线表头，并将表格第 4 行合并单元格。

② 设置行高：第 1 行为固定值 2 cm，第 4 行为固定值 0.2 cm，其余各行均为固定值 1 cm；整个表格水平居中；表格中文字水平且垂直居中对齐。

③ 设置表格的边框为深红色，外边框为 2.25 磅实线，内边框为 1 磅实线。

④ 设置表格第 1 行为浅绿色底纹。

最后将此文档以原名保存在"Wordct"文件夹中。

▷▷ 三、电子表格操作

打开"Excelct"文件夹下的"Excel8.xls"工作簿，按要求操作。

1. 完成工作表

（1）编辑及格式化"Sheet1"工作表。

① 在第一行前插入一行，行高为 25 磅，在 A1 单元格输入标题："理工大学学生借贷表"。

② 标题格式化：合并及居中"A1：I1"单元格，隶书、20 磅、红色、文本垂直靠上。

③ 将"A2：I2"单元格文字设置为楷体 GB_2312、14 磅、水平居中。

④ 将"A2：I2"列设为最适合的列宽。

⑤ 将"贷款利率"列的数据设置为百分比样式，小数位数为 2。

（2）计算与填充"Sheet1"工作表中的数据。

① 自动填充"借贷金额"列，借贷金额从 5 000 元起。以 1 000 为步长递增。

② 根据"借贷日"和"期限"数据，利用日期函数设计公式计算"还贷日"列。

③ 公式计算"每月还贷金额"列：

每月还贷金额 ＝PMT(贷款利率/12，期限×12，借贷金额)

并设置为货币型、两位小数、货币符号"￥"、负数形式第 4 种。

（3）复制、重命名工作表。

将"Sheet1"工作表数据复制到"Sheet2"中，重命名"Sheet1"为"借贷表"，重命名"Sheet2"工作表为"汇总表"。

2. 处理数据

（1）分类汇总。

在"Sheet2"工作表中进行分类汇总。按"学院"分类汇总"借贷金额"，"每月还贷金额"之和。分类汇总 2 级显示结果如图 4.8-3 所示。

理工大学学生借贷表								
学院	学生姓名	借贷日	借贷金额	期限	贷款利率	还贷日	每月还贷金额	银行
对外贸易 汇总			182000				-￥2,558.49	
环境科学 汇总			341000				-￥5,181.87	
经济管理 汇总			174000				-￥2,492.43	
商学院 汇总			283000				-￥4,391.65	
总计			980000				-￥14,624.44	

图 4.8-3　分类汇总 2 级显示结果样图

（2）图表操作。

根据"汇总表"工作表中的数据，建立图表工作表，结果如图 4.8-4 所示。要求如下：

① 图表分类轴："学院"汇总项；数值轴："借贷金额"之和。

② 图表类型：三维簇状柱形图。

③ 图表标题："学院贷款汇总图"，隶书、20 磅、红色。

④ 图表位置：作为新工作表插入，工作表名为"学院贷款汇总图"。

最后将此工作簿以原文件名存盘。

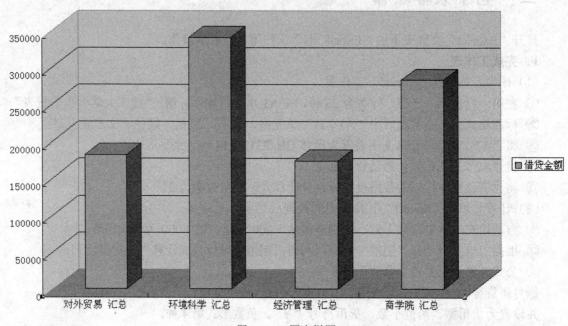

图 4.8-4　图表样图

▷▷ 四、演示文稿操作

打开"PPTct"文件夹下的"PPT8.Ppt"文件，进行如下操作。

（1）删除第 1 张幻灯片中的副标题占位符；并设置第 1 张幻灯片的切换方式：新闻快报、慢速、每隔 5s 时换片。

（2）设置第 1 张幻灯片的背景为预设效果"碧海青天"样式：角部辐射。

（3）将第 2 张幻灯片中的文本框从"2.《京都议定书》"～"4. 低碳在中国"分别添加超链接，链接到第 4～6 张幻灯片。

（4）在第 3 张幻灯片中添加动画。

① 标题："进入"中的"飞入"，方向：自右下部，单击鼠标时开始，动画播放后的效果："下次单击后隐藏"。

② 文本："进入"中的"盒状"，方向：内，在前一事件后开始。

最后将此演示文稿以原文件名存盘。

▷▷ 五、FrontPage 网页制作

用 FrontPage 应用程序打开"Frtct"文件夹中的"frt8.htm"文件，进行如下操作。

1．设置网页属性

（1）网页标题：诗词欣赏。

（2）网页背景：酸橙色。

（3）默认的目标框架：I1。

2．编辑网页

（1）设置表格第一行文本"诗词欣赏"的字体格式：华文行楷、36 磅、蓝色、水平居中。

（2）设置嵌入式框架的初始网页："Frtct"文件夹中的"诗词欣赏.htm"。

（3）在表格中"诗人"下方的两个单元格分别输入文本："李白"、"杜甫"，并添加超链接，分别链接到"Frtct"文件夹中的"李白诗歌.htm"、"杜甫诗歌.htm"文件。

最后将上述操作结果以原文件名保存。样文参见"Frtct"文件夹下的"frt8 样文.jpg"。

模拟测试 9

▷▷ 一、Windows 基本操作

1．在"Winct"文件夹下建立"Myself9"文件夹。

2．在"Winct"文件夹范围内查找"game.exe"文件，并在"Myself9"文件夹下创建它的快捷方式，命名为"MyGame"。

3．在"Myself9"文件夹下建立一个名为"职工工资统计表.xls"的 Excel 文件。

4．在"Winct"文件夹范围查找以"h"开头，扩展名".exe"的文件，将其设置为仅有"只读"、"隐藏"属性。

5．在"Winct"文件夹范围查找所有以"us"开头的文件，将其复制到"Myself9"文件夹下。

▷▷ 二、字、表、图混排操作

1．编辑、排版

打开"Wordct"文件夹下的"Word9.doc"文件，按如下要求进行编辑、排版。

（1）基本编辑。

① 将文章中"2．药用芦荟……"和"3．翠叶芦荟……"两段互换位置，并修改编号。

② 将文章中所有的英文括号"（）"替换为中括号"【 】"。

③ 删除第一段前的空行。

（2）排版。

① 页边距：上、下为 2.5 cm，左、右为 3.1 cm；纸张大小为 16 开（18.4 cm×26 cm）；页眉页脚边距为 1.5 cm 。

② 将文章标题"芦荟的功效"设置为黑体、小初号、加粗、绿色、水平居中对齐，段前段后各 0.5 行。

③ 将文章小标题"1.1 芦荟的功效"、"1.2 品种选择"设置为黑体、四号、绿色、左对齐，段前 0.5 行。

④ 文章其余部分文字（除标题和小标题以外）设置为楷体_GB2312、小四号。

⑤ 在文章中插入页眉"芦荟功效介绍"，并设置为宋体、五号、水平居中对齐。在页脚插入页码，右对齐。

（3）图文操作。

① 在文章中插入"Wordct"文件夹下的图片文件"i1.jpg"，将图片宽度、高度设为原来的 70%；为图片添加图注（使用文本框）"图 1 芦荟的特殊作用"，文本框高 0.7 cm，宽 4 cm，无填充颜色，无线条颜色，内部边距均为 0cm。图注文字格式为楷体_GB2312、加粗、小五号字、

水平居中对齐。

② 将图片和文本框相对水平居中对齐，将图片和文本框组合。将组合后的对象环绕方式设置为"四周型"，图片位置：水平相对页边距右侧 6cm。

样文如图 4.9-1 所示或参见"Wordct"文件夹下的"样文 9.jpg"。

将排版后的文件以原文件名存盘。

2．表格操作

打开"Wordct"文件夹下的"bg9.doc"文件，并按如下要求调整表格（样表如图 4.9-2 所示或参见"Wordct"文件夹下的"bg9 样图.jpg"）。

① 参见样表合并单元格。

② 设置表格行高：第 1、2 行为最小值 0.8 cm；第 3 行为固定值 2 cm；第 4、5 行为固定值 1.2 cm。

③ 设置表格中所有文字为黑体、小四号字、水平且垂直居中对齐。

④ 设置表格外边框为蓝色、2.25 磅、实线，内边框为浅蓝色、0.5 磅、实线，并设置表格第 1 列右边线为紫罗兰色、1.5 磅、虚线（虚线第一种）。

⑤ 设置表格第 1 列为淡蓝色底纹。

最后将此文档以原文件名保存在"Wordct"文件夹中。

图 4.9-1　样文 9

姓名		学院		年级	
专业			联系方式		
请假事由					
请假时间			销假时间		
辅导员意见			学院意见		

图 4.9-2 bg9 样图

▷▷ 三、电子表格操作

打开"Excelct"文件夹下的"Excel9.xls"工作簿，按下列要求操作。

1. 完成工作表

（1）编辑及格式化"Sheet1"工作表。

① 设置行高：第1行为25磅；第2行为20磅。

② 标题格式化：合并及居中"A1：J1"单元格，隶书、20磅。

③ 将"A2：J2"单元格文字设置为楷体、14磅、浅绿色底纹、水平居中；列宽设置为10磅。

（2）计算与填充"Sheet1"工作表中的数据。

① 填充"总分"列、"平均分"列、"各科最高分"行、"各科最低分"行。设置"平均分"列为数值型，1位小数。

② 根据"平均分"列在E16、E17单元格中统计出"课程通过率"、"课程优秀率"，并设置F17、F18单元格为百分比，无小数点样式。已知平均分大于等于85分为优秀，60分以上为通过。

（3）复制、重命名工作表。

将"Sheet1"工作表数据复制到"Sheet2"中，并将"Sheet2"命名为"成绩表"。

2. 处理数据

（1）自动筛选。

删除"Sheet1"工作表中第13~17行的内容，对"Sheet1"进行自动筛选：筛选出"数学"、"物理"成绩均在90分以上的记录。自动筛选结果如图4.9-3所示。

同学成绩汇总									
姓名	数学	物理	化学	英语	生物	历史	政治	总分	平均分
和学坚	96	95	94	91	92	91	96	655	93.6

图 4.9-3 自动筛选结果样图

（2）图表操作。

根据"Sheet2"中的数据，建立图表工作表。用饼图显示"杨惠茹"同学各科成绩占总成绩的百分比，如图 4.9-4 所示。

① 图表标题："杨惠茹成绩分析图"，隶书、24 磅、蓝色。

② 图例：靠左。

③ 数据标志：显示"类别名称"及"百分比"。

④ 图表位置：作为新工作表插入，名字为"成绩分析图"。

最后将此工作簿以原文件名存盘。

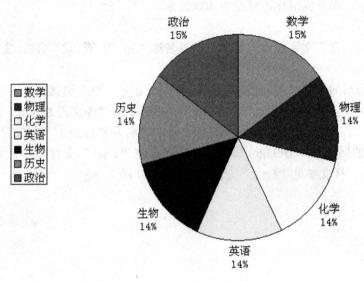

图 4.9-4   图表样图

▷▷ 四、演示文稿操作

打开"PPTct"文件夹下的"PPT9.ppt"文件，进行如下操作。

（1）在第 2 张幻灯片后边插入一张新幻灯片，版式为"标题、文本与内容"。然后编辑此幻灯片。

① 标题：发展观。

② 文本："PPTct"文件夹中"发展观.doc"文件的内容。

③ 内容："PPTct"文件夹中的"发展观.jpg"图片，大小为高度 13 cm，宽度 10 cm。

（2）所有幻灯片的切换方式：随机水平线条，慢速，单击鼠标时或每隔 5s 换片。

（3）在第 2 张幻灯片左下角插入动作按钮：自定义样式，高 1 cm，宽 3 cm；按钮文本：更多；按钮动作：单击鼠标时链接到 http://www. baidu. com。

（4）第 4 张幻灯片中的文本占位符的动画效果："进入"中的"飞入"，方向：自底部，在前一事件后开始。

最后将此演示文稿以原文件名存盘。

▷▷ 五、FrontPage 网页制作

启动 FrontPage 应用程序，进行如下操作。

1. 建立新网页

（1）使用框架网页模板中的"目录"模板建立新网页；设置左框架的初始网页为"Frtct"文件夹中的"left9.htm"，右框架的初始网页为"Frtct"文件夹中的"right9.htm"。

（2）将"Frtct"文件夹下的"xuexi.jpg"图片插入到"实现你的理想！"文字的下面，图片的对齐方式为居中，保持纵横比，宽度为400像素。

2. 编辑网页

（1）将"知识天堂"文字设置为书签，书签名称"知 识 天 堂"（注：文字之间的空格为半角）。

（2）将网页最后的文字"返回顶端"与书签"知 识 天 堂"链接。

（3）在图片上设置长方形热点，与"Frtct"文件夹下的"作文天地.htm"链接。

（4）将文字"名人名言"与"Frtct"文件夹下的"名人名言.htm"链接。

最后将新建的网页以"frt9.htm"为文件名保存在"Frtct"文件夹中，并保存修改过的"right9.htm"网页。样文参见"Frtct"文件夹下的"frt9 样文.jpg"。

模拟测试 10

▷▷ 一、Windows 基本操作

1. 在"Winct"文件夹下面建立"myself10"文件夹。

2. 在"Winct"文件夹范围内查找"game.exe"文件，并在"myself10"文件夹下创建它的快捷方式，命名为"游戏"。

3. 在"myself10"文件夹下面建立一个名为"考试成绩统计表.xls"的 Excel 文件。

4. 在"Winct"文件夹范围内查找"h"开头，扩展名为".exe"的文件，将其设置为仅有"只读"、"隐藏"属性。

5. 在"Winct"文件夹范围内查找所有"us"开头的文件，将其复制到"myself10"文件夹下。

▷▷ 二、字、表、图混排操作

1. 编辑、排版

打开"Wordct"文件夹下的"Word10.doc"文件，按如下要求进行编辑、排版。

（1）基本编辑。

① 将文章第 2 段"唐朝时在中国北方发现……"和第 3 段"历史上的丝绸之路……"互换位置。

② 将正文所有的"中国"替换为蓝色的"CHINA"。

（2）排版。

① 页边距：上、下为 2.5 cm；左、右为 3 cm；页眉、页脚距边界均为 1.5 cm；纸张大小为 A4。

② 将文章标题"丝绸之路"设置为艺术字，选择艺术字库第 3 行第 1 列样式，"上下型"环绕。

③ 将文章其余部分（除标题以外的部分）设置为黑体、五号字、悬挂缩进 2 字符、左对齐、1.5 倍行距。

④ 将文章第 1 段分成等宽的两栏，栏宽为 20 字符。

（3）图文操作。

① 在文章中插入"Wordct"文件夹下的图片文件"j1.jpg"，设置图片的高度、宽度为原来的 60%；并在图片中添加文字（使用竖排文本框）"丝绸之路"，文本框高 3.8 cm，宽 2 cm，内部边距均为 0 cm，无填充颜色，无线条色；文本框中文字为华文行楷、红色、二号字。

② 将图片和文本框组合。将组合后的对象环绕方式设置为"四周型"，组合后的对象位置：

相对于页边距水平居中对齐，垂直距页边距下侧 11 cm。

样文如图 4.10-1 所示或参见"Wordct"文件夹下的"样文 10.jpg"。

将排版后的文件以原文件名存盘。

丝绸之路

丝绸之路一词最早来自于德国地理学家费迪南·冯·李希霍芬 1877 年出版的《CHINA》，有时也简称为丝路。虽然丝绸之路是沿线各国共同促进经贸发展的产物，但很多人认为，CHINA 的张骞两次通西域，开辟了中外交流的新纪元。并成功将东西方之间最后的珠帘掀开。从此，这条路线被作为"国道"踩了出来，各国使者、商人沿着张骞开通的道路，来往络绎不绝。上至王公贵族，下至乞丐狱犯，都在这条路上留下了自己的足迹。这条东西通路，将中原、西域与阿拉伯、波斯湾紧密联系在一起。经过几个世纪的不断努力，丝绸之路向西伸展到了地中海。

历史上的丝绸之路也不是一成不变的，随着地理环境的变化和政治、宗教形势的演变，不断有一些新的道路被开通，也有一些道路的走向有所变化，甚至废弃。比如敦煌、罗布泊之间的白龙堆，是一片经常使行旅迷失方向的雅丹地形。当东汉初年打败蒙古高原的北匈奴，迫使其西迁，而中原王朝牢固地占领了伊吾（今哈密）以后，开通了由敦煌北上伊吾的"北新道"。

唐朝时在 CHINA 北方发现的西方传教士像东汉初期，佛教自于阗沿塔克拉玛干大沙漠南北侧之"丝绸之路"孔道，全面传到西域各国。关于佛教传人西域地区，目前尚有许多说法。但是国内外"学术界基本看法是：佛教早在公元前 2 世纪以后，晚在公元前 1 世纪末已传入西域了"。除了佛教，拜火教、摩尼教和景教也随着丝绸之路来到 CHINA，取得了很多人的信仰。并沿着丝绸之路的分支，传播到韩国、日本与其他亚洲国家。

图 4.10-1 样文 10

2．表格操作

新建一个空白 Word 文档，在新文档中进行如下操作（样表如图 4.10-2 所示或参见"Wordct"文件夹下的"bg10 样图.jpg"）。

① 插入一个 5 行 4 列的表格。

② 按样表所示合并单元格，添加相应文字。

③ 设置表格中文字为黑体、加粗、五号字，表格中文字水平且垂直居中对齐。

④ 参照样表，绘制斜线表头，表头样式为"样式二"，小六号字，行标题为"季度"，列标题为"商品名"，数据标题为"销售量"。

⑤ 设置表格外边框为深黄色、2.25 磅、实线，内边框为酸橙色、1 磅、实线。

最后将此文档以文件名"bg10.doc"另存到"Wordct"文件夹中。

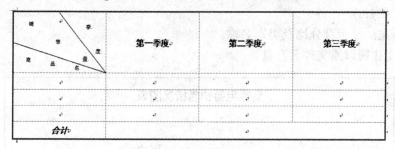

图 4.10-2   bg10 样图

▷▷ 三、电子表格操作

打开"Excelct"文件夹下的"Excel10.xls"工作簿，进行如下操作。

1．完成工作表

（1）编辑及格式化"Sheet1"工作表。

① 在第一行上方插入一行，调整此行行高为 20 磅。

② 合并及居中"A1：E1"单元格，输入文本"红星电器销售表"，黑体、16 磅、垂直居中。

（2）计算与填充"Sheet1"工作表中的数据。

① 自动填充"月份"：2010 年 1 月 1 日~2010 年 12 月 1 日。

② 在"B15：E15"单元格分别填充"彩电"、"冰箱"、"洗衣机"、"电磁炉"的全年总销售数量。

（3）复制工作表。将编辑好的"Sheet1"工作表复制到"Sheet2"。

2．处理数据

（1）高级筛选。

对"Sheet2"工作表进行高级筛选。

① 条件：筛选出"彩电"销售数量大于 35 台，或"冰箱"销售数量大于 25 台，或"洗衣机"销售数量大于 40 台，或"电磁炉"销售数量大于 35 台的记录。

② 要求：条件区域的起始单元格定位在 G4，复制到的起始单元格定位在 G11。

高级筛选结果如图 4.10-3 所示。

月份	彩电	冰箱	洗衣机	电磁炉
2010年6月	28	20	50	45
2010年7月	35	30	40	32
2010年10月	37	15	30	34
2010年12月	42	13	25	25

图 4.10-3   高级筛选结果样图

（2）图表操作

根据 Sheet1 工作表中的数据，生成全年电器销售情况嵌入式图表，如图 4.10-4 所示。具体要求如下：

① 图表类型：三维饼图。

② 图表标题：全年电器销售情况图表。

③ 图例：靠右。

④ 数据标志：显示百分比及类别名称。

最后将此工作簿以原文件名存盘。

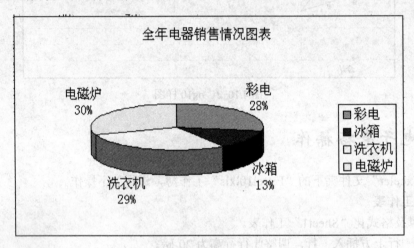

图 4.10-4　图表样图

▷▷ 四、演示文稿操作

打开"PPTct"文件夹下的"PPT10.ppt"文件，进行如下操作。

（1）应用"PPTct"文件夹中的"蓝色海岸.pot"设计模板。

（2）在第 1 张幻灯片插入一个"横卷形"自选图形，添加文本"文化研究"，楷体、48 磅，自定义颜色：红色为 255，蓝色和绿色为 0。

（3）在第 2 张幻灯片上插入"PPTct"文件夹中的"JTH.gif"图片；位置：水平距左上角 8 cm、垂直距左上角 9 cm。

（4）在第 3 张幻灯片上插入"声音"动作按钮，单击时超链接到"PPTct"文件夹中的"START.wav"声音文件。

最后将此演示文稿以原文件名存盘。

▷▷ 五、FrontPage 网页制作

打开"Frtct"文件夹下的"第四代计算机.htm"文件，进行如下操作。

1．设置网页属性

（1）网页标题："第四代计算机"。

（2）网页背景颜色：Hex={CC,FF,66}。

2．编辑网页

（1）将标题"第四代计算机"设置为隶书、36 磅、红色、水平居中对齐。

（2）将"Frtct"文件夹下的"8008.jpg"图片插入到"微型机的出现与发展"下方第 6 行第 1 列单元格中。图片的对齐方式为"顶端对齐"，水平间距 10 磅，锁定纵横比，高度为 200 像素。

（3）在"第四代计算机"前边插入书签，名称为"第四代计算机"。

（4）将网页最后的文字"返回顶端"与书签"第四代计算机"链接。

（5）在"8008"图片上设置一个圆形热点，链接到 http://www.sohu.com/。

将上述操作结果以"frt10.htm"为文件名保存。样文参见"Frtct"文件夹下的"frt10 样文.jpg"。